STEPHAN PFEIFFER
MATTHIAS WIENER

KOMMUNALE BUCHFÜHRUNG SACHSEN-ANHALT

SIKOSA

Maximilian Verlag
Hamburg

STEPHAN PFEIFFER
MATTHIAS WIENER

KOMMUNALE BUCHFÜHRUNG SACHSEN-ANHALT

Nachdruck und Vervielfältigung sind nach dem Urheberrechtsgesetz nicht gestattet und strafbar. Dies gilt auch für Unterrichtszwecke.

Zu diesem Lehr- und Arbeitsbuch wurde ein Lösungsbuch durch die Verfasser erstellt. Soweit Lehrgangsteilnehmer, Studierende bzw. Käufer des Lehrbuchs Sachverhalte lösen und zur eigenen Überprüfung eine Rückmeldung benötigen, ist die erstellte Lösung an die Verfasser zu senden. Diese werden dann entsprechende Lösungshinweise bereitstellen bzw. eine individuelle Rückmeldung geben.

Hierfür nutzen Sie bitte die nachfolgenden E-Mail-Adressen: matthias.wiener@gmx.de bzw. stephanpfeiffer@arcor.de.

Bibliografische Information der Deutschen Nationalbibliothek
Die Deutsche Nationalbibliothek verzeichnet diese Publikation in der Deutschen Nationalbibliografie; detaillierte bibliografische Daten sind im Internet über http://dnb.d-nb.de abrufbar.

Redaktionsstand: 01.07.2018

ISBN 978-3-7869-1098-5

© 2018 by Maximilian Verlag, Hamburg

Umschlaggrafik: Nicole Laka
Produktion: druckhaus köthen

Printed in Germany

AUTOREN

Stephan Pfeiffer, Diplom-Verwaltungswirt (FH), Diplom-Betriebswirt (VWA), ist Stabs-stelle im Amt für Stadtfinanzen bei der kreisfreien Stadt Dessau-Roßlau in Sachsen-Anhalt. In dieser Funktion ist er verantwortlich für die Kosten- und Leistungsrechnung und wirkt an der Erstellung des Jahresabschlusses insbesondere bei der Beurteilung komplexer Buchungsvorgänge mit. Im Rahmen der Weiterentwicklung des städtischen Buchungswesens erarbeitet er Grundsatzentscheidungen und ist verantwortlich für die Einführung neuer Methoden und Anwendungen. Er ist Lehrbeauftragter für internes und externes Rechnungswesen am Studieninstitut für kommunale Verwaltung Sachsen-Anhalt e. V. Daneben ist er Mitglied in verschiedenen Prüfungskommissionen und Prü-fungserstellungsausschüssen. Er blickt als Schatzmeister eines Sportvereins auf eine über 20-jährige Erfahrung im Umgang mit dem steuerlichen Gemeinnützigkeitsrecht zurück.

Matthias Wiener, Verwaltungsfachwirt, ist Leiter der Abteilung Finanzbuchhaltung mit den Sachgebieten Zentrale Geschäftsbuchhaltung, Stadtkasse und Zentrales Forderungs-management bei der kreisfreien Stadt Dessau-Roßlau in Sachsen-Anhalt. Er ist Lehr-beauftragter und Fachkoordinator für Kommunales Haushalts- und Kassenrecht am Studieninstitut für kommunale Verwaltung Sachsen-Anhalt e. V. sowie Lehrbeauftragter für Öffentliche Finanzwirtschaft am Fachbereich Verwaltungswissenschaften der Hoch-schule Harz. Daneben ist er Autor für verschiedene Fachzeitschriften, des Lehr- und Arbeitsbuchs „Kommunales Haushalts- und Kassenrecht Sachsen-Anhalt" sowie „Haus-halts- und Kassenrecht Land Brandenburg". Er ist Mitglied in verschiedenen Prüfungs-kommissionen und Prüfungserstellungsausschüssen und betreut darüber hinaus als Redakteur die DVP Vorschriftensammlung Sachsen-Anhalt.

VORWORT

Das vorliegende Lehr- und Arbeitsbuch wurde insbesondere für die Aus- und Fortbildung im Land Sachsen-Anhalt entwickelt und erscheint als Teil der Schriftenreihe des Studieninstituts für kommunale Verwaltung Sachsen-Anhalt e. V. Aufgrund vergleichbarer Rechtsgrundlagen kann es auch in anderen Bundesländern für die Aus- und Fortbildung herangezogen werden.

Neben den theoretischen Erläuterungen zu den einzelnen Themengebieten stellen die Autoren eine Vielzahl praktischer Fallgestaltungen zur Verfügung. Dabei werden einfache Sachverhalte, aber auch schwierige und komplexe Problemstellungen behandelt. Diese sind für die Ausbildung der Verwaltungsfachgestellten, die Beschäftigtenlehrgänge I und II, die Finanz- und Bilanzbuchhalter-Lehrgänge sowie die Studiengänge Öffentliche Verwaltung (B.A.) und Verwaltungsökonomie (B.A.) der Hochschule Harz geeignet. Das Lehr- und Arbeitsbuch dient dadurch im besonderen Maße der Aus- und Weiterbildung in der öffentlichen Verwaltung. Durch die Bearbeitung und Lösung der Sachverhalte werden die Voraussetzungen für eine erfolgreiche Prüfungsvorbereitung geschaffen.

Darüber hinaus enthält das Lehr- und Arbeitsbuch eine Haushaltssimulation. Diese dient dem Ziel, den Auszubildenden, den Studierenden bzw. den Teilnehmern an Fortbildungslehrgängen die fächerübergreifenden Zusammenhänge zwischen den Phasen des Haushaltskreislaufs zu verdeutlichen.

Ziel der Autoren ist, dass sich das vorliegende Werk im Land Sachsen-Anhalt für diesen komplexen, schwierigen und praxisrelevanten Unterrichtsstoff etabliert. Insofern nehmen die Verfasser Anregungen, Hinweise und Verbesserungsvorschläge für die Folgeauflagen gern entgegen (matthias.wiener@gmx.de / stephanpfeiffer@arcor.de).

Für die umfangreiche Unterstützung möchten wir uns insbesondere bei Herrn Thomas Bantle von der Verlagsgruppe Koehler / Mittler bedanken. Ein besonderer Dank gilt Frau Stefanie Voigt für die zeitintensiven Korrekturen und konstruktiven Hinweise.

Wir wünschen viel Erfolg bei der Erarbeitung der theoretischen Kenntnisse und der Lösung der praktischen Fallgestaltungen.

Dessau-Roßlau, im Jahr 2018
Stephan Pfeiffer und Matthias Wiener

INHALTSVERZEICHNIS

A. Entwicklung und Rechtsgrundlagen   8
   I.   Entwicklung in Sachsen-Anhalt   8
   II.   Rechtsgrundlagen   8
B. Aufgaben und Gliederung des Rechnungswesens   9
   I.   Grundlagen   9
   II.   Externes Rechnungswesen   10
   III. Internes Rechnungswesen   10
C. Grundsätze ordnungsmäßiger Buchführung   12
   I.   Grundlagen   12
   II.   Rahmengrundsätze   12
   III. Abgrenzungsgrundsätze   16
   IV.   Grundsätze ordnungsmäßiger Bilanzierung   16
D. Haushaltskreislauf   18
E. Rechnungsstoff   19
   I.   Bestands- und Stromgrößen   19
   II.   Abgrenzung der Stromgrößen   20
F. Jahresabschluss   30
   I.   Rechtliche Rahmenbedingungen   30
   II.   Komponenten des Jahresabschlusses   32
G. Inventur/Inventar   33
   I.   Inventur   33
   II.   Inventar   39
H. Drei-Komponenten-System   41
   I.   Vermögensrechnung   41
   II.   Ergebnisrechnung   43
   III. Finanzrechnung   45
   IV.   Teilrechnungen   48
I. Systematik der Buchführung/Buchungstechnik   48
   I.   Bücher der Buchführung   48
   II.   Zeitbuch   49
   III. Sachbuch   50
   IV.   Buchungssatz   53
   V.   Bestandskonten   55
   VI.   Ergebniskonten   65
   VII. Finanzkonten   71
J. Organisation der Buchführung   78
   I.   Finanzbuchhaltung   78
   II.   Nebenbuchhaltungen   79
K. Kontenrahmenplan   84
L. Abschreibungen   90
   I.   Grundlagen   90

II.	Abschreibungsursachen	90
III.	Abschreibungskreislauf	90
IV.	Planmäßige Abschreibungen	92
V.	Außerplanmäßige Abschreibungen	107
VI.	Abschreibung bei Vermögensveräußerungen	112
VII.	Abschreibung bei nachträglichen Anschaffungs- oder Herstellungskosten	116
VIII.	Abschreibungen auf Umlaufvermögen	117
M.	Sonderposten	117
I.	Grundlagen	117
II.	Sonderposten aus Zuwendungen	118
III.	Sonderposten aus Anzahlungen	119
IV.	Sonderposten aus Beiträgen	120
V.	Sonderposten für den Gebührenausgleich	121
VI.	Sonstige Sonderposten	123
VII.	Auflösung von Sonderposten	123
N.	Rückstellungen	135
I.	Grundlagen	135
II.	Bildung und Inanspruchnahme von Rückstellungen	135
III.	Rückstellungsgründe	137
O.	Rechnungsabgrenzung	145
I.	Grundlagen	145
II.	Antizipative Rechnungsabgrenzung	146
III.	Transitorische Rechnungsabgrenzung	147
P.	Aktivierte Eigenleistungen	153
Q.	Personalbuchhaltung	155
I.	Grundlagen	155
II.	Abgrenzung Beamte/Beschäftigte	155
III.	Steuerrechtliche Bestandteile der Besoldung / des Entgelts	156
IV.	Beamte	156
V.	Beschäftigte	160
VI.	Sonstige Beschäftigte	164
VII.	Versorgungsaufwendungen/-auszahlungen	164
R.	Durchlaufende Finanzmittel	165
I.	Verwahrungen	165
II.	Vorschüsse	167
S.	Umsatzsteuer	170
I.	Grundlagen	170
II.	System der Umsatzsteuer	171
III.	Umsatzsteuervoranmeldung	172
IV.	BgAs, die nur anteilig vorsteuerabzugsberechtigt sind	173
V.	Korrekturen nach § 15a UStG	173
VI.	Umsatzsteuererklärung	174
VII.	Buchhalterische Behandlung der Umsatz-/Vorsteuer	175
VIII.	Ermittlung der Zahllast im Folgemonat	177

    IX.   Innergemeinschaftlicher Erwerb   180
    X.   Prüfungen durch das Finanzamt bzw. Korrekturen nach § 15a UstG   183
T.   Materialwirtschaft/Lagerbuchhaltung   184
    I.   Grundlagen   184
    II.   Aufwandsorientiertes Verfahren   185
    III.   Bestandsorientiertes Verfahren   186
U.   Simulation eines Haushaltsjahres   196
    I.   Haushaltsplanung   196
    II.   Haushaltsdurchführung   196
    III.   Jahresabschluss   196
    IV.   Geschäftsvorfälle   197
    V.   Ergebnisplan   204
    VI.   Finanzplan   205
    VII.   Haushaltssatzung   206
    VIII.   Eröffnungsbilanz   207
    IX.   Ergebnisrechnung   208
    X.   Finanzrechnung   209
    XI.   Vermögensrechnung   210
V.   Kontrollfragen und Sachverhalte   211
    I.   Aufgaben und Gliederung des Rechnungswesens   211
    II.   Grundsätze ordnungsmäßiger Buchführung   211
    III.   Rechnungsstoff   211
    IV.   Inventur, Inventar, Bilanz   213
    V.   Arten der Bilanzveränderung   216
    VI.   Buchung auf Bestandskonten   217
    VII.   Bildung von Buchungssätzen   219
    VIII.   Eröffnungs- und Schlussbilanzkonto   220
    IX.   Debitoren-/Kreditorenbuchhaltung   221
    X.   Anlagenbuchhaltung   225
    XI.   Personalbuchhaltung   235
    XII.   Rückstellungen   236
    XIII.   Aktivierte Eigenleistungen   238
    XIV.   Rechnungsabgrenzungsposten   239
    XV.   Veränderung des Eigenkapitals sowie der liquiden Mittel   242
    XVI.   Umsatzsteuer   248
I.   ABBILDUNGSVERZEICHNIS   249
II.   LITERATURVERZEICHNIS   251

A. Entwicklung und Rechtsgrundlagen

I. Entwicklung in Sachsen-Anhalt

1   Grundlage des heutigen Rechnungswesens der Kommunen in Sachsen-Anhalt stellt das von der Kommunalen Gemeinschaftsstelle für Verwaltungsmanagement (KGSt) bereits im Jahr 1993 entwickelte Neue Steuerungsmodell dar. Um eine betriebswirtschaftliche Steuerung der kommunalen Finanzwirtschaft zu ermöglichen, bildet die Umstellung des kameralen auf den doppischen/kaufmännischen Rechnungsstil die Basis der Reformempfehlung. Die ständige Konferenz der Innenminister (IMK) beschloss folgerichtig im Jahr 2003 die Abkehr von einem zahlungsorientierten zu einem ressourcenorientierten Haushalts- und Rechnungswesen.

2   Im Rahmen der Experimentierklausel des § 146 GO LSA a. F. erfolgte eine Umstellung der Modellkommunen Bitterfeld, Aken (Elbe), Elbingerode, Halberstadt, der Verwaltungsgemeinschaft Mittelland (Barleben) sowie des Landkreises Harz auf eine ressourcenorientierte Haushaltsführung. Die Steuerung und Begleitung dieses Prozesses erfolgte durch den Arbeitskreis „Einführung eines doppischen Rechnungswesens" bestehend aus den Modellkommunen, dem Ministerium des Innern, dem Städte- und Gemeindebund (SGSA) sowie dem Studieninstitut für kommunale Verwaltung Sachsen-Anhalt e. V. Die wissenschaftliche Begleitung erfolgte durch die Hochschule Harz.

3   Nach Auswertung der Ergebnisse der Pilotkommunen sowie der Modellprojekte in den Ländern Hessen, Nordrhein-Westfalen und Baden-Württemberg wurde durch den Landesgesetzgeber das Gesetz über ein Neues Kommunales Haushalts- und Rechnungswesen für die Kommunen des Landes Sachsen-Anhalt (NKHR) vom 22.03.2006 beschlossen. Dieses sah die Umstellung des kameralen auf das doppische Rechnungswesen (Doppik/**dopp**elte Buchführung **i**n **K**onten) sowie die damit verbundene erstmalige Aufstellung einer Eröffnungsbilanz spätestens zum Stichtag 01.01.2011 vor. Mit dem Begleitgesetz zur Gemeindegebietsreform vom 14.02.2008 wurde dieser Stichtag auf den 01.01.2013 verlängert. Die Kommunen waren ab diesem Zeitpunkt zur Umstellung ihrer Haushaltswirtschaft auf die Doppik verpflichtet.

II. Rechtsgrundlagen

4   Ihren Ausgangspunkt finden die Regelungen zur doppelten Buchführung im Kommunalverfassungsgesetz Sachsen-Anhalt. Zur konkreten Anwendung dieser Vorschriften wurde der Verordnungsgeber durch § 161 KVG LSA ermächtigt entsprechende Regelungen zu erlassen. Davon machte das Ministerium für Inneres und Sport durch den Erlass der Kommunalhaushaltsverordnung, der Gemeindekassenverordnung, der verbindlichen Muster zur Haushaltsführung und Haushaltssystematik, der Inventur- und Bewertungsrichtlinie sowie einer Vielzahl einzelner Runderlasse Gebrauch. Ergänzt werden die Vorschriften durch den vom Statistischen Landesamt Sachsen-Anhalt vorgegebenen und verbindlich anzuwendenden Produkt- und Kontenrahmenplan.

Rechtsgrundlagen		
Kommunalverfassungsgesetz Sachsen-Anhalt (KVG LSA)		
Teil 7 - Wirtschaft der Kommunen / Abschnitt 1 - Haushaltswirtschaft		
§ 161 Abs. 1 KVG LSA	**§ 161 Abs. 2 KVG LSA**	**§ 161 Abs. 3 KVG LSA**
Kommunalhaushaltsverordnung (KomHVO)	verbindliche Muster zur Haushaltsführung und Haushaltssystematik	Produkt- und Kontenrahmenplan, Bereichsabgrenzungen
Gemeindekassenverordnung (GemKVO)		
Bewertungsrichtlinie		
Inventurrichtlinie		

Abb. 1: Rechtsgrundlagen zur Buchführung in Sachsen-Anhalt

B. Aufgaben und Gliederung des Rechnungswesens

I. Grundlagen

Der Begriff „Rechnungswesen" stellt einen Oberbegriff dar und wird nach einem internen und externen Adressatenkreis unterschieden. Es bildet die Grundlage des kommunalen Informationssystems. Das Rechnungswesen erfasst und ordnet sämtliche zahlenmäßigen Vorgänge und dokumentiert dadurch die wirtschaftliche Situation der Kommune. Es bildet die Grundlage zur Informationsgewinnung, -verarbeitung sowie -weitergabe an den jeweiligen Adressatenkreis und ermöglicht dadurch den Entscheidungsträgern, ihre Steuerungsfunktion wahrzunehmen.

Während das externe Rechnungswesen mit einer Vielzahl von gesetzlichen Regelungen streng normiert ist, können die Kommunen ihr internes Rechnungswesen weitgehend frei gestalten.

Externes Rechnungswesen	**Internes Rechnungswesen**
Adressaten • Bürger und Einwohner • Vertretung • Banken • Gläubiger • Kommunalaufsicht	**Adressaten** • Verwaltungsführung • Vertretung • Führungskräfte • Mitarbeiter
Elemente • Finanzbuchführung • Vermögensrechnung (Bilanz) • Ergebnisrechnung • Finanzrechnung	**Elemente** • Kosten- und Leistungsrechnung • Wirtschaftlichkeitsberechnungen • Statistiken und Vergleichsrechnung
Rechtsgrundlagen ***Kommunen*** KVG LSA, KomHVO, GemKVO ***Unternehmen*** HGB, AktG, EStG	**Rechtsgrundlagen** ***Kommunen*** § 20 Abs. 1 KomHVO ***Unternehmen*** keine

Abb. 2: Vergleich externes und internes Rechnungswesen

II. Externes Rechnungswesen

9   Im externen Rechnungswesen wird zwischen der kaufmännischen Buchführung sowie der Kameralistik unterschieden. Für die Kommunen in Sachsen-Anhalt ist die kaufmännische Buchführung verbindlich anzuwenden (vgl. Pkt. A.I). Der Adressatenkreis des externen Rechnungswesens steht außerhalb der Verwaltung einer Kommune. Hierzu zählen die Einwohner und Bürger, Unternehmen, Finanzämter, Sozialversicherungskassen, Gläubiger wie z.B. Lieferanten oder Kreditinstitute sowie die Kommunalaufsichtsbehörde.

10   Das externe Rechnungswesen dient dem Ziel, außenstehenden Dritten einen Überblick über das Ergebnis des Verwaltungshandelns (vgl. Pkt. H.II) sowie über das Vermögen und die Schulden (vgl. Pkt. H.I) zu ermöglichen, und spiegelt sich damit im Grundsatz der Öffentlichkeit wider (vgl. Pkt. C.II.5). Der Jahresabschluss der Kernverwaltung stellt dabei das wichtigste Instrument dar. Dieser mündet in den Gesamtabschluss des Konzerns Kommune (§ 119 KVG LSA). Die Erkenntnisse aus dem externen Rechnungswesen können eine wesentliche Rolle bei der Vergabe von Fördermitteln, der Gewährung von Krediten sowie der Beurteilung der Haushaltslage und Vermögenslage spielen.

III. Internes Rechnungswesen

11   Das interne Rechnungswesen dient der Steuerung der Verwaltung. Aufgrund der unterschiedlichen Zielrichtungen und Instrumente stellt es andere Informationen als das externe Rechnungswesen zur Verfügung.

12   Im Gegensatz zum externen richtet sich das interne Rechnungswesen mit der Kosten- und Leistungsrechnung (§ 20 Abs. 1 KomHVO), den Wirtschaftlichkeitsrechnungen (§ 11 Abs. 2 KomHVO), den Statistiken und Vergleichsrechnungen an einen Adressatenkreis innerhalb der Kommune. Hierzu zählen z.B. die Mitarbeiter, die Verwaltungsleitung (Bürgermeister, Landrat, Beigeordnete) sowie die Führungskräfte (Amtsleiter, Fachbereichsleiter, Abteilungsleiter).

13   Die Vertretung ist einerseits als Kontrollorgan des kommunalen Handelns Adressat für das externe Rechnungswesen (z.B. durch die Beschlussfassung über den Jahresabschluss, vgl. Pkt. F.I), andererseits können die Ergebnisse des internen Rechnungswesens für die Vertretung, z.B. bei Gebührenkalkulationen, von Relevanz sein.

14   Die Informationen der Kosten- und Leistungsrechnung bilden für die Kalkulation von Verwaltungs- und Benutzungsgebühren (§§ 4, 5 KAG LSA), wie z.B. für die Abwasser- oder Abfallbeseitigungsgebühren bzw. für privatrechtliche Entgelte, die notwendige Grundlage. Dabei besteht das Ziel, eine sachgerechte Gebührenhöhe zu ermitteln und diese für den Gebührenpflichtigen nachvollziehbar und transparent darzustellen. Nach § 2 Abs. 1 S. 1 KAG LSA können kommunale Abgaben nur auf der Basis einer Satzung erhoben werden. Der Erlass einer Satzung erfolgt nach öffentlicher Beratung (§ 52 Abs. 1 KVG LSA) durch die Vertretung (§ 45 Abs. 2 Nr. 1, 6 KVG LSA). Dadurch werden die auf der Basis der Kosten- und Leistungsrechnung erstellten Gebührenkalkulationen Gegenstand der öffentlichen Diskussion. Darüber hinaus bildet die Kosten- und

Leistungsrechnung die Basis für ein Kostenbewusstsein und eine Kostentransparenz innerhalb der Kommune. 15

Nachfolgend wird der Zusammenhang zwischen externem und internem Rechnungswesen dargestellt: 16

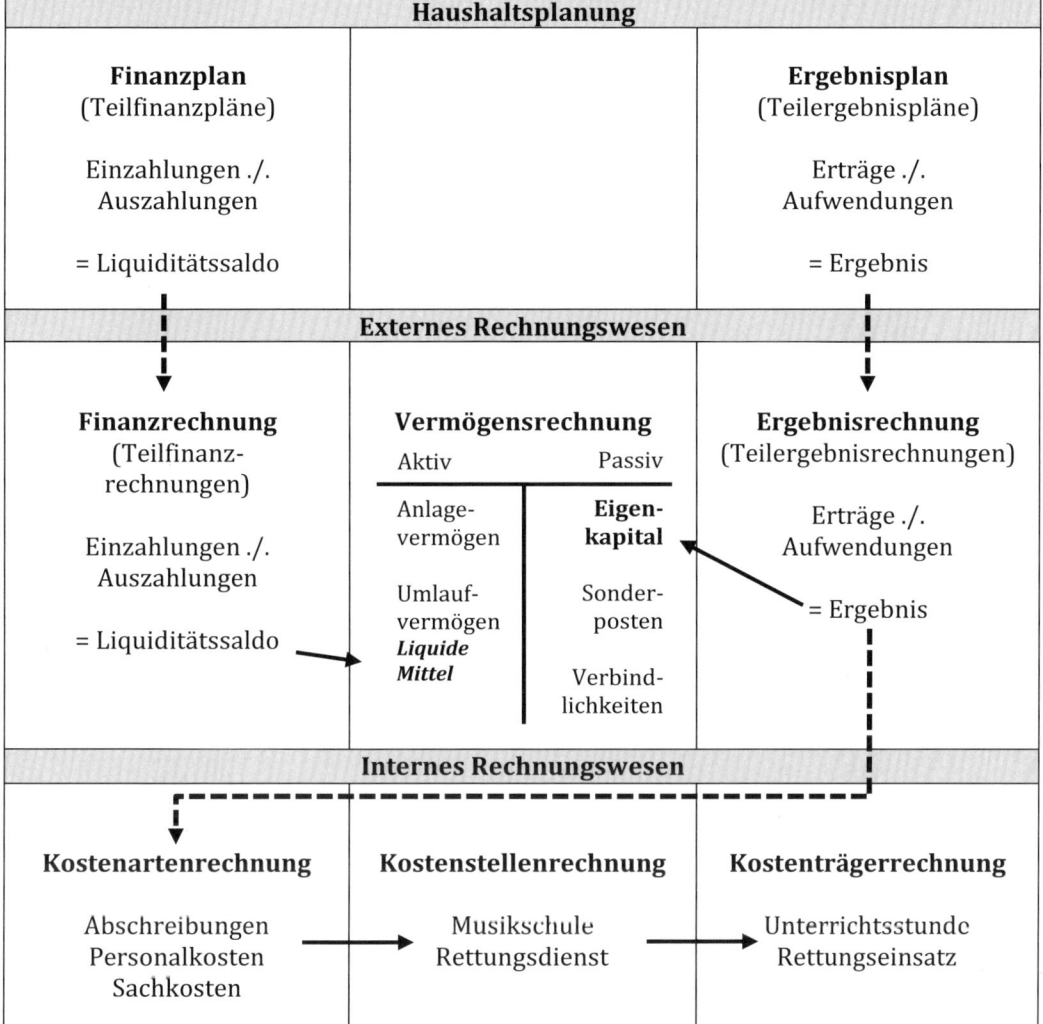

Abb. 3: Zusammenhang externes und internes Rechnungswesen

17

C. Grundsätze ordnungsmäßiger Buchführung

I. Grundlagen

18 Die Grundsätze ordnungsmäßiger Buchführung (GoB) sind allgemein gültige Regelungen zur Buchführung sowohl für den Unternehmensbereich als auch den öffentlichen Bereich. In Teilen sind sie gesetzlich fixiert und teilweise ungeschriebene Regeln, die sich aus Wissenschaft, Praxis und Rechtsprechung ergeben.

19 Die kommunale Buchführung muss den Anforderungen dieser Grundsätze entsprechen und so beschaffen sein, dass einem sachverständigen Dritten innerhalb einer angemessenen Zeit ein Überblick über die wirtschaftliche Lage der Kommune gegeben werden kann (§ 116 Abs. 1 S. 4 KVG LSA, § 23 Abs. 2 S. 2 GemKVO). Der kommunale Jahresabschluss ist nach diesen Grundsätzen aufzustellen (§ 118 Abs. 1. S. 2 KVG LSA). Grundlage hierfür bildet die tägliche Buchführung in der Kommune. Soweit gegen diese Grundsätze verstoßen wurde, kann die Vertretung dem Hauptverwaltungsbeamten die Entlastung im Rahmen des Jahresabschlusses verweigern (§ 120 Abs. 1 S. 5, 6 KVG LSA).

20 Nachfolgend werden die Grundsätze ordnungsmäßiger Buchführung unterschieden nach Rahmengrundsätzen, Abgrenzungsgrundsätzen sowie Grundsätzen ordnungsmäßiger Bilanzierung.

II. Rahmengrundsätze

1. Vollständigkeit

21 Ausgangspunkt bildet der bereits zur Haushaltsplanung anzuwendende Grundsatz der Vollständigkeit (§ 101 Abs. 1 S. 2 Nr. 1, 2 KVG LSA, § 9 Abs. 1 KomHVO). Danach enthält der Haushaltsplan (Ergebnis- und Finanzplan) alle anfallenden Erträge, eingehenden Einzahlungen, entstehenden Aufwendungen und zu leistenden Auszahlungen.

22 Dieser Grundsatz wird in der Buchführung aufgegriffen. Nach § 118 Abs. 1 S. 3 KVG LSA sind im Jahresabschluss sämtliche Vermögensgegenstände, Verbindlichkeiten, Rechnungsabgrenzungsposten, Erträge, Aufwendungen, Einzahlungen und Auszahlungen sowie die tatsächliche Vermögens-, Ertrags- und Finanzlage der Kommune darzustellen. Dies gilt auch für die Verwaltung fremder Finanzmittel (§ 14 KomHVO).

23 Nach § 34 Abs. 1 S. 1 KomHVO sind in der Vermögensrechnung das Anlage- und das Umlaufvermögen, das Eigenkapital, die Sonderposten, die Rückstellungen und die Verbindlichkeiten sowie die Rechnungsabgrenzungsposten vollständig auszuweisen.

24 Die Aufzeichnungen in den Büchern müssen daher vollständig sein (§ 23 Abs. 4 S. 1 GemKVO). Sämtliche der Kommune zustehenden Erträge und Einzahlungen sind nach § 25 Abs. 1 KomHVO zu erfassen, damit die Forderungen rechtzeitig eingezogen werden können. Unabhängig von der Höhe der zu buchenden Geschäftsvorfälle muss die Buchführung daher lückenlos sein.

Die Vollständigkeit stellt der Hauptverwaltungsbeamte im Rahmen des Jahresabschlusses 25
fest (§ 120 Abs. 1 S. 2 KVG LSA).

2. Richtigkeit und Willkürfreiheit

Dieser Grundsatz findet seinen Ursprung in dem bereits bei der Haushaltsplanung zu 26
beachtenden Prinzip der Haushaltswahrheit (§ 9 Abs. 2 S. 4 KomHVO). Die Buchführung
muss der Realität entsprechen und die tatsächlichen Geschäftsvorfälle abbilden. Insofern
sind die Geschäftsvorfälle korrekt und nachprüfbar zu erfassen (§ 23 Abs. 4 S. 1
GemKVO). Scheinbuchungen oder willkürliche Buchungen sind unzulässig. Dies gilt auch
für die Erfassung und wirklichkeitsgetreue Bewertung des Vermögens und der Schulden
zur Erstellung der Vermögensrechnung (§ 37 Abs. 1 Nr. 2 S. 1 KomHVO).

Die Buchungen von Geschäftsvorfällen sind auf den sachlich korrekten Konten ent- 27
sprechend den verbindlichen Vorgaben des Kontenrahmenplans LSA vorzunehmen
(§ 161 Abs. 3 KVG LSA, vgl. Pkt. K). Durch entsprechende Belege müssen die in den
Büchern vorgenommenen Buchungen objektiv nachvollziehbar sein.

Daneben beinhaltet dieser Grundsatz die Bindung der kommunalen Buchführung an die 28
Vorgaben durch den Gesetz- und Verordnungsgeber (KVG LSA, KomHVO, GemKVO, ver-
bindliche Muster, usw.).

Die Einhaltung dieses Grundsatzes stellt der Hauptverwaltungsbeamte im Rahmen des 29
Jahresabschlusses fest (§ 120 Abs. 1 S. 2 KVG LSA).

3. Vorsichtsprinzip

Das Vorsichtsprinzip spiegelt sich im Realisations- und Imparitätsprinzip wider (siehe 30
Pkt. III.1 und III.2).

4. Klarheit und Übersichtlichkeit

Gegenstand dieses Grundsatzes bildet die formelle Gestaltung der Buchführung und des 31
Jahresabschlusses. Gemäß § 118 Abs. 1 S. 2 KVG LSA muss der Jahresabschluss klar und
übersichtlich sein. Dies gilt für die Buchführung als Grundlage des Jahresabschlusses
analog (§ 23 Abs. 4 S. 1 GemKVO). Diese muss so beschaffen sein, dass innerhalb einer
angemessenen Zeit ein Überblick über die wirtschaftliche Lage der Kommune gegeben
werden kann (§ 116 Abs. 1 S. 4 KVG LSA).

Die Gliederung der Ergebnisrechnung (§§ 2, 43 KomHVO, verbindliches Muster 13), der 32
Finanzrechnung (§§ 3, 44 KomHVO, verbindliches Muster 14) und der Vermögensrechnung (§ 46 KomHVO, verbindliches Muster 17) als zentrale Elemente des Jahresabschlusses ist einheitlich vorgegeben. Zur Übersichtlichkeit der weiteren Bestandteile
und Anlagen des Jahresabschlusses tragen die landeseinheitlichen verbindlichen Muster
bei (§ 161 Abs. 2 Nr. 4 KVG LSA).

5. Öffentlichkeit

33 Für die Haushaltssatzung mit ihren Bestandteilen und Anlagen gilt gemäß §§ 52 Abs. 1, 102 Abs. 1, 2 S. 1 KVG LSA der Grundsatz der Öffentlichkeit. Dieser Grundsatz erstreckt sich auch auf den Jahresabschluss (§ 120 Abs. 2 KVG LSA). Demnach sind die Beschlüsse über den Jahresabschluss, den Gesamtabschluss (§ 119 KVG LSA) und die Entlastung des Hauptverwaltungsbeamten (§ 120 Abs. 1 S. 5 KVG LSA) der Kommunalaufsichtsbehörde unverzüglich mitzuteilen und ortsüblich bekannt zu machen. Im Anschluss an die Bekanntmachung sind der Jahresabschluss mit dem Rechenschaftsbericht und der Gesamtabschluss mit dem zusammenfassenden Bericht an sieben Tagen öffentlich auszulegen. Für die Allgemeinheit werden dadurch zusammengefasste Informationen über geeignete Medien (Presse, Internet) zur Buchführung der Kommune bereitgestellt.

6. Aktualität

34 Die Buchung der Geschäftsvorfälle und Aufzeichnungen in den Büchern sind zeitnah vorzunehmen (§ 23 Abs. 4 S. 2 GemKVO). Gemäß § 7 Abs. 2 GemKVO sind Zahlungsanordnungen unverzüglich zu erteilen, sobald die Verpflichtung zur Leistung, der Zahlungspflichtige oder Empfangsberechtigte, der Betrag und die Fälligkeit feststehen.

35 Eine aktuelle Buchführung mit einer zeitnahen und vollständigen Erfassung aller Forderungen und Verbindlichkeiten bildet die Grundlage für das Controlling, die Liquiditätsplanung (§ 21 Abs. 1 KomHVO, § 19 Abs. 1 S. 1 GemKVO) sowie für die zeitnahe Einleitung der Zwangsvollstreckung zur Beitreibung offener Forderungen (§ 25 Abs. 1 KomHVO, §§ 1 Abs. 1 S. 2, 16 Abs. 2 S. 1 GemKVO, VwVG LSA).

7. Einzelbewertung

36 Gemäß § 37 Abs. 1 Nr. 1 KomHVO sind die Vermögensgegenstände, Sonderposten, Rückstellungen, Verbindlichkeiten und Rechnungsabgrenzungsposten zum Abschlussstichtag einzeln zu bewerten. Dieser Grundsatz ist bereits im Rahmen der Inventur und der damit verbundenen Erstellung des Inventars zu beachten (§ 113 Abs. 1 KVG LSA, vgl. Pkt. G). Eine Ausnahme hierzu stellen Bewertungsvereinfachungsregelungen wie die Gruppenbewertung (§ 33 Abs. 3 KomHVO) oder das Festwertverfahren (§ 33 Abs. 4 KomHVO) dar.

8. Stetigkeit

37 Nach dem Grundsatz der Stetigkeit sollen die auf den vorhergehenden Jahresabschluss angewandten Bewertungsmethoden beibehalten werden (§ 37 Abs. 1 Nr. 4 KomHVO). Die Ausgestaltung als Soll-Vorschrift eröffnet den Kommunen die Möglichkeit zur Abweichung in begründeten Fällen. Zur Vermeidung willkürlicher Anpassungen ist diese Regelung restriktiv auszulegen. Grundsätzlich sind dadurch Veränderungen der Abschreibungsmethoden und Nutzungsdauern ausgeschlossen (§ 40 KomHVO). Nach § 47 Nr. 2 KomHVO sind Abweichungen von den angewandten Bilanzierungs- und Bewertungsmethoden mit einer Begründung anzugeben und die sich dadurch ergebenden Auswirkungen auf die Vermögens-, Finanz- und Ertragslage gesondert im Anhang darzustellen. Die Abweichung von der linearen Abschreibungsmethode sowie die

Änderung der Nutzungsdauer sind ebenfalls im Anhang zu erläutern (§ 47 Nr. 4, 5   38
KomHVO). Nicht erfasst vom Grundsatz der Stetigkeit ist die Ausübung von Wahlrechten,
die Änderung der rechtlichen Rahmenbedingungen sowie der örtlichen Verhältnisse.

9. Belegprinzip

Das Belegprinzip resultiert aus dem Grundsatz der Richtigkeit und Willkürfreiheit (siehe   39
Pkt. 2). Danach muss jedem Geschäftsvorfall ein Beleg zugrunde liegen. Die Buchungen
der Gemeindekasse müssen durch Unterlagen, aus denen sich der Buchungsgrund ergibt
(begründende Unterlagen), belegt sein (§ 35 Abs. 1 S. 1 GemKVO). Diese Belege dienen als
Nachweis einer Buchung und schaffen damit die Grundlage zur erforderlichen Kontrolle
und Prüfung der Buchführung.

Unterschieden wird nach Fremdbelegen (externe Belege, z.B. Eingangsrechnungen, Quit-   40
tungen, Bewilligungsbescheide für Zuweisungen, Kontoauszüge), Eigenbelegen (interne
Belege, Ausgangsrechnungen, Abgabenbescheide, Leistungsbescheide, Gehaltsabrech-
nungen) und Not- bzw. Ersatzbelegen (als Ersatz für Fremdbelege im Ausnahmefall z.B.
bei Verlust des Originalbelegs).

Zwischen den Belegen und den Buchungen muss ein untrennbarer Zusammenhang   41
hergestellt werden. Dies wird durch die Vergabe von laufenden Belegnummern sowie der
Angabe der Kontierung auf dem Beleg erreicht. In der Praxis werden hierzu Kontierungsstempel oder Buchungsfahnen verwendet.

Nach § 36 Abs. 1 S. 1 GemKVO sind die Bücher und Belege sicher aufzubewahren. Die   42
Belege sind sieben Jahre aufzubewahren, wobei die Frist am 01.01. des der Beschluss-
fassung über den Jahresabschluss folgenden Haushaltsjahres beginnt (§ 36 Abs. 2 S. 2, 4
GemKVO). Dabei gewinnt in der Praxis die elektronische Archivierung und digitale
Aktenführung maßgeblich an Bedeutung.

10. Sicherheit

Nach § 36 Abs. 1 S. 1 GemKVO sind die Bücher und Belege sicher aufzubewah-   43
ren. Der Jahresabschluss, der Gesamtabschluss und der Jahresbuchabschluss sind
dauernd, bei automatisierten Verfahren in ausgedruckter Form (§ 36 Abs. 2 S. 1
GemKVO), abzulegen. Die Bücher sind zehn Jahre und die Belege sieben Jahre aufzubewahren (§ 36 Abs. 2 S. 2 GemKVO). Die Fristen beginnen am 01.01. des der
Beschlussfassung über den Jahresabschluss folgenden Haushaltsjahres (§ 36 Abs. 2 S. 4
GemKVO). Werden die Bücher digital geführt, können diese und die Belege nach
Beschlussfassung der Vertretung über den Jahresabschluss auf optischen Speichermedien
aufbewahrt werden (§ 36 Abs. 3 GemKVO).

III. Abgrenzungsgrundsätze

1. Realisationsprinzip

44 Gemäß § 37 Abs. 1 Nr. 2 S. 3 KomHVO sind (Wert-)Gewinne nur zu berücksichtigen, wenn sie am Abschlussstichtag realisiert sind. Wertgewinne, die am Abschlussstichtag nicht realisiert sind, dürfen daher nicht als Ertrag im Jahresabschluss ausgewiesen werden. Insbesondere bei Leistungsbeziehungen und Vorgängen, die sich über mehrere Haushaltsjahre erstrecken, ist fraglich, wann der (Wert-)Gewinn als realisiert gilt. Im Regelfall ist dies der Zeitpunkt der Leistungserbringung. Reine Annahmen oder Vermutungen sind nicht ausreichend. Ziel dabei ist, dass die Vermögens- und Ertragslage der Kommune nicht verfälscht dargestellt wird. Das Realisationsprinzip dient damit dem Vorsichtsprinzip.

2. Imparitätsprinzip

45 Vorhersehbare Risiken und (Wert-)Verluste, die bis zum Abschlussstichtag entstanden sind, sind zu berücksichtigen, selbst wenn diese erst zwischen dem Abschlussstichtag und dem Tag der Aufstellung des Jahresabschlusses bekannt geworden sind (§ 37 Abs. 1 Nr. 2 S. 2 KomHVO). Dies wird auch als Wertaufhellung bezeichnet. Risiken und (Wert-)Verluste, für deren Verwirklichung im Hinblick auf die besonderen Verhältnisse der öffentlichen Haushaltswirtschaft nur eine geringe Wahrscheinlichkeit spricht, bleiben außer Betracht. Insofern werden Aufwendungen eines späteren Haushaltsjahres vorweggenommen, soweit dafür eine hohe Wahrscheinlichkeit besteht. Diese Ungleichbehandlung im Vergleich zum Realisationsprinzip zwischen nicht realisierten Erträgen und Aufwendungen ist aufgrund des Vorsichtsprinzips geboten.

3. Periodengerechte Zuordnung

46 Nach §§ 9 Abs. 2 S. 1, 2; 37 Abs. 1 Nr. 3 KomHVO sind die Erträge und Aufwendungen in ihrer voraussichtlichen Höhe in dem Haushaltsjahr zu berücksichtigen, dem sie wirtschaftlich zuzurechnen sind. D.h. diese sind verursachungsgerecht nach Verursachungsprinzip in der Ergebnisrechnung abzubilden. Die Einzahlungen und Auszahlungen werden nach dem Kassenwirksamkeitsprinzip hingegen nur in Höhe der im Haushaltsjahr tatsächlich eingehenden oder zu leistenden Beträge gebucht.

IV. Grundsätze ordnungsmäßiger Bilanzierung

1. Bilanzidentität

47 Die Bilanzidentität bedeutet, dass die Schlussbilanz des vorangegangenen Haushaltsjahres mit der Eröffnungsbilanz des neuen Haushaltsjahres identisch sein muss.

2. Bilanzkontinuität

48 Gemäß § 41 Abs. 1 S. 1 KomHVO ist die Gliederung der Vermögensrechnung in den jährlichen Jahresabschlüssen beizubehalten (formelle Bilanzkontinuität). Grundlage

hierfür bildet § 46 KomHVO i.V.m. dem verbindlichen Muster 17. Nur in Ausnahmefällen 49
darf wegen besonderer Umstände von der verwendeten Gliederung abgewichen werden.
Diese Abweichungen sind im Anhang zum Jahresabschluss zu erläutern (§§ 41 Abs. 1 S. 2,
47 KomHVO).

Daneben sollen nach § 37 Abs. 1 Nr. 4 KomHVO die Bilanzpositionen grundsätzlich immer 50
mit den identischen Bewertungsmethoden bewertet werden (materielle Bilanzkontinuität). Abweichungen davon sind im Anhang zu begründen (§ 47 Nr. 2 KomHVO).

3. Bilanzwahrheit

Die Bilanzwahrheit spiegelt sich im Grundsatz der Vollständigkeit (vgl. Pkt. II.1) sowie im 51
Grundsatz der Richtigkeit und Willkürfreiheit (vgl. Pkt. II.2) wider.

4. Bilanzklarheit

Die Bilanz (Vermögensrechnung) muss eindeutig und klar nach § 46 KomHVO gegliedert 52
und gestaltet werden. Diese Mindestgliederung (§ 46 Abs. 2 KomHVO) kann entsprechend den kommunalspezifischen Erfordernissen verfeinert werden. Die Posten der
Vermögensrechnung sind auf der Grundlage der rechtlichen Vorgabe übersichtlich zu
ordnen und eindeutig zu bezeichnen.

Durch diesen Grundsatz soll ein übersichtliches, unmissverständliches und zwischen den 53
Kommunen vergleichbares Bild erzeugt werden. Insbesondere außenstehenden Dritten,
wie Einwohnern und Bürgern, Kreditinstituten und Aufsichtsbehörden, soll dadurch der
Überblick über das kommunale Vermögen und die Schulden erleichtert werden. Insoweit
steht hier der Empfängerhorizont im Vordergrund.

D. Haushaltskreislauf

54 Der Haushaltskreislauf gliedert sich in die Phasen Haushaltsplanung, Haushaltsdurch- und Jahresabschluss. Entsprechend dem Grundsatz der Jährlichkeit nach § 100 Abs. 1, 4, 5 KVG LSA wiederholen sich diese drei Phasen jährlich. Danach hat die Kommune für jedes Haushaltsjahr (Kalenderjahr = 01.01. bis 31.12.) einen Haushaltsplan aufzustellen. Die Phase der Haushaltsdurchführung beginnt mit der Eröffnung des neuen Haushaltsjahres. Hierbei werden die entsprechenden Geschäftsvorfälle auf den Konten gebucht. Nach dem Ende des Haushaltsjahres werden die Bücher abgeschlossen und der Jahresabschluss (vgl. Pkt. F) erstellt.

55

Haushaltsjahr

Ergebnisplan	Vorschau →	← Rückschau	Vermögensrechnung
Finanzplan			Ergebnisrechnung
			Finanzrechnung

01.01. **31.12.**

Haushaltsplanung — Haushaltsdurchführung — Jahresabschluss

ca. ab 01.07. des Vorjahres — bis 30.04. des Folgejahres

Abb. 4: Haushaltskreislauf

56

Abb. 5: Gegenüberstellung Haushaltsplan/Jahresabschluss

E. Rechnungsstoff

I. Bestands- und Stromgrößen

Der Rechnungsstoff in der Buchführung wird in Bestands- und Stromgrößen (auch Fluss-   57
bzw. Bewegungsgrößen genannt) eingeteilt.

Bestandsgrößen stellen eine Augenblicksbetrachtung bzw. zeitpunktbezogene Betrach-   58
tung dar. Zum Beispiel ist das auf einem Kontoauszug ausgewiesene Guthaben eine
Momentaufnahme. Diese kann im nächsten Augenblick bereits verändert sein.

Die Stromgrößen betrachten einen Zeitraum und sind dazu geeignet, die Bestandsgrößen   59
zu verändern.

Im Rahmen des externen Rechnungswesens sind die drei nachfolgend dargestellten   60
Bestands- und Stromgrößen von Relevanz:

61

Bestandsgrößen	Stromgrößen	
	Mittelzufluss	*Mittelabfluss*
Zahlungsmittelbestand (Kassen- und Bankbestand)	Einzahlungen	Auszahlungen
Geldvermögen Zahlungsmittelbestand zzgl. Forderungen abzgl. Verbindlichkeiten)	Einnahmen	Ausgaben
Eigenkapital	Erträge	Aufwendungen

Abb. 6: Abgrenzung Bestands- und Stromgrößen

1. Zahlungsmittelbestand (Einzahlungen und Auszahlungen)

Die erste zu betrachtende Bestandsgröße ist der Zahlungsmittelbestand (ZMB). Zu den   62
Zahlungsmitteln gehören alle liquiden Mittel (z.B. die Sichtguthaben bei Banken, Bargeld,
Limits auf Kreditkarten und Gutscheine). Dieser Bestand wird durch die dazugehörigen
Stromgrößen Einzahlungen und Auszahlungen verändert. Während Einzahlungen als
Geldmittelzufluss den Zahlungsmittelbestand erhöhen, wird dieser durch Auszahlungen
als Geldmittelabfluss verringert. In der kommunalen Buchführung werden Einzahlungen
und Auszahlungen und damit die Veränderung des Zahlungsmittelbestands in der
Finanzrechnung abgebildet (vgl. Pkt. H.III).

2. Geldvermögen (Einnahmen und Ausgaben)

Das Geldvermögen als zweite Bestandsgröße beinhaltet neben dem Zahlungsmittel-   63
bestand die kurzfristigen Forderungen sowie die kurzfristigen Verbindlichkeiten und
wird wie nachfolgend dargestellt ermittelt:

	Bestände am 31.12.	
Zahlungsmittelbestand		1.546.203 EUR
+ kurzfristige Forderungen	+	14.872.932 EUR
./. kurzfristige Verbindlichkeiten	./.	9.573.167 EUR
= **Geldvermögen**	=	**6.845.968 EUR**

64   Die Einnahmen erhöhen und die Ausgaben (Stromgrößen) verringern die Höhe des Geldvermögens.

3. Eigenkapital (Erträge und Aufwendungen)

65   Durch die Stromgrößen Erträge und Aufwendungen wird der Bestand des Eigenkapitals verändert und durch die Ergebnisrechnung (vgl. Pkt. H.II) abgebildet. Erträge stellen dabei ein Ressourcenaufkommen bzw. Wertezuwachs dar und erhöhen das Eigenkapital. Aufwendungen entstehen hingegen durch einen Ressourcenverbrauch bzw. Werteverzehr und verringern das Eigenkapital.

II. Abgrenzung der Stromgrößen

66   Die Begrifflichkeiten „Einzahlungen", „Einnahmen" und „Erträge" sowie „Auszahlungen", „Ausgaben" und „Aufwendungen" werden häufig synonym verwendet. In der Buchführung ist jedoch eine exakte Abgrenzung dieser Begriffe erforderlich, da unter Beachtung der Organisation des kommunalen Rechnungswesens die einzelnen Schritte von der Bestellung bis zur Auszahlung bzw. von der Geltendmachung eines Anspruchs bis zur Einzahlung zeitlich und personell auseinanderfallen. In den Rechtsvorschriften (KVG LSA, KomHVO, GemKVO) sind überwiegend die Stromgrößen Erträge und Aufwendungen sowie Einzahlungen und Auszahlungen normiert. Lediglich in § 42 Abs. 1 und 2 KomHVO wird von Einnahmen und Ausgaben gesprochen. In der Kosten- und Leistungsrechnung erfolgt eine Erweiterung durch Leistungen und Kosten.

67   Bei Betrachtung der Stromgrößen Einzahlungen, Einnahmen und Erträge sowie Auszahlungen, Ausgaben und Aufwendungen über die Dauer eines Haushaltsjahres ist festzustellen, dass diese bei den einzelnen Geschäftsvorfällen überwiegend im Gleichklang anfallen.

68

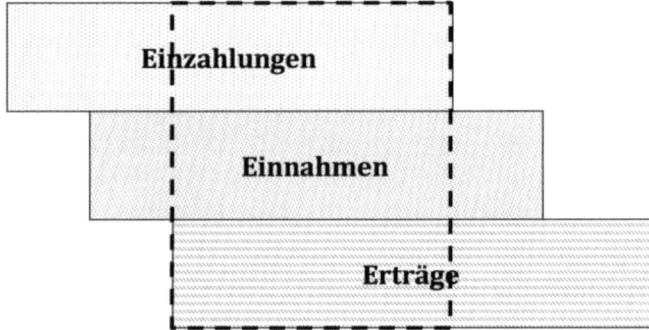

Abb. 7: Abgrenzung Einzahlungen/Einnahmen/Erträge

Abb. 8: Abgrenzung Auszahlungen/Ausgaben/Aufwendungen

Nachfolgend werden die Begriffspaare anhand von Beispielen abgegrenzt und die Unter- 70
schiede verdeutlicht. Dabei werden die Auswirkungen auf das Geldvermögen dargestellt.

1. Abgrenzung Einzahlungen/Einnahmen

71

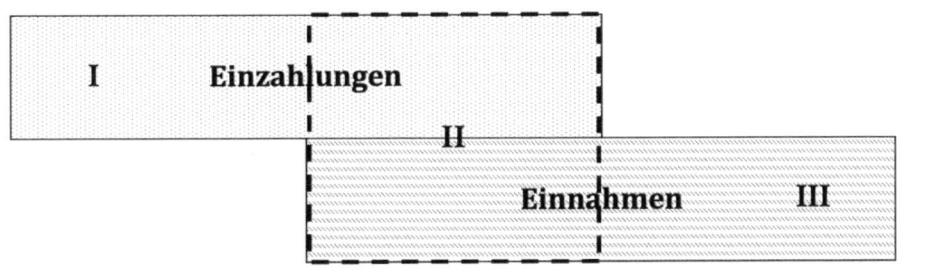

Abb. 9: Abgrenzung Einzahlungen/Einnahmen

1.1 Teilbereich I

In diesem Teilbereich liegt eine Einzahlung, aber keine Einnahme vor. Das bedeutet, der 72
Bestand an Zahlungsmitteln erhöht sich, ohne dass sich das Geldvermögen verändert.

Beispiel
Ein Grundstückseigentümer zahlt die zweite Rate der Grundsteuer B auf dem städtischen 73
Bankkonto ein (100 EUR). Der Grundsteuerbescheid wurde bereits im Januar erlassen. Die offene Forderung aus dem Grundsteuerbescheid wird mit dieser Zahlung
neutralisiert.

		vorher	Veränderung	nachher	74
Zahlungsmittelbestand		1.000 EUR	+ 100 EUR	1.100 EUR	
+ kurzfristige Forderungen	+	5.000 EUR	./. 100 EUR	4.900 EUR	
./. kurzfristige Verbindlichkeiten	./.	3.000 EUR	0 EUR	3.000 EUR	
= **Geldvermögen**	=	**3.000 EUR**	**0 EUR**	**3.000 EUR**	

1.2 Teilbereich II

75 Im Teilbereich II liegt eine Einzahlung und eine Einnahme vor. Das heißt, der Bestand an Zahlungsmitteln erhöht sich ebenso wie das Geldvermögen.

Beispiel

76 In der städtischen Bibliothek bezahlt ein Nutzer seine Jahresnutzungsgebühr in bar (10 EUR). Die Forderung wurde vorher nicht festgesetzt. Der Bestand an liquiden Mitteln steigt, während die anderen das Geldvermögen bestimmenden Größen unverändert bleiben.

77

		vorher	Veränderung	nachher
Zahlungsmittelbestand		1.000 EUR	+ 10 EUR	1.010 EUR
+ kurzfristige Forderungen	+	5.000 EUR	0 EUR	5.000 EUR
./. kurzfristige Verbindlichkeiten	./.	3.000 EUR	0 EUR	3.000 EUR
= Geldvermögen	=	**3.000 EUR**	**+ 10 EUR**	**3.010 EUR**

1.3 Teilbereich III

78 Hier liegt eine Einnahme, jedoch keine Einzahlung vor. Das heißt, das Geldvermögen erhöht sich, ohne dass sich der Bestand an Zahlungsmitteln verändert.

Beispiel

79 Durch das Verkehrsamt wird ein Bußgeldbescheid mit einer Geldbuße i.H.v. 50 EUR versandt. Dadurch nehmen die Forderungen zu, ohne dass sich der Zahlungsmittelbestand und die Verbindlichkeiten verändern.

80

		vorher	Veränderung	nachher
Zahlungsmittelbestand		1.000 EUR	0 EUR	1.000 EUR
+ kurzfristige Forderungen	+	5.000 EUR	+ 50 EUR	5.050 EUR
./. kurzfristige Verbindlichkeiten	./.	3.000 EUR	0 EUR	3.000 EUR
= Geldvermögen	=	**3.000 EUR**	**+ 50 EUR**	**3.050 EUR**

2. Abgrenzung Einnahmen/Erträge

81

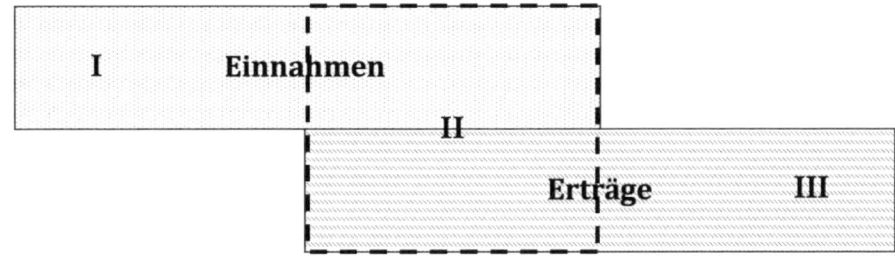

Abb. 10: Abgrenzung Einnahmen/Erträge

2.1 Teilbereich I

Im Teilbereich I liegt eine Einnahme, aber kein Ertrag vor. Dadurch erhöht sich das   82
Geldvermögen, ohne dass sich das Eigenkapital verändert.

Beispiel
Die Stadt erhält einen Fördermittelbescheid i.H.v. 10.000 EUR für den Bau einer neuen   83
Kindertagesstätte. Auf der Basis des Bescheids ist eine Forderung gegenüber dem
Zuwendungsgeber einzubuchen. Damit erhöht sich das Geldvermögen. Da investive Zu-
wendungen als Sonderposten auf der Passivseite der Vermögensrechnung auszuweisen
sind, verändert sich das Eigenkapital durch diesen Vorgang nicht.

84

		vorher	Veränderung	nachher
Zahlungsmittelbestand		2.000 EUR	0 EUR	2.000 EUR
+ kurzfristige Forderungen	+	1.000 EUR	+ 10.000 EUR	11.000 EUR
./. kurzfristige Verbindlichkeiten	./.	500 EUR	0 EUR	500 EUR
= Geldvermögen	**=**	**2.500 EUR**	**+ 10.000 EUR**	**12.500 EUR**

2.2 Teilbereich II

In diesem Teilbereich liegen sowohl eine Einnahme und als auch ein Ertrag vor. Das heißt   85
der Bestand an Zahlungsmitteln erhöht sich ebenso wie das Geldvermögen.

Beispiel
Durch das Umweltamt wird eine Verwaltungsgebühr i.H.v. 50 EUR festgesetzt. Mit der   86
Festsetzung ist eine Forderung einzubuchen. Das Geldvermögen steigt. Gebühren sind das
Äquivalent für die Leistung der Kommune. Insoweit handelt es sich dabei um einen
Ertrag.

87

		vorher	Veränderung	nachher
Zahlungsmittelbestand		2.000 EUR	0 EUR	2.000 EUR
+ kurzfristige Forderungen	+	1.000 EUR	+ 50 EUR	1.050 EUR
./. kurzfristige Verbindlichkeiten	./.	500 EUR	0 EUR	500 EUR
= Geldvermögen	**=**	**2.500 EUR**	**+ 50 EUR**	**2.550 EUR**

2.3 Teilbereich III

Hier liegt ein Ertrag, aber keine Einnahme vor. Das heißt, das Eigenkapital erhöht sich,   88
ohne dass sich das Geldvermögen verändert.

Beispiel
Im Rahmen des Jahresabschlusses werden Sonderposten aus Beiträgen i.H.v. 100 EUR   89
ertragswirksam aufgelöst. Das Geldvermögen verändert sich nicht. Durch die Auflösung
des Sonderpostens wird das Eigenkapital durch einen Ertrag erhöht.

90

		vorher	Veränderung	nachher
Zahlungsmittelbestand		2.000 EUR	0 EUR	2.000 EUR
+ kurzfristige Forderungen	+	1.000 EUR	0 EUR	1.000 EUR
./. kurzfristige Verbindlichkeiten	./.	500 EUR	0 EUR	500 EUR
= **Geldvermögen**	=	**2.500 EUR**	**0 EUR**	**2.500 EUR**

3. Abgrenzung Erträge/Einzahlungen

91

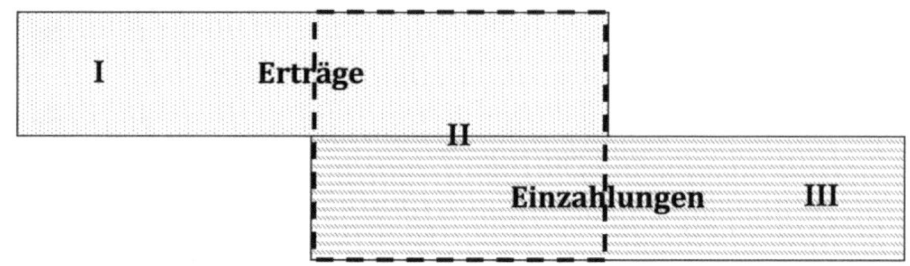

Abb. 11: Abgrenzung Erträge/Einzahlungen

3.1 Teilbereich I

92   Dieser Teilbereich ist davon gekennzeichnet, dass ein Ertrag, aber keine Einzahlung vorliegt. Dadurch erhöht sich das Eigenkapital. Der Zahlungsmittelbestand bleibt unangetastet.

Beispiel

93   Der Erwerb eines Fahrzeugs wurde mit 10.000 EUR vom Land Sachsen-Anhalt gefördert. Die Anlagenbuchhaltung setzte die betriebsgewöhnliche Nutzungsdauer auf zehn Jahre fest. Die jährliche ertragswirksame Auflösung des Sonderpostens beträgt 1.000 EUR. Das Eigenkapital erhöht sich, während sich das Geldvermögen nicht verändert.

94

		vorher	Veränderung	nachher
Zahlungsmittelbestand		2.000 EUR	0 EUR	2.000 EUR
+ kurzfristige Forderungen	+	1.000 EUR	0 EUR	1.000 EUR
./. kurzfristige Verbindlichkeiten	./.	500 EUR	0 EUR	500 EUR
= **Geldvermögen**	=	**2.500 EUR**	**0 EUR**	**2.500 EUR**

3.2 Teilbereich II

95   Im Teilbereich II liegt sowohl ein Ertrag als auch eine Einzahlung vor. Der Zahlungsmittelbestand sowie das Eigenkapital erhöhen sich.

Beispiel

96   Ein Bußgeldbescheid i.H.v. 500 EUR wird versandt. Dieser wird als Forderung ausgewiesen und führt zu einem Ertrag. Wird das Bußgeld zur Fälligkeit überwiesen, erhöht sich der Zahlungsmittelbestand. Gleichzeitig reduzieren sich die Forderungen. Das Geldvermögen verändert sich nicht.

		vorher	Veränderung	nachher	
Zahlungsmittelbestand		2.000 EUR	+ 500 EUR	2.500 EUR	97
+ kurzfristige Forderungen	+	1.000 EUR	./. 500 EUR	500 EUR	
./. kurzfristige Verbindlichkeiten	./.	500 EUR	0 EUR	./. 500 EUR	
= **Geldvermögen**	=	**2.500 EUR**	**0 EUR**	**2.500 EUR**	

3.3 Teilbereich III

Dieser Teilbereich ist davon gekennzeichnet, dass eine Einzahlung, aber kein Ertrag vorliegt. Dadurch erhöht sich der Zahlungsmittelbestand. Das Eigenkapital bleibt unangetastet. 98

Beispiel
Über die Veräußerung einer Grundstücksteilfläche wird ein Kaufvertrag i.H.v. 1.500 EUR abgeschlossen. Der Verkaufspreis entspricht dem Buchwert. Der Kaufpreisanspruch wird als Forderung ausgewiesen. Bei Zahlung zur Fälligkeit reduzieren sich die Forderungen. Gleichzeitig erhöht sich der Zahlungsmittelbestand. Das Geldvermögen und das Eigenkapital verändern sich nicht. 99

		vorher	Veränderung	nachher	
Zahlungsmittelbestand		2.000 EUR	+ 1.500 EUR	3.500 EUR	100
+ kurzfristige Forderungen	+	2.000 EUR	./. 1.500 EUR	500 EUR	
./. kurzfristige Verbindlichkeiten	./.	2.000 EUR	0 EUR	2.000 EUR	
= **Geldvermögen**	=	**2.000 EUR**	**0 EUR**	**2.000 EUR**	

4. Abgrenzung Auszahlungen/Ausgaben

101

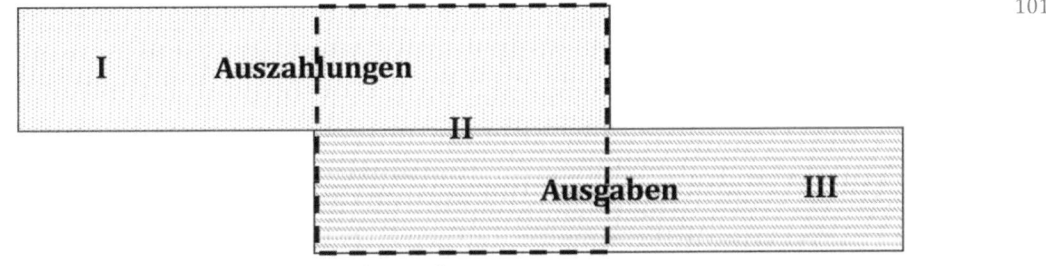

Abb. 12: Abgrenzung Auszahlungen/Ausgaben

4.1 Teilbereich I

Im Teilbereich I liegt eine Auszahlung, aber keine Ausgabe vor. Das heißt, der Bestand an Zahlungsmitteln verringert sich, ohne dass sich das Geldvermögen verändert. 102

Beispiel
Die Stadtkasse zahlt eine fällige Rechnung an einen Lieferanten i.H.v. 100 EUR. Die Verbindlichkeit aus der Rechnung wird mit der Zahlung neutralisiert. 103

104		vorher	Veränderung	nachher
Zahlungsmittelbestand		1.000 EUR	./. 100 EUR	900 EUR
+ kurzfristige Forderungen	+	5.000 EUR	0 EUR	5.000 EUR
./. kurzfristige Verbindlichkeiten	./.	3.000 EUR	./. 100 EUR	2.900 EUR
= Geldvermögen	=	**3.000 EUR**	**0 EUR**	**3.000 EUR**

4.2 Teilbereich II

105 In diesem Teilbereich liegen eine Auszahlung und eine Ausgabe vor. Das heißt, der Bestand an Zahlungsmitteln verringert sich ebenso wie das Geldvermögen.

Beispiel

106 Für die Geburtstagsgratulation kauft die Sekretärin des Bürgermeisters einen Blumenstrauß (10 EUR). Der Bestand an liquiden Mitteln verringert sich, während die anderen das Geldvermögen bestimmenden Größen unverändert bleiben.

107		vorher	Veränderung	nachher
Zahlungsmittelbestand		1.000 EUR	./. 10 EUR	990 EUR
+ kurzfristige Forderungen	+	5.000 EUR	0 EUR	5.000 EUR
./. kurzfristige Verbindlichkeiten	./.	3.000 EUR	0 EUR	3.000 EUR
= Geldvermögen	=	**3.000 EUR**	**./. 10 EUR**	**2.990 EUR**

4.3 Teilbereich III

108 Hier liegt eine Ausgabe, aber keine Auszahlung vor. Das heißt, das Geldvermögen verringert sich, ohne dass sich der Bestand an Zahlungsmitteln verändert.

Beispiel

109 In der Buchhaltung geht eine Rechnung für Büromaterial i.H.v. 50 EUR ein. Die Verbindlichkeiten steigen, ohne dass sich der Zahlungsmittelbestand und die Forderungen verändern.

110		vorher	Veränderung	nachher
Zahlungsmittelbestand		1.000 EUR	0 EUR	1.000 EUR
+ kurzfristige Forderungen	+	5.000 EUR	0 EUR	5.000 EUR
./. kurzfristige Verbindlichkeiten	./.	3.000 EUR	+ 50 EUR	3.050 EUR
= Geldvermögen	=	**3.000 EUR**	**./. 50 EUR**	**2.950 EUR**

5. Abgrenzung Ausgaben/Aufwendungen

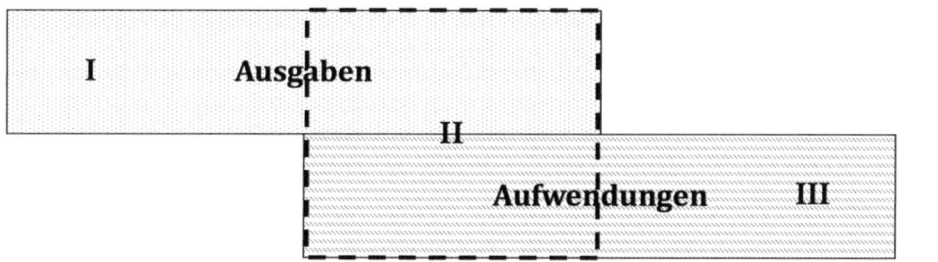

Abb. 13: Abgrenzung Ausgaben/Aufwendungen

111

5.1 Teilbereich I

Dieser Teilbereich ist davon gekennzeichnet, dass eine Ausgabe, aber keine Aufwendung vorliegt. Das heißt, das Geldvermögen sinkt, ohne dass sich das Eigenkapital verändert.

112

Beispiel
Für den Bau der Gemeindestraße geht die Abschlagsrechnung i.H.v. 500 EUR in die Geschäftsbuchhaltung ein. Die Rechnung ist als Verbindlichkeit in der Buchführung zu berücksichtigen. Damit verringert sich das Geldvermögen. Im Gegenzug erhöht sich das auf der Aktivseite der Bilanz ausgewiesene Vermögen. Das Eigenkapital verändert sich durch diesen Vorgang nicht.

113

		vorher	Veränderung	nachher
Zahlungsmittelbestand		2.000 EUR	0 EUR	2.000 EUR
+ kurzfristige Forderungen	+	1.000 EUR	0 EUR	1.000 EUR
./. kurzfristige Verbindlichkeiten	./.	500 EUR	+ 500 EUR	1.000 EUR
= Geldvermögen	**=**	**2.500 EUR**	**+ 500 EUR**	**2.000 EUR**

114

5.2 Teilbereich II

Im Teilbereich II liegen sowohl eine Ausgabe als auch ein Aufwand vor. Das Geldvermögen sinkt ebenso wie das Eigenkapital.

115

Beispiel
Eine Rechnung für Reinigungsleistungen der Verwaltungsgebäude i.H.v. 500 EUR geht ein. Dies ist als Verbindlichkeiten auszuweisen. Das Geldvermögen sinkt. Soweit diese Rechnung keinen investiven Vorgang betrifft, handelt es sich gleichzeitig um einen Aufwand.

116

		vorher	Veränderung	nachher
Zahlungsmittelbestand		2.000 EUR	0 EUR	2.000 EUR
+ kurzfristige Forderungen	+	1.000 EUR	0 EUR	1.000 EUR
./. kurzfristige Verbindlichkeiten	./.	500 EUR	+ 500 EUR	1.000 EUR
= Geldvermögen	**=**	**2.500 EUR**	**+ 500 EUR**	**2.000 EUR**

117

6. Teilbereich III

118   Hier liegen Aufwendungen, aber keine Ausgaben vor. Das bedeutet, das Eigenkapital verringert sich, ohne dass sich das Geldvermögen verändert.

Beispiel

119   Im Rahmen des Jahresabschlusses sind die planmäßigen Abschreibungen eines Fahrzeugs i.H.v. 1.000 EUR zu buchen. Die Abschreibung bildet den Wertverlust von Vermögensgegenständen ab. Insofern handelt es sich um einen Aufwand, der das Eigenkapital mindert. Das Geldvermögen ändert sich dadurch nicht.

120

		vorher	Veränderung	nachher
Zahlungsmittelbestand		2.000 EUR	0 EUR	2.000 EUR
+ kurzfristige Forderungen	+	1.000 EUR	0 EUR	1.000 EUR
./. kurzfristige Verbindlichkeiten	./.	500 EUR	0 EUR	500 EUR
= Geldvermögen	**=**	**2.500 EUR**	**0 EUR**	**2.500 EUR**

7. Abgrenzung Aufwendungen/Auszahlungen

121

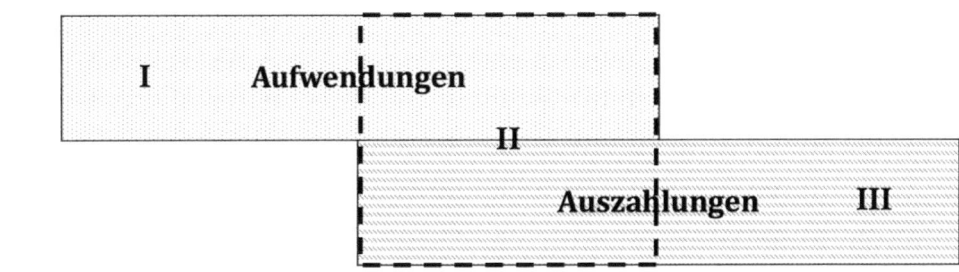

Abb. 14: Abgrenzung Aufwendungen/Auszahlungen

7.1 Teilbereich I

122   Dieser Teilbereich ist davon gekennzeichnet, dass ein Aufwand, aber keine Auszahlung vorliegt. Dadurch reduziert sich das Eigenkapital. Der Zahlungsmittelbestand bleibt unangetastet.

Beispiel

123   Der Erwerb eines Fahrzeugs verursachte Anschaffungskosten i.H.v. 10.000 EUR. Die Anlagenbuchhaltung setzte die betriebsgewöhnliche Nutzungsdauer auf zehn Jahre fest. Der jährliche Abschreibungsbetrag beträgt 1.000 EUR. Das Eigenkapital sinkt, während sich der Geldvermögen nicht verändert.

124

		vorher	Veränderung	nachher
Zahlungsmittelbestand		2.000 EUR	0 EUR	2.000 EUR
+ kurzfristige Forderungen	+	1.000 EUR	0 EUR	1.000 EUR
./. kurzfristige Verbindlichkeiten	./.	500 EUR	0 EUR	500 EUR
= Geldvermögen	**=**	**2.500 EUR**	**0 EUR**	**2.500 EUR**

7.2 Teilbereich II

Im Teilbereich II liegen sowohl ein Aufwand als auch eine Auszahlung vor. Der Zahlungs-mittelbestand sinkt ebenso wie das Eigenkapital.   125

Beispiel

Eine Rechnung für Telefongebühren der Verwaltung i.H.v. 500 EUR geht ein. Diese wird   126
als Verbindlichkeit ausgewiesen. Wird die Rechnung zur Fälligkeit überwiesen, sinkt der Zahlungsmittelbestand. Gleichzeitig reduzieren sich die Verbindlichkeiten. Das Geldver-mögen verändert sich nicht. Soweit diese Rechnung keinen investiven Vorgang betrifft, handelt es sich gleichzeitig um einen Aufwand.

		vorher	Veränderung	nachher
Zahlungsmittelbestand		2.000 EUR	./. 500 EUR	1.500 EUR
+ kurzfristige Forderungen	+	1.000 EUR	0 EUR	1.000 EUR
./. kurzfristige Verbindlichkeiten	./.	500 EUR	+ 500 EUR	0 EUR
= Geldvermögen	**=**	**2.500 EUR**	**0 EUR**	**2.500 EUR**

127

7.3 Teilbereich III

Dieser Teilbereich ist dadurch gekennzeichnet, dass eine Auszahlung, aber kein Aufwand   128
vorliegt. Dadurch reduziert sich der Zahlungsmittelbestand. Das Eigenkapital bleibt unan-getastet.

Beispiel

Der Erwerb einer Grundstücksteilfläche verursachte Anschaffungskosten i.H.v. 1.500   129
EUR. Der Kaufpreis wird als Verbindlichkeit ausgewiesen. Bei Zahlung zur Fälligkeit redu-ziert sich der Zahlungsmittelbestand. Gleichzeitig sinken die Verbindlichkeiten. Das Geld-vermögen und das Eigenkapital verändern sich nicht.

		vorher	Veränderung	nachher
Zahlungsmittelbestand		2.000 EUR	./. 1.500 EUR	500 EUR
+ kurzfristige Forderungen	+	2.000 EUR	0 EUR	2.000 EUR
./. kurzfristige Verbindlichkeiten	./.	2.000 EUR	+ 1.500 EUR	./. 500 EUR
= Geldvermögen	**=**	**2.000 EUR**	**0 EUR**	**2.000 EUR**

130

F. Jahresabschluss

I. Rechtliche Rahmenbedingungen

131 Die Kommune hat zum Schluss eines jeden Haushaltsjahres einen Jahresabschluss aufzustellen (Grundsatz der Jährlichkeit, §§ 100 Abs. 1, 4, 5; 118 Abs. 1 S. 1 KVG LSA). Dieser
stellt das Gegenstück zum Haushaltsplan dar, ermöglicht eine Rückschau und bildet damit
den Abschluss des Haushaltskreislaufs (vgl. Pkt. D). Der Jahresabschluss ist nach den
Grundsätzen ordnungsmäßiger Buchführung (vgl. Pkt. C) aufzustellen und muss klar und
übersichtlich sein (§ 118 Abs. 1 S. 2 KVG LSA).

132 Im Jahresabschluss sind sämtliche Vermögensgegenstände, Verbindlichkeiten, Rechnungsabgrenzungsposten, Erträge, Aufwendungen, Einzahlungen und Auszahlungen sowie die tatsächliche Vermögens-, Ertrags- und Finanzlage der Kommune darzustellen
(§ 118 Abs. 1 S. 3 KVG LSA). Dieses Vollständigkeitsgebot spiegelt sich bereits zur
Haushaltsplanung wider (§ 101 Abs. 1 S. 2 KVG LSA). Grundlage für den Jahresabschluss
bildet nach § 113 KVG LSA die Inventur, das Inventar und die Vermögensbewertung (vgl.
Pkt. G).

133 Der Jahresabschluss ist nach § 120 Abs. 1 S. 1 KVG LSA innerhalb von vier Monaten nach
Ende des Haushaltsjahres (also bis zum 30.04. des dem Haushaltsjahr folgenden Jahres)
aufzustellen. Die Vollständigkeit und Richtigkeit des Jahresabschlusses wird durch den
Hauptverwaltungsbeamten (§ 7 KVG LSA) festgestellt und im Anschluss dem Rechnungsprüfungsamt zur Prüfung vorgelegt (§§ 120 Abs. 1 S. 2, 136 ff. KVG LSA). Nach Abschluss
der Prüfung beschließt die Vertretung bis spätestens 31.12. des auf das Haushaltsjahr
folgenden Jahres den Jahresabschluss und entscheidet damit zugleich über die Entlastung
des Hauptverwaltungsbeamten (§ 120 Abs. 1 S. 4, 5 KVG LSA). Eine Übertragung dieser
Organzuständigkeit scheidet nach § 45 Abs. 2 Nr. 4 KVG LSA aus.

134 Nach § 120 Abs. 2 S. 1 KVG LSA ist der Beschluss über den Jahresabschluss sowie die
Entlastung des Hauptverwaltungsbeamten unverzüglich der Kommunalaufsichtsbe hörde
(§ 144 KVG LSA) mitzuteilen und ortsüblich bekannt zu machen. Die Kommunalaufsichtsbehörde kann diesen Beschluss nach § 146 KVG LSA beanstanden.

135 Der Jahresabschluss ist mit dem Rechenschaftsbericht an sieben (Arbeits-)Tagen öffentlich auszulegen (§ 120 Abs. 2 S. 2 KVG LSA). Darin spiegelt sich der Grundsatz der
Öffentlichkeit wider. Den Bürgern wird dadurch die Möglichkeit eingeräumt, sich um-
fassend über die Haushaltswirtschaft des abgelaufenen Haushaltsjahres zu informieren.

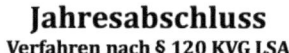

Jahresabschluss
Verfahren nach § 120 KVG LSA

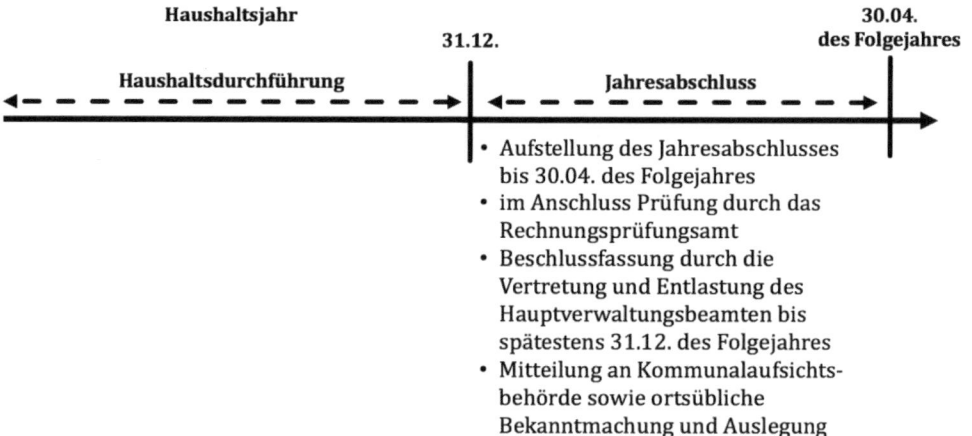

Abb. 15: Zeitlicher Ablauf des Jahresabschlusses

Gemäß § 118 Abs. 2 KVG LSA i.V.m. § 41 KomHVO besteht der Jahresabschluss aus einer 137
Ergebnisrechnung (§ 43 KomHVO - in der Haushaltsplanungsphase = Ergebnisplan),
einer Finanzrechnung (§ 44 KomHVO - in der Haushaltsplanungsphase = Finanzplan),
einer Vermögensrechnung (§ 46 KomHVO) sowie einem Anhang (§ 47 KomHVO).

Der Jahresabschluss wird nach § 118 Abs. 3, 4 KVG LSA durch einen Rechenschafts- 138
bericht, Übersichten über das Anlagevermögen (§ 49 Abs. 1 KomHVO, verbindliches
Muster 18), die Forderungen (§ 49 Abs. 2 KomHVO, verbindliches Muster 19) und Verbindlichkeiten (§ 49 Abs. 3 KomHVO, verbindliches Muster 20) sowie eine Übersicht über
die in das folgende Jahr zu übertragenden Ermächtigungen für Aufwendungen und
Auszahlungen (§§ 19, 49 Abs. 4 KomHVO, verbindliches Muster 21) sowie Verpflichtungsermächtigungen (§ 107 Abs. 3 KVG LSA, § 49 Abs. 4 KomHVO, verbindliches Muster 22)
ergänzt.

Gemäß § 41 Abs. 1 S. 1 KomHVO ist die Form der Darstellung, insbesondere die Glie- 139
derung der aufeinanderfolgenden Ergebnisrechnungen (vgl. Pkt. H.II), Finanzrechnungen
(vgl. Pkt. H.III) und Vermögensrechnungen (vgl. Pkt. H.I), grundsätzlich beizubehalten. In
der Ergebnisrechnung, der Finanzrechnung und der Vermögensrechnung ist zu jedem
Posten der entsprechende Betrag des vorhergehenden Haushaltsjahres anzugeben, wobei erhebliche Unterschiede im Anhang zu erläutern sind (§ 41 Abs. 2 KomHVO). Posten
der Ergebnisrechnung, der Finanzrechnung oder der Vermögensrechnung, für den kein
Betrag auszuweisen ist, müssen nicht aufgeführt werden, es sei denn, dass im Jahresabschluss des Vorjahres unter diesem Posten ein Betrag ausgewiesen wurde (§ 41 Abs. 5
KomHVO).

II. Komponenten des Jahresabschlusses

140 Die Ergebnisrechnung, die Finanzrechnung sowie die Vermögensrechnung (Bilanz, ital. bilancia „Waage") bilden das Drei-Komponenten-System (vgl. Pkt. H). Dieses stellt die Grundlage für das kommunale Rechnungswesen dar und wird durch eine vierte Komponente, die Kosten- und Leistungsrechnung, ergänzt (§ 20 Abs. 1 S. 1 KomHVO).

Die Zusammenhänge zwischen den einzelnen Komponenten sind in nachfolgender Übersicht dargestellt.

141

Abb. 16: Drei-Komponenten-System

142 Eine vierte Komponente stellt im Rahmen des internen Rechnungswesens (vgl. Pkt. B.III) die Kosten- und Leistungsrechnung dar. Diese baut auf der Ergebnisrechnung auf. Sie dient der Steuerungsunterstützung und soll das wirtschaftliche Handeln einer Kommune verbessern. Dabei sollen u.a. Schwachstellen, insbesondere in der Aufbau- und Ablauforganisation, aufgezeigt werden. Deren Abbau soll durch Erhöhung von Erträgen bzw. Verringerung von Aufwendungen Verluste minimieren und somit den Ergebnissaldo der Kommune verbessern.

G. Inventur/Inventar

I. Inventur

1. Grundlagen

Gemäß § 113 Abs. 1 S. 1 KVG LSA i.V.m. § 32 S. 1 KomHVO hat die Kommune zum Schluss eines jeden Haushaltsjahres sämtliche Vermögensgegenstände, ihre Verbindlichkeiten einschließlich der Rückstellungen und Rechnungsabgrenzungsposten in einer Inventur unter Beachtung der Grundsätze ordnungsmäßiger Inventur vollständig aufzunehmen und zu verzeichnen. 143

Die Inventur (lat. invenire „etwas finden" oder „auf etwas stoßen") stellt die Voraussetzung zur Aufstellung des Inventars sowie der Vermögensrechnung dar. Diese stichtagsbezogene Bestandsaufnahme ist grundsätzlich jährlich zum Bilanzstichtag, dem 31.12., durchzuführen. 144

Konkrete Festlegungen zur Inventur und zu Inventurvereinfachungsverfahren sind in einer Inventurrichtlinie der Kommune zu treffen (§ 33 Abs. 8 KomHVO). 145

Soweit sich im Rahmen der Inventur Abweichungen zwischen den tatsächlichen Verhältnissen (Ist-Bestand) und den Buchwerten (Soll-Bestand) ergeben (Fehlbestände, Schwund, Kassenfehlbeträge), sind diese Differenzen über die Ergebnisrechnung auszugleichen. Insofern kommt der Inventur eine Kontrollfunktion zu. 146

Die Kontrolle der Durchführung der Inventur obliegt dem Rechnungsprüfungsamt im Rahmen der Prüfung des Jahresabschlusses (§ 140 Abs. 1 Nr. 1 KVG LSA, Pkt. 7 InventRL). 147

2. Inventurarten

Nach der Art der Durchführung wird zwischen einer körperlichen und einer Buch-/ Beleginventur unterschieden (Pkt. 1.3 InventRL). 148

2.1 Körperliche Inventur

Körperliche Vermögensgegenstände sind grundsätzlich durch eine körperliche Bestandsaufnahme zu erfassen (§ 32 S. 2 KomHVO, Pkt. 3.1 InventRL). Dabei sind die materiell vorhandenen Vermögensgegenstände in Augenschein zu nehmen, der Zustand zu prüfen und in Abhängigkeit der Beschaffenheit zu zählen, zu wiegen oder zu messen. Schätzungen sind im Ausnahmefall erlaubt, soweit eine körperliche Bestandsaufnahme nicht zumutbar oder unmöglich ist. Im Anschluss sind die Vermögensgegenstände in Zähllisten zu erfassen. Die körperliche Inventur erzeugt einen hohen Verwaltungsaufwand. Eine wesentliche Erleichterung kann durch den Einsatz entsprechender EDV-Verfahren in Verbindung mit Barcodescannern erreicht werden. 149

2.2 Buch- oder Beleginventur

150   Bei der Buch- oder Beleginventur werden Art, Menge und Wert der Vermögensgegenstände und Verbindlichkeiten anhand der Buchführung ermittelt (Pkt. 3.2 InventRL). Für physisch nicht erfassbare Vermögensgegenstände ist dies die einzige Aufnahmemöglichkeit. Hierzu zählen die immateriellen Vermögensgegenstände wie z.B. Software, Lizenzen oder Rechte sowie die Bankbestände, die Geldanlagen, die Beteiligungen, die Forderungen und Verbindlichkeiten. Als Erfassungsgrundlage können u.a. buchhalterische Aufzeichnungen, Rechnungen, Buchungsbelege, Verträge, Urkunden, Grundbuchauszüge oder Kontoauszüge herangezogen werden.

3. Inventurverfahren

151   Nach dem Zeitpunkt der Durchführung der Bestandsaufnahme wird unterschieden nach der Stichtagsinventur, der verlegten Stichtagsinventur sowie der permanenten Inventur (Pkt. 1.3 InventRL).

3.1 Stichtagsinventur

152   Die Stichtagsinventur stellt den rechtlich vorgesehenen Normalfall dar. Gemäß § 32 S. 1 KomHVO i.V.m. Pkt. 2c InventRL ist der Inventurstichtag (Bilanzstichtag) der 31.12. des Haushaltsjahres. Es ist jedoch nicht zwingend erforderlich, die Stichtagsinventur direkt am 31.12. durchzuführen. Die Inventur ist zeitnah, d.h. maximal zehn Tage vor oder zehn Tage nach dem Bilanzstichtag, durchzuführen (sog. zeitnahe Stichtagsinventur). Durch eine Fortschreibung bzw. Rückrechnung sind Bestandsveränderungen zwischen dem Inventurstichtag und dem Bilanzstichtag nachzuhalten.

153

Abb. 17: Stichtagsinventur

3.2 Vor- oder nachverlegte Stichtagsinventur

154   Eine Ausnahme zur Stichtagsinventur stellt die vor- oder nachverlegte Inventur dar (§ 33 Abs. 5 KomHVO, Pkt. 2c InventRL). Demnach ist es möglich, die Stichtagsinventur zeitlich um drei Monate vor oder zwei Monate nach dem Bilanzstichtag zu verlegen (01.10. bis 28.02.). Das Ergebnis dieser vor- oder nachverlegten Inventur und das daraus resultierende besondere Inventar muss durch ein entsprechendes Fortschreibungs- oder Rückrechnungsverfahren den am Schluss des Haushaltsjahres vorhandenen Bestand der Vermögensgegenstände nachweisen.

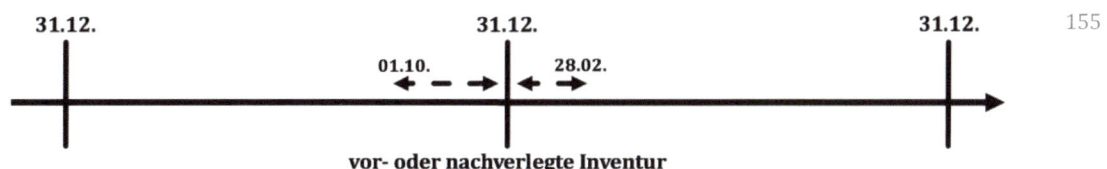

Abb. 18: Vor- oder nachverlegte Inventur

Beispiel

Für die Grundschulen der Stadt Elbstein wird eine vorverlegte Inventur in den Herbst-   156
ferien am 05.10. durchgeführt. Entsprechend des anzuwendenden Wertfortschreibungs-
verfahrens ergeben sich zum Inventurstichtag am 31.12. folgende Bestände:

Wertfortschreibung

	Buchwert der Vermögensgegenstände am 05.10.	255.000 EUR
+	Buchwert der Zugänge zwischen dem 05.10. bis 31.12.	3.000 EUR
./.	Buchwert der Abgänge zwischen dem 05.10. bis 31.12.	4.000 EUR
=	Buchwert der Vermögensgegenstände am 31.12.	254.000 EUR

Wird hingegen die Inventur erst in den Winterferien am 05.02. durchgeführt, erfolgt eine   158
Wertrückrechnung zum Inventurstichtag.

Wertrückrechnung

	Buchwert der Vermögensgegenstände am 05.02.	250.000 EUR
./.	Buchwert der Zugänge zwischen dem 31.12. bis 05.02.	5.000 EUR
+	Buchwert der Abgänge zwischen dem 31.12. bis 05.02.	4.000 EUR
=	Buchwert der Vermögensgegenstände am 31.12.	249.000 EUR

3.3 Permanente Inventur

Die permanente Inventur als Ausnahme zur Stichtagsinventur erfordert eine fortlaufende   160
Bestandsfortschreibung zum Bilanzstichtag während des Haushaltsjahres (Pkt. 2c
InventRL). Hierdurch kann unter Anwendung der Grundsätze ordnungsmäßiger Buchführung der Bestand der Vermögensgegenstände nach Art, Menge und Wert auch ohne
die körperliche Bestandsaufnahme zum Inventurstichtag 31.12. festgestellt werden.
Dieses Inventursystem ist folglich Ausfluss des § 33 Abs. 1 KomHVO und nicht direkt
geregelt. Es ermöglicht, die Bestandserfassung zeitlich über die Dauer des Haushalts-
jahres zu verteilen. Der Bestand ist jedoch grundsätzlich einmal jährlich zu überprüfen.
Bei beweglichen Vermögensgegenständen kann dieser Zeitraum auf fünf Jahre ausge-
dehnt werden (§ 33 Abs. 1 S. 2 KomHVO). Der Zeitpunkt kann dabei frei gewählt werden.
Nicht zulässig ist die permanente Inventur für Vermögensgegenstände mit hoher
Schwundquote sowie bei besonders wertvollen Beständen.

161

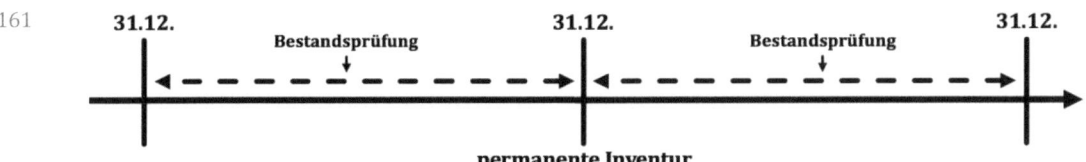

Abb. 19: Permanente Inventur

Beispiel

162 Die Touristeninformation der Stadt Elbstein betreibt einen Souvenirshop mit einer Auswahl an Andenken usw. Zur Kontrolle des Bestands wird eine fortlaufende Bestandsdatei geführt. Der Bestand wird einmal jährlich durch eine körperliche Inventur überprüft. Zum Inventurstichtag am 31.12. wird dieser aus der Bestandsdatei entnommen.

4. Grundsätze ordnungsmäßiger Inventur

163 Aus den Grundsätzen ordnungsmäßiger Buchführung wurden für die Vorbereitung, Durchführung, Überwachung und Aufbereitung nachfolgende Grundsätze einer ordnungsmäßigen Inventur entwickelt (Pkt. 1.4 InventRL):

4.1 Grundsatz der Vollständigkeit

164 Als Ergebnis der Bestandsaufnahme muss ein Verzeichnis (Inventar) vorliegen, das sämtliche Vermögensgegenstände und Verbindlichkeiten einschließlich der Rückstellungen (Pkt. 1.4.1 InventRL, vgl. Pkt. N) und Rechnungsabgrenzungsposten (vgl. Pkt. O) erfasst. Dabei sind Doppelerfassungen und Erfassungslücken auszuschließen. Vollständig abgeschrieben aber noch genutzte Vermögensgegenstände (vgl. Pkt. L) sind mit einem Erinnerungswert in Höhe von einem Euro nachzuweisen.

4.2 Grundsatz der Richtigkeit und Willkürfreiheit

165 Durch die Bestandsaufnahme muss die Art, Menge und der Wert der einzelnen Vermögensgegenstände und Verbindlichkeiten zweifelsfrei festgestellt werden (Pkt. 1.4.2 InventRL). Die Darstellung muss den tatsächlichen Verhältnissen entsprechen. Dabei sind Wahlrechte einheitlich anzuwenden. Der Ansatz einzelner Vermögensgegenstände darf nicht unterbleiben.

4.3 Grundsatz der Einzelerfassung und Einzelbewertung

166 Sämtliche Vermögensgegenstände und Verbindlichkeiten sind grundsätzlich nach Art, Menge und Wert zu erfassen (Pkt. 1.4.3 InventRL). Inventurvereinfachungen wie die Stichprobeninventur, die Festwertbewertung, die Gruppenbewertung sowie die Verbrauchsfolgeverfahren sind nur in Ausnahmefällen zulässig (vgl. Pkt. 5). Hierbei ist insbesondere eine Abwägung mit dem Grundsatz der Wirtschaftlichkeit und Wesentlichkeit geboten.

4.4 Grundsatz der Nachprüfbarkeit

Grundlage der Nachprüfbarkeit der Bestandsaufnahme bildet eine vollständige Doku-   167
mentation der Vorgehensweise und der Ergebnisse (Pkt. 1.4.4 InventRL). Diese muss so
beschaffen sein, dass sich ein sachverständiger Dritter (u.a. Kommunalaufsichtsbehörde,
Rechnungsprüfung) innerhalb einer angemessenen Zeit einen Überblick über Art, Menge
und Wert der Bestände sowie die Vorgehensweise verschaffen kann.

4.5 Grundsatz der Klarheit

Die inventarisierten Bestände müssen eindeutig zuordenbar sein. Die einzelnen   168
Positionen sind daher deutlich zu bezeichnen und scharf zu umreißen, damit eine klare
Abgrenzung möglich ist (Pkt. 1.4.5 InventRL). Dabei ist eine sachgerechte Ordnung und
Gliederung erforderlich, um Auswertungen zu ermöglichen und die Nachprüfbarkeit
durch sachverständige Dritte zu erleichtern.

4.6 Grundsatz der Wirtschaftlichkeit und Wesentlichkeit

Der erforderliche Aufwand zur Durchführung der Inventur muss in einem angemessenen   169
Verhältnis zu den zu erwartenden Ergebnissen stehen (Pkt. 1.4.6 InventRL). Dabei sind
zulässige Vereinfachungsregelungen, Abweichungen vom Grundsatz der Einzelerfassung
und -bewertung sowie Einschränkungen bei der notwendigen Genauigkeit bereits bei der
Inventurplanung zu prüfen und zu berücksichtigen. Kriterium hierfür sind die Wesentlichkeit der betreffenden Bestände im Vergleich zum Gesamtvermögen sowie mögliche
Risiken bei einer Abweichung zu einer genaueren Erfassung.

5. Inventurvereinfachungen

Mit Blick auf den Grundsatz der Wirtschaftlichkeit und Wesentlichkeit sind verschiedene   170
Inventurvereinfachungsverfahren zulässig. Neben der Buch- und Beleginventur (vgl. Pkt.
2.2) sowie der vor- und nachverlegten Stichtagsinventur (vgl. Pkt. 3.2) zählen hierzu
insbesondere die nachfolgenden Vereinfachungsregelungen.

5.1 Stichprobeninventur

Dieses Inventurverfahren basiert auf der stichprobeweisen Überprüfung des Vermögens-   171
bestandes. Nach § 33 Abs. 2 S. 1, 2 KomHVO muss dies mit Hilfe anerkannter
mathematisch-statistischer Methoden erfolgen und den Grundsätzen ordnungsmäßiger
Buchführung entsprechen. Dabei muss der Aussagewert des auf diese Weise aufgestellten
Inventars dem Aussagewert eines aufgrund einer körperlichen Bestandsaufnahme ohne
die Verwendung von Stichproben aufgestellten Inventars gleichkommen (§ 33 Abs. 2 S. 3
KomHVO, sog. Aussageäquivalenz). Dieses Inventurverfahren ist z.B. bei der Erfassung
von Baumbeständen denkbar.

5.2 Gruppenbewertungsverfahren

172   Gemäß § 33 Abs. 3 KomHVO können gleichartige Vermögensgegenstände des Vorratsvermögens sowie andere gleichartige oder annähernd gleichwertige bewegliche Vermögensgegenstände jeweils zu einer Gruppe zusammengefasst und mit dem gewogenen Durchschnittswert angesetzt werden. Die gruppenweise Zusammenfassung ist im Inventar und damit bereits bei der Inventur möglich (Pkt. 1.4.3 c InventRL). Diese Vereinfachungsregelung findet in der Praxis insbesondere im Bereich der Betriebs- und Geschäftsausstattung Anwendung (Stühle, Tische, Schränke, Tafeln, PC-Technik, Verkehrsschilder, Parkbänke usw.).

5.3 Festwertverfahren

173   Vermögensgegenstände des Sachanlagevermögens, Roh-, Hilfs- und Betriebsstoffe sowie Waren können, wenn sie regelmäßig ersetzt werden und ihr Gesamtwert für die Kommune von nachrangiger Bedeutung ist, mit einer gleichbleibenden Menge und einem gleichbleibenden Wert angesetzt werden. Voraussetzung dafür ist, dass ihr Bestand in seiner Größe, seinem Wert und seiner Zusammensetzung nur geringen Veränderungen unterliegt (§ 33 Abs. 4 S. 1 KomHVO). In der Regel ist jedoch alle fünf Jahre eine körperliche Bestandsaufnahme durchzuführen (§ 33 Abs. 4 S. 2 KomHVO). Dies gilt auch für die erstmalige Bildung eines Festwertes (Pkt. 1.4.3 b InventRL). Bei der Bildung von Festwerten wird davon ausgegangen, dass Verbrauch, Abgänge und Abschreibungen der einbezogenen Vermögensgegenstände durch Zugänge ausgeglichen werden (Pkt. 1.4.3 b InventRL). Grundlage der Festwertbildung ist daher die Werterhaltung durch Neuanschaffungen. Praktisch erlangt das Festwertverfahren u.a. bei der Erfassung und Bewertung von Medienbeständen, Aufwuchs oder der Ausstattung von Schulen Bedeutung.

5.4 Geringwertige Vermögensgegenstände

174   Nach § 33 Abs. 6 KomHVO kann auf eine Inventarisierung der beweglichen Vermögensgegenstände des Anlagevermögens, deren Nutzung zeitlich begrenzt ist und deren Anschaffungs- oder Herstellungskosten im Einzelnen bis zu 1.000 Euro ohne Umsatzsteuer betragen (geringwertige Vermögensgegenstände, vgl. Pkt. L.IV.4) verzichtet werden.

5.5 Vorratserfassung

175   Sofern Vorratsbestände von Roh-, Hilfs- und Betriebsstoffen, Waren sowie unfertige und fertige Erzeugnisse bereits aus Lagern abgegeben worden sind, gelten sie als verbraucht (§ 33 Abs. 7 KomHVO, vgl. Pkt. T). Diese Vereinfachungsregelung kommt u.a. bei Büromaterial, das aus zentralen Lagern in einzelne Fachbereiche der Kommune abgegeben wird, zur Anwendung.

5.6 Verbrauchsfolgebewertungsverfahren

176   Gemäß § 39 S. 1 KomHVO kann für den Wertansatz gleichartiger Vermögensgegenstände des Vorratsvermögens unterstellt werden, dass die zuerst oder die zuletzt angeschafften

oder hergestellten Vermögensgegenstände zuerst oder in einer sonstigen bestimmten Folge verbraucht oder veräußert worden sind.

II. Inventar

1. Erstellung und Aufbau

Nach § 113 Abs. 1 S. 1 KVG LSA i.V.m. § 32 S. 1 KomHVO ist der Wert der im Rahmen der Inventur erfassten Vermögensgegenstände und Verbindlichkeiten in einem Inventar anzugeben. 177

Das Inventar (lateinisch inventarium, Gesamtheit des Gefundenen) ist das Verzeichnis, das die im Rahmen der Inventur ermittelten Vermögensgegenstände und Verbindlichkeiten zu einem bestimmten Stichtag detailliert nach Art, Menge und Wert aufzeigt (Pkt. 1.3 InventRL) und damit das Ergebnis der Inventur abbildet. Es ist innerhalb der einem ordnungsgemäßen Geschäftsgang entsprechenden Zeit aufzustellen (§ 32 S. 3 KomHVO, Pkt. 4 InventRL). Um dies zu gewährleisten, ist nach Pkt. 2 InventRL in einem Inventurrahmenplan der örtliche und sachliche Umfang der Inventur abzugrenzen (Sachplan) und der zeitliche Ablauf (Zeitplan) sowie die personellen Zuständigkeiten festzulegen (Personalplan). 178

Beispiel 179

	Inventar der Stadt Elbstein zum 31.12.20.. -alle Angaben in EUR-		
		Einzelpositionen	*Gesamt*
1.	**Anlagevermögen**		**800.000**
1.1	Immaterielles Vermögen	50.000	
1.2	Sachanlagevermögen		
1.2.1	unbebaute Grundstücke	250.000	
1.2.2	bebaute Grundstücke	500.000	
	...		
2.	**Umlaufvermögen**		**100.000**
	...		
2.4	liquide Mittel		
2.4.1	Sichteinlagen bei Banken	100.000	
	...		
	Summe		*900.000*
2.	**Sonderposten**		**300.000**
2.1	Sonderposten aus Zuwendungen	300.000	
	...		
	Summe		*300.000*
	Ermittlung des Eigenkapitals		
	Summe Anlagevermögen		800.000
+	Summe Umlaufvermögen		100.000
./.	Sonderposten		300.000
=	Eigenkapital		600.000

2. Vermögensbewertung

2.1 Bewertungsgrundsätze

180 Für den wertmäßigen Ansatz der Vermögensgegenstände im Inventar sowie in der Vermögensrechnung ist eine Bewertung erforderlich. Diese muss nach den Grundsätzen ordnungsmäßiger Buchführung (vgl. Pkt. C) erfolgen. Dabei sind insbesondere die allgemeinen Bewertungsgrundsätze nach § 37 KomHVO zu beachten. Die Bewertung der Vermögensgegenstände erfolgt grundsätzlich mit ihren Anschaffungs- oder Herstellungskosten (§ 38 Abs. 1 KomHVO).

2.2 Anschaffungskosten

181 Die Anschaffungskosten sind die Aufwendungen, die geleistet werden, um einen Vermögensgegenstand zu erwerben und in einen betriebsbereiten Zustand zu versetzen, soweit sie dem Vermögensgegenstand einzeln zugeordnet werden können (§ 38 Abs. 2 S. 1 KomHVO). Betriebsbereit ist ein Vermögensgegenstand, wenn er entsprechend seiner Zweckbestimmung genutzt werden kann. Im Gegensatz zu den Gemeinkosten sind die Nebenkosten sowie die nachträglichen Anschaffungskosten anzusetzen (§ 38 Abs. 2 S. 2 KomHVO). Minderungen des Anschaffungspreises sind nach § 38 Abs. 2 S. 3 KomHVO abzusetzen. Kosten der Finanzierung des Vermögensgegenstandes (Zinsen für Kreditaufnahmen) zählen nicht zu den Anschaffungskosten.

182

Anschaffungskosten		
	Anschaffungspreis	Kaufpreis
./.	Anschaffungspreisminderungen	Rabatt, Skonto, Rabatt aufgrund eines Sachmangels
+	Nebenkosten	Transportkosten, Transportversicherung, Montagekosten, Kfz-Zulassungsgebühren, Notarkosten, Grunderwerbssteuer usw.
+	nachträgliche Anschaffungskosten	Nachzahlungen, Wertverbesserungen aufgrund von Nachrüstungen
=	**Anschaffungskosten**	

Abb. 20: Ermittlung der Anschaffungskosten

2.3 Herstellungskosten

183 Herstellungskosten sind die Aufwendungen, die durch den Verbrauch von Gütern und die Inanspruchnahme von Diensten für a) die Herstellung eines Vermögensgegenstandes, b) seine Erweiterung oder c) für eine über seinen ursprünglichen Zustand hinausgehende wesentliche Verbesserung entstehen (§ 38 Abs. 3 S. 1 KomHVO). Hierzu zählen die Material- und Fertigungseinzelkosten sowie die Sonderkosten der Fertigung (§ 38 Abs. 3 S. 2 KomHVO). Darüber hinaus dürfen angemessene Teile der notwendigen Materialgemeinkosten, der notwendigen Fertigungsgemeinkosten und des Wertverzehrs des Anlagevermögens, soweit dieser durch die Fertigung veranlasst ist, berücksichtigt werden (§ 38 Abs. 3 S. 3 KomHVO). Während die Materialgemeinkosten die Kosten der Beschaffung und Lagerung von Material widerspiegeln, beinhalten die Fertigungsgemeinkosten die Kosten für die Personalverwaltung der an der Herstellung des

Vermögensgegenstands beteiligten Mitarbeiter (z.B. Kosten der direkten Vorgesetzten). Die Ermittlung der Gemeinkosten ist der Kosten- und Leistungsrechnung vorbehalten (§ 20 Abs. 1 KomHVO). Vorzugsweise sollten diese als Zuschlagssätze auf verbrauchtes Material und die Personalkosten vorliegen.

Zinsen für Fremdkapital, das zur Finanzierung der Herstellung des Vermögensgegen- standes verwendet wird, können als Herstellungskosten angesetzt werden, soweit sie den Zeitraum der Herstellung betreffen. In allen übrigen Fällen ist eine Berücksichtigung ausgeschlossen (§ 38 Abs. 4 KomHVO). 184

In der Praxis kommt den Herstellungskosten eine erhebliche Bedeutung zu. Wesentlicher Bestandteil des Finanzplans bzw. der Finanzrechnung ist die Abbildung der Investitions- tätigkeit der Kommune (vgl. Pkt. H.III). Dabei bilden die Baumaßnahmen den Schwer- punkt. Hierunter fallen eine Vielzahl von verschiedenen Arten an Herstellungskosten, wie z.B. Baukosten, Abbruchkosten, soweit diese mit einem Neubau verbunden sind, Her- stellung von Außenanlagen, Baufeldfreimachungen, Baugrunduntersuchungen und –ver- besserungen, Bauplatzbewachung, Planungsleistungen, Prozesskosten und Vermessungs- leistungen. Die Abgrenzung zwischen nachträglichen Herstellungskosten und Erhaltungs- aufwand führt in der Praxis regelmäßig zu Schwierigkeiten (§ 11 Abs. 1 S. 2 KomHVO), so dass verschiedene Abgrenzungskriterien entwickelt wurden. Maßgeblich dabei ist, ob eine Erweiterung bzw. wesentliche Verbesserung des bisherigen Vermögensgegenstan- des vorliegt. 185

H. Drei-Komponenten-System

I. Vermögensrechnung

Aus den Ergebnissen der Inventur und dem daraus abgeleiteten Inventar wird die Ver- mögensrechnung erstellt (Pkt. 1.3 InventRL). 186

I. Inventur	II. Inventar	III. Bilanz
Bestandsaufnahme	*Bestandsverzeichnis*	*Vermögensüberblick*
1. lückenlose, mengen- und wertmäßige Erfassung der Vermögensgegenstände und Schulden	1. mengen und wertmäßige Einzeldarstellung der Vermögensgegenstände und Schulden	1. wertmäßige Darstellung
2. Stichtagsbetrachtung	2. systematisierte Zusammenstellung	2. betragsmäßige Zusammen- fassung gleichgelagerter Posten
3. messen, zählen, wiegen	3. Stichtagsbetrachtung	3. Gegenüberstellung von Vermögen, Schulden und Eigenkapital
		4. Stichtagsbetrachtung
		5. Fortschreibung durch laufenden Geschäftsvorfälle

Abb. 21: Inventur, Inventar, Bilanz

187 Als Kurzform des Inventars stellt die Vermögensrechnung im Drei-Komponenten-System das zentrale Element dar. Diese ist Teil des Jahresabschlusses (§ 118 Abs. 2 Nr. 3 KVG LSA) und wird in Kontenform aufgestellt (§ 46 Abs. 1 KomHVO). Im Gegensatz zur Ergebnis- und Finanzrechnung wird kein Vermögensplan (Planbilanz) erstellt (vgl. § 101 KVG LSA). Nach Abschluss der Ergebnis- und Finanzrechnung werden die Ergebnisse (Veränderung der liquiden Mittel/des Eigenkapitals) in die Vermögensrechnung überführt. Stichtag der Vermögensrechnung ist der 31.12. des jeweiligen Haushaltsjahres. Nach dem Grundsatz der Bilanzidentität (vgl. Pkt. C.IV.1) ist die Eröffnungsbilanz zum 01.01. identisch mit der Vermögensrechnung zum 31.12.

188 Die linke Seite der Vermögensrechnung wird als Aktivseite bezeichnet (§ 46 Abs. 3 KomHVO). Auf dieser Seite werden die im Inventar aufgeführten Vermögenspositionen dargestellt. Dadurch wird die Mittelverwendung abgebildet. Im Wesentlichen besteht das Vermögen aus Anlage- und Umlaufvermögen.

189 Die rechte Seite der Vermögensrechnung wird als Passivseite bezeichnet (46 Abs. 4 KomHVO). Diese Seite gibt Auskunft über die Finanzierung des Vermögens der Aktivseite und damit über die Mittelherkunft. Sie setzt sich im Wesentlichen aus Fremd- und Eigenkapital sowie Sonderposten zusammen. Bei Fremdkapital handelt es sich um Finanzierungsmittel, die durch Dritte zur Verfügung gestellt wurden. Sonderposten (vgl. Pkt. M) nehmen eine Zwitterposition zwischen Eigen- und Fremdkapital ein. Mangels ausdrücklicher Rückzahlungsverpflichtungen überwiegt im Regelfall der Eigenkapitalcharakter. Dadurch werden die finanziellen Beteiligungen Dritter an der Finanzierung kommunaler Vermögensgegenstände durch Zuwendungen und Beiträge deutlich.

190 Die Differenz zwischen dem Vermögen auf der Aktivseite und dem Fremdkapital sowie der Sonderposten auf der Passivseite ist das Eigenkapital. Es stellt damit einen Ausgleichsposten (Saldo) zwischen dem Vermögen und der Schulden dar. Soweit die Schulden das Vermögen übersteigen, entsteht rechnerisch ein negatives Eigenkapital. Dieses ist auf der Aktivseite als ein nicht durch Eigenkapital gedeckter Fehlbetrag auszuweisen (§§ 24 Abs. 2 S. 1, 46 Abs. 3 Nr. 4 KomHVO).

191 Die Bilanzsumme der Aktivseite stimmt mit der Bilanzsumme der Passivseite überein. Die Vermögensrechnung ist insoweit immer ausgeglichen.

192

Vermögensrechnung der Stadt Elbstein zum 31.12.20..	
Aktiv	Passiv
Mittelverwendung	Mittelherkunft

193 Die detaillierte Struktur der Vermögensrechnung ist durch § 46 Abs. 2 bis 4 KomHVO i.V.m. der Anlage 17 der verbindlichen Muster vorgegeben. Eine weitere Untergliederung über diese Mindestgliederung hinaus ist zulässig (§ 41 Abs. 4 KomHVO).

Vermögensrechnung der Stadt Elbstein zum 31.12.20.. -alle Angaben in EUR-						
Aktiv					**Passiv**	
1.	**Anlagevermögen**		**1.**	**Eigenkapital**		
1.1	immaterielles Vermögen	50.000	1.1.1	Rücklagen EÖB	600.000	
1.2	Sachanlagevermögen			...		
1.2.	unbebaute Grundstücke	250.000				
1.2.	bebaute Grundstücke ...	500.000	**2.**	**Sonderposten**		
	...		2.1	Sopo Zuwendungen	300.000	
2.	**Umlaufvermögen**			...		
	...					
2.4	liquide Mittel					
2.4.	Sichteinlagen Banken	100.000				
	...					
		900.000			**900.000**	

II. Ergebnisrechnung

Die Ergebnisrechnung (§ 43 KomHVO) ist das Äquivalent zur kaufmännischen Gewinn- und Verlustrechnung (GuV). In der Ergebnisrechnung sind die dem Haushaltsjahr zuzurechnenden Erträge und Aufwendungen gegenüberzustellen (§ 43 Abs. 1 S. 1 KomHVO). Sie ist gemäß § 43 Abs. 1 S. 2, 3 KomHVO in Staffelform aufzustellen und stellt das Gegenstück zum Ergebnisplan (§ 2 KomHVO) dar. Die Ergebnisrechnung (Ergebnisplan) wird innerhalb der Kontenbereiche 4 (Erträge) und 5 (Aufwendungen) abgebildet. Die Geschäftsvorfälle werden auf den Ergebniskonten gebucht (vgl. Pkt. I.VI).

Durch die Ergebnisrechnung und dem damit verbundenen Nachweis von Erträgen und Aufwendungen wird u.a. das Ziel der generationsübergreifenden Gerechtigkeit sowie der Sicherung des Vermögensbestandes (statt Geldbestand) verfolgt. Ziel ist es dabei, dass eine Generation nicht zulasten nachfolgender Generationen mehr verbraucht, als sie erwirtschaftet.

Bei der Abbildung der Ergebnisrechnung erfolgt eine Trennung in ordentliche und außerordentliche Erträge und Aufwendungen.

Von ordentlichen Erträgen und Aufwendungen spricht man, wenn diese regelmäßig innerhalb der gewöhnlichen Tätigkeit der Kommune anfallen (Umkehrschluss zu § 2 Abs. 3 KomHVO).

Um außerordentliche Erträge und Aufwendungen nach § 2 Abs. 1 Nr. 3, 4, Abs. 3 KomHVO handelt es sich, soweit sich diese auf Ereignisse beziehen, die außerhalb der gewöhnlichen Tätigkeit der Kommune anfallen und die für die Abbildung der wirtschaftlichen Situation der Kommune von wesentlicher Bedeutung sind. Hierunter fallen z.B. Erträge und Aufwendungen im Zusammenhang mit Naturkatastrophen (z.B. Hochwasser, schwere Sturmschäden), außerordentliche Buchverluste bei Vermögensveräußerungen oder erhebliche außerplanmäßige Abschreibungen z.B. durch Brandschäden, Naturkatastrophen wie Hochwasser o.Ä. (§ 40 Abs. 3 KomHVO). Das heißt,

diesem Bereich werden alle Vorgänge zugeordnet, welche für den normalen Verwaltungs-
ablauf unüblich sind.

200 Die Gliederung der Ergebnisrechnung ist entsprechend dem verbindlichen Muster 13 wie
nachfolgend dargestellt vorgeschrieben:

Ergebnisrechnung

201

		Ertrags- und Aufwandsarten	Ergebnis des Vorjahres	fort-geschrie-bener Ansatz des Haus-haltsjahres[1]	Ergebnis des Haus-haltsjahres	Plan/Ist-Vergleich (Saldo Spalten 3 und 2)
			Euro			
			1	2	3	4
1		Steuern und ähnliche Abgaben				
2	+	Zuwendungen und allgemeine Umlagen				
3	+	sonstige Transfererträge				
4	+	öffentlich-rechtliche Leistungsentgelte				
5	+	privatrechtliche Leistungsentgelte, Kostenerstattungen und Kostenumlagen				
6	+	sonstige ordentliche Erträge				
7	+	Finanzerträge				
8	+	aktivierte Eigenleistungen, Bestandsveränderungen				
9	=	Ordentliche Erträge				
10		Personalaufwendungen				
11	+	Versorgungsaufwendungen				
12	+	Aufwendungen für Sach- und Dienstleistungen				
13	+	Transferaufwendungen				
14	+	sonstige ordentliche Aufwendungen				
15	+	Zinsen und sonstige Finanzaufwendungen				
16	+	bilanzielle Abschreibungen				
17	=	Ordentliche Aufwendungen				
18	=	Ordentliches Ergebnis (Saldo Zeilen 9 und 17)				
19		außerordentliche Erträge				
20	−	außerordentliche Aufwendungen				
21	=	Außerordentliches Ergebnis				
22	=	Jahresergebnis Jahresüberschuss/Jahresfehlbetrag (Summe Zeilen 18 und 21)				

Abb. 22: Verbindliches Muster 13 - Ergebnisrechnung

Die einzelnen Ertrags- (Zeilen 1 bis 8) und Aufwandsarten (Zeilen 10 bis 16) bilden die Gesamtsummen der Kontenbereiche des Kontenrahmenplanes ab. Nach § 43 Abs. 2 KomHVO sind den Ist-Ergebnissen des Haushaltsjahres (Spalte 3) die Ergebnisse des Vorjahres (Spalte 1) und die fortgeschriebenen Planansätze des Haushaltsjahres (Spalte 2) voranzustellen und ein Plan-/Ist-Vergleich (Spalte 4) anzufügen. Der fortgeschriebene Haushaltsansatz (Spalte 2) kann z.B. aus übertragenen Haushaltsermächtigungen (§ 19 KomHVO, Fn. 1 zum verbindlichen Muster 13) oder aus einer Nachtragshaushaltssatzung (§ 103 KVG LSA) resultieren.

202

Durch eine Gegenüberstellung der Gesamterträge und -aufwendungen wird das Jahresergebnis ermittelt (§ 43 Abs. 1 S. 4 KomHVO). Dabei wird unterschieden zwischen einem Jahresüberschuss und einem Jahresfehlbetrag (§ 2 Abs. 2 Nr. 3 KomHVO). Ein Jahresüberschuss liegt vor, wenn die Erträge die Höhe der Aufwendungen übersteigen. Soweit die Erträge hinter den Aufwendungen zurück bleiben, spricht man von einem Jahresfehlbetrag. Diese Gegenüberstellung ist für den Nachweis des Haushaltsausgleichs (§ 98 Abs. 3 KVG LSA) maßgeblich. Die Differenz aus Erträgen und Aufwendungen wirkt direkt auf die Höhe des Eigenkapitals.

203

III. Finanzrechnung

In der Finanzrechnung sind nach § 44 KomHVO die im Haushaltsjahr eingegangenen Einzahlungen und die geleisteten Auszahlungen (Finanzmittel/liquide Mittel) auszuweisen. Damit wird der Geldmittelfluss (Zahlungsströme) gesteuert, überwacht und dokumentiert. Sie gibt damit Auskunft über die Herkunft und die Verwendung der Finanzmittel. Die Finanzrechnung ist nach § 44 S. 2, 3 KomHVO in Staffelform aufzustellen und stellt das Gegenstück zum Finanzplan (§ 3 KomHVO) dar. Sie wird innerhalb der Kontenbereiche 6 (Einzahlungen) und 7 (Auszahlungen) abgebildet. Die Geschäftsvorfälle werden auf den Finanzkonten gebucht (vgl. Pkt. I.VII).

204

Mit Blick auf ein Haushaltsjahr werden in der Finanzrechnung die nachfolgenden vier verschiedenen Konstellationen berücksichtigt:

205

1. Zahlungen, die gleichzeitig Aufwand oder Ertrag darstellen
Hier stimmen die Zahlungsmittelflüsse mit den Erträgen und Aufwendungen überein. Dies wird der Regelfall bei den Einzahlungen und Auszahlungen aus lfd. Verwaltungstätigkeit sein.
2. Zahlungen, die nicht gleichzeitig Aufwand oder Ertrag darstellen
Hier ist insbesondere der Zahlungsverkehr aus Investitionstätigkeit zu nennen. Dieser wird durch Erträge und Aufwendungen erst in den folgenden Jahren ergebniswirksam (Abschreibungen, ertragswirksame Auflösung von Zuweisungen).
3. Zahlungen, aber Aufwand oder Ertrag nicht in gleicher Höhe
Hier sind insbesondere die Fälle der Periodenabgrenzung nach § 9 Abs. 2 KomHVO zu nennen, bei denen der Leistungszeitraum und der Zahlungszeitpunkt auf verschiedene Haushaltsjahre fallen.
4. Keine Zahlungen, aber Aufwand oder Ertrag
Hier sind insbesondere die Abschreibungen, die ertragswirksame Auflösung von Zuwendungen sowie die Bildung von Rückstellungen zu nennen.

206 Die Gliederung der Finanzrechnung ist entsprechend dem verbindlichen Muster 14 wie nachfolgend dargestellt vorgeschrieben:

Finanzrechnung

Einzahlungs- und Auszahlungsarten	Ergebnis des Vorjahres	fort-geschrie-bener Ansatz des Haus-haltsjahres[1]	Ergebnis des Haus-haltsjahres	Plan/Ist-Vergleich (Saldo Spalten 3 und 2)
	Euro			
	1	2	3	4
1 Steuern und ähnliche Abgaben				
2 + Zuwendungen und allgemeine Umlagen				
3 + sonstige Transfereinzahlungen				
4 + öffentlich-rechtliche Leistungsentgelte				
5 + privatrechtliche Leistungsentgelte, Kostenerstattungen und Kostenumlagen				
6 + sonstige Einzahlungen				
7 + Zinsen und ähnliche Einzahlungen				
8 = Einzahlungen aus laufender Verwaltungstätigkeit				
9 Personalauszahlungen				
10 + Versorgungsauszahlungen				
11 + Auszahlungen für Sach- und Dienstleistungen				
12 + Transferauszahlungen				
13 + sonstige Auszahlungen				
14 + Zinsen und ähnliche Auszahlungen				
15 = Auszahlungen aus laufender Verwaltungstätigkeit				
16 = Saldo aus laufender Verwaltungs-tätigkeit (Saldo Zeilen 8 und 15)				

Abb. 23: Auszug verbindliches Muster 14 - Finanzrechnung

207 Der Aufbau der Spalten erfolgt nach § 44 S. 5 KomHVO analog der Ergebnisrechnung (§ 43 Abs. 2 KomHVO).

208 Die Finanzrechnung ist entsprechend § 3 KomHVO analog dem Finanzplan in Einzahlungen und Auszahlungen aus laufender Verwaltungstätigkeit (§ 3 Abs. 1 Nr. 1, 2 KomHVO, Zeilen 1 bis 7 und 9 bis 14), dem Zahlungsverkehr aus Investitionstätigkeit (§ 3 Abs. 1 Nr. 3 KomHVO, Zeilen 17, 18, 20, 21) und den Zahlungsverkehr aus Finanzierungstätigkeit (§ 3 Abs. 1 Nr. 4 KomHVO, Zeilen 25, 26) zu gliedern. Ergänzend sind gemäß § 44 S. 4 KomHVO die Zahlungen aus der Aufnahme und der Tilgung von Liquiditätskrediten (Zeilen 27, 28) gesondert darzustellen (§ 110 KVG LSA). Die einzelnen Zeilen bilden dabei

die Gesamtsummen der Kontenbereiche des Kontenrahmenplanes ab. Durch die Abbildung der investiven Einzahlungen und Auszahlungen (§§ 3 Abs. 1 Nr. 3, 11 Abs. 1 S. 1, 34 Abs. 2 KomHVO) ermöglicht die Finanzrechnung insbesondere einen Überblick über die Umsetzung der geplanten Investitionsvorhaben.

Durch eine Gegenüberstellung der Einzahlungen und Auszahlungen im abgelaufenen Haushaltsjahr mit dem Bestand an Finanzmitteln am Anfang des Haushaltsjahres, wird der Endbestand der Finanzmittel am Ende des Haushaltsjahres (Zeile 34) ermittelt. 209

30		Änderung des Finanzmittelbestandes im Haushaltsjahr	210
31	+	Einzahlung fremder Finanzmittel	
32	./.	Auszahlung fremder Finanzmittel	
33	+	Bestand an Finanzmitteln am Anfang des Haushaltsjahres	
34	**=**	**Bestand an Finanzmitteln am Ende des Haushaltsjahres**	

Abb. 24: Auszug verbindliches Muster 14 - Ermittlung des Finanzmittelbestandes

Dieser Endbestand muss mit den Schlussbeständen der Bestandskonten der Kontenbereiche 18 in der Vermögensrechnung zum Stichtag 31.12. übereinstimmen. 211

Ein Finanzmittelüberschuss liegt vor, wenn die Einzahlungen die Höhe der Auszahlungen übersteigen. Bleiben die Einzahlungen hinter den Auszahlungen zurück, spricht man von einem Finanzmittelfehlbetrag. 212

Die Finanzrechnung mit der Abbildung der Einzahlungen und Auszahlungen bildet die Grundlage für die Kassenstatistik des Statistischen Landesamtes Sachsen-Anhalt nach dem Finanz- und Personalstatistikgesetz (FPStatG) i.V.m. dem Gesetz über die Statistik für Bundeszwecke (BStatG). 213

IV. Teilrechnungen

214 Gemäß § 45 Abs. 1 KomHVO sind den im Haushaltsplan aufgestellten Teilergebnis- und Teilfinanzplänen (§ 4 KomHVO) entsprechende Teilergebnis- und Teilfinanzrechnungen gegenüberzustellen.

215

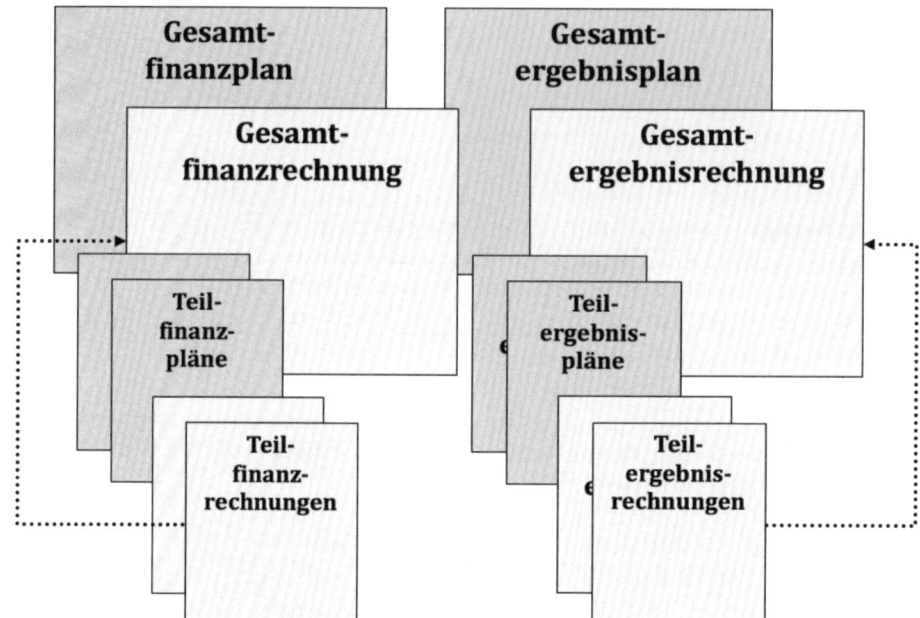

Abb. 25: Gesamt- und Teilrechnungen

216 Im Vergleich zu der Gesamtergebnis- und Finanzrechnung ermöglichen die Teilrechnungen einen produktorientierten Überblick über die Leistungserbringungen der Kommune. Dabei sind den Ist-Ergebnissen die Ergebnisse der Rechnung des Vorjahres und die fortgeschriebenen Planansätze des abgelaufenen Haushaltsjahres voranzustellen und ein Plan-/Ist-Vergleich anzufügen (§§ 45 Abs. 1 S. 2, 43 Abs. 2 KomHVO). Die Summen der Teilergebnis- und Teilfinanzrechnungen ergeben die Gesamtsummen der Ergebnis- und Finanzrechnung.

I. Systematik der Buchführung/Buchungstechnik

I. Bücher der Buchführung

217 Die Buchungsbelege wie Eingangs- und Ausgangsrechnungen, Kontoauszüge, Kassenbelege, Quittungen usw. (vgl. Pkt. C.II.9 - Belegprinzip) werden nach § 25 GemKVO in zeitlicher Reihenfolge im Zeitbuch (Grundbuch/Journal) sowie in sachlicher Ordnung im Sachbuch (Hauptbuch) gebucht.

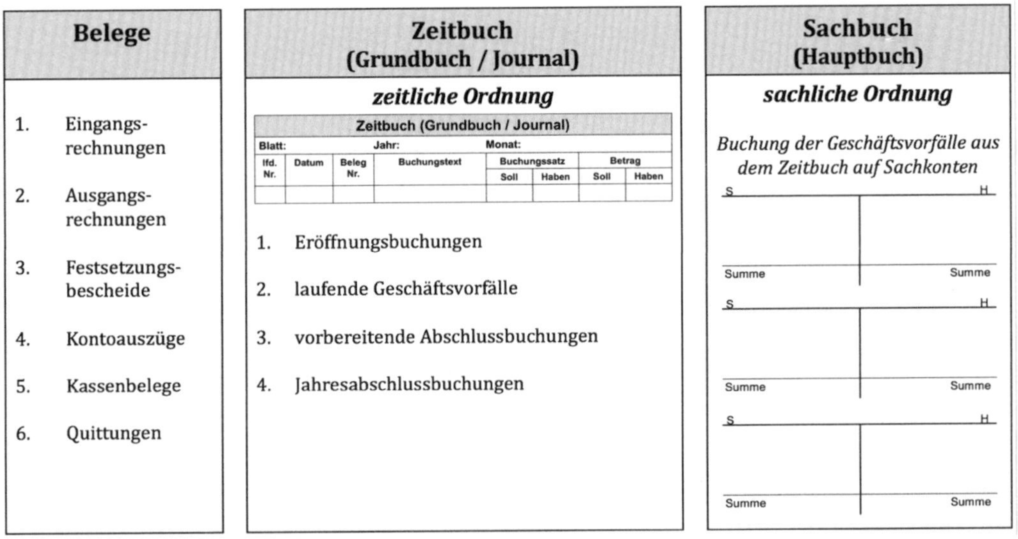

Belege	Zeitbuch (Grundbuch / Journal)	Sachbuch (Hauptbuch)
	zeitliche Ordnung	*sachliche Ordnung*

Abb. 26: Belege, Zeitbuch, Sachbuch

Nach § 33 S. 1 GemKVO ist in bestimmten Zeitabständen, mindestens vierteljährlich, durch einen Zwischenabschluss des Zeit- und Sachbuchs festzustellen, ob die zeitlichen und sachlichen Buchungen übereinstimmen. Soweit die Buchungen im Zeit- und Sachbuch zeitgleich vorgenommen werden, kann davon auf Anordnung des Hauptverwaltungsbeamten abgesehen werden (§ 33 S. 2 GemKVO).

Beide Bücher sind nach § 34 Abs. 1 S. 1 GemKVO zum Ende des Haushaltsjahres (§ 100 Abs. 4, 5 KVG LSA) zu schließen. Nach Vornahme der Abschlussbuchungen sind die Ergebnisse in das Zeit- und Sachbuch des folgenden Haushaltsjahres vorzutragen (§ 34 Abs. 2 GemKVO).

II. Zeitbuch

Das Zeitbuch wird vielfach auch als Grundbuch oder Journal (Tagebuch) bezeichnet und bildet den Ausgangspunkt der Buchführung. Nach § 26 Abs. 1 S. 1 GemKVO ist jeder Vorgang im Zeitbuch zu buchen. Die Vorgänge werden dabei in zeitlicher (chronologischer) Reihenfolge lückenlos erfasst. Durch das Zeitbuch lassen sich sämtliche Geschäftsvorfälle eines Buchungstags bzw. Zeitraums schnell und einfach nachvollziehen.

Die Buchungen umfassen mindestens die laufende Nummer, den Buchungstag, ein Identifikationsmerkmal, das die Verbindung mit der sachlichen Buchung herstellt, sowie den zu buchenden Betrag (§ 26 Abs. 1 S. 2 GemKVO). Darüber hinaus werden die jeweiligen Konten und Beträge im Soll sowie im Haben abgebildet. Ergänzt werden diese Angaben in der Praxis durch die Angabe der jeweiligen Debitoren- und Kreditorenkonten (vgl. Pkt. J.II.2).

223

Zeitbuch (Grundbuch / Journal)							
Blatt:		**Jahr:**		**Monat:**			
lfd. Nr.	**Datum**	**Beleg Nr.**	**Buchungstext**	**Buchungssatz**		**Betrag**	
				Soll	**Haben**	**Soll**	**Haben**

Abb. 27: Zeitbuch

224 Das Zeitbuch umfasst die Eröffnungsbuchungen, die laufenden Buchungen des Haushaltsjahres, die Umbuchungen sowie die Abschlussbuchungen im Rahmen des Jahresabschlusses. Eine Änderung der gebuchten Beträge ist nach Ablauf des Buchungstages gemäß § 26 Abs. 1 S. 3 GemKVO unzulässig.

225 Parallel zur Buchung im Zeitbuch werden die Buchungsvorgänge entsprechend den jeweiligen Buchungssätzen (Buchungsanweisungen) in das Sachbuch übertragen. In der Praxis erfolgt dies automatisiert durch die jeweilige Buchhaltungs- bzw. Haushaltssoftware der Kommune.

III. Sachbuch

226 Das Sachbuch wird in der Praxis und Literatur auch als Hauptbuch bezeichnet. Die Geschäftsvorfälle werden hier nach einer sachlichen Ordnung auf Bestands-, Finanz- und Ergebniskonten (auch Sachkonten genannt) gebucht und dadurch dem Grunde nach geordnet (§ 28 Abs. 1 S. 1 GemKVO). Die Gliederung des Sachbuches erfolgt nach den Vorgaben des Kontenrahmenplanes (vgl. Pkt. K). Dabei werden die Buchungen aus dem Zeitbuch automatisiert anhand des jeweiligen Buchungssatzes auf die entsprechenden Konten übertragen.

227 Gemäß § 26 Abs. 2 GemKVO umfassen die sachlichen Buchungen mindestens die zur SollStellung angeordneten Beträge, die Vorgänge (insbesondere Aufwendungen und Erträge sowie Einzahlungen und Auszahlungen), den Buchungstag sowie Identifikationsmerkmale, welche die Verbindung mit der zeitlichen Buchung und dem Beleg herstellen. In der Lehre erfolgen die Buchungen im Sachbuch auf T-Konten. Im Gegensatz dazu werden in der Praxis die Konten nicht als T-Konten, sondern in Staffelform abgebildet. Die Buchungen im Zeit- und Sachbuch erfolgen aufgrund der eingesetzten Buchhaltungsbzw. Haushaltssoftware zeitgleich.

228

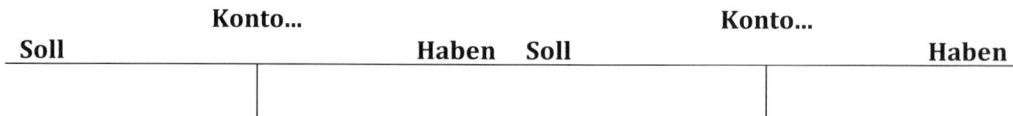

Abb. 28: Muster eines Sachbuches in T-Kontenform

229 Durch den Abschluss der Konten des Sachbuches wird die Vermögens-, Ergebnis- und Finanzrechnung erstellt (§ 28 Abs. 1 S. 2 GemKVO). Daher wird folgend in Bestandskonten (Vermögensrechnung), Ergebniskonten (Ergebnisrechnung) und Finanzkonten (Finanzrechnung) unterschieden.

Beispiel

Zeitbuch

lfd. Nr.	Buchungs-tag	Beleg	Buchungstext	Betrag	Soll		Haben	
					Konto	Betrag	Konto	Betrag
001	02.01.18	BG001	Bußgeld M. Wiener	50 EUR	1691-1021	50 EUR	4561	50 EUR
022	03.01.18	VGG03	Verwaltungsgebühr S. Pfeiffer	600 EUR	1611-2120	600 EUR	4311	600 EUR
023	09.01.18	GEW01	Gewerbesteuer Buchhandlung Voigt	900 EUR	1691-2420	900 EUR	4013	900 EUR
024	12.01.18	ER03	Rechnung Steine GbR Picek & Voigt	700 EUR	5281-2720	700 EUR	3511	700 EUR
025	15.01.18	ZE17	Zahlungseingang Bußgeld M. Wiener	50 EUR	1811	50 EUR	1691-1021	50 EUR

Kreditorenbuchhaltung

Personenkonto 2720 / GbR Picek & Voigt / Moosweg 3, 06780 Elbstein

Buchungstag	Beleg	Buchungstext	Fälligkeit	Soll	Ist	offener Posten
12.01.18	ER03	Rechnung Steine GbR Picek & Voigt	25.01.18	700 EUR		700 EUR

Debitorenbuchhaltung

Personenkonto 1021 / Matthias Wiener / Elbsteiner Str. 18a, 06780 Elbstein

Buchungstag	Beleg	Buchungstext	Fälligkeit	Soll	Ist	offener Posten
02.01.18	BG001	Bußgeld M. Wiener	15.01.18	50 EUR		50 EUR
15.01.18	ZE17	Zahlungseingang Bußgeld M. Wiener	15.01.18		50 EUR	0 EUR

Personenkonto 2120 / Stephan Pfeiffer / Rittersburger Str. 83, 06842 Rittersburgen

Datum	Beleg	Buchungstext	Fälligkeit	Soll	Ist	offener Posten
03.01.18	VG003	Verwaltungsgebühr S. Pfeiffer	15.01.18	600 EUR		600 EUR

Personenkonto 2420 / Buchhandlung Voigt / Königsdorfer Str. 12, 06780 Elbstein

Datum	Beleg	Buchungstext	Fälligkeit	Soll	Ist	offener Posten
09.01.18	GEW01	Gewerbesteuer Buchhandlung S. Voigt	15.02.18	900 EUR		900 EUR

Sachbuch

Vermögensrechnung

1811 - Bank

Soll		Haben	
AB	0	SBK	50
005	50		
	50		**50**

1611 – öffentl. rechtl. Ford.

Soll		Haben	
AB	0	SBK	600
002	600		
	600		**600**

1691 - sonst. öffentl. rechtl. Ford.

Soll		Haben	
AB	0	005	50
001	50	SBK	900
003	900		
	950		**950**

3511 - Verb. aus L.L.

Soll		Haben	
SBK	700	AB	0
		004	700
	700		**700**

Ergebnisrechnung

4013 - Gewerbesteuer

Soll		Haben	
ERK	900	003	900
	900		**900**

4311 - Verwaltungsgebühren

Soll		Haben	
ERK	600	002	600
	600		**600**

4561 - Bußgelder

Soll		Haben	
ERK	50	001	50
	50		**50**

5281 - Verbrauch Vorräte

Soll		Haben	
004	700	ERK	700
	700		**700**

Finanzrechnung

6013 - Gewerbesteuer

Soll	Haben

6311 - Verwaltungsgebühren

Soll	Haben

6561 - Bußgelder

Soll		Haben	
005	50	FRK	50
	50		**50**

7281 - Erwerb Vorräte

Soll	Haben

IV. Buchungssatz

1. Grundsatz

Die Buchungsregel lautet stets **Soll an Haben**. Daher wird ein Geschäftsvorfall immer 232
doppelt, mindestens einmal im Soll (deve dare ital. „soll geben") und einmal im Haben
(deve avere ital. „soll haben") gebucht. Die Konten, die im Soll bebucht werden, sind vor
dem Wort „an" darzustellen. Die Konten, die im Haben bebucht werden, sind nach dem
Wort „an" aufzuführen. Insgesamt wird immer der gleiche Wert auf der Soll- wie auf der
Haben-Seite gebucht.

Der Buchungssatz ist wie folgt darzustellen: 233

	Soll	Haben
Konten im Soll	... EUR	
an Konten im Haben		... EUR

2. Einfacher Buchungssatz

Bei einem einfachen Buchungssatz werden zwei Konten angesprochen. 234

Beispiel
Die Stadt Elbstein schließt einen Kaufvertrag über ein Fahrzeug i.H.v. 10.000 EUR ab. 235

| **Buchung im Zeitbuch** | | | 236
|---|---|---|
| | Soll | Haben |
| 0711 – Fahrzeuge | 10.000 EUR | |
| *an 3511 – Verbindlichkeiten aus LuL* | | *10.000 EUR* |

Buchung im Sachbuch		

0711 Fahrzeuge			3511 Verbindlichkeiten aus LuL	
Soll		Haben Soll		Haben
AB	...		AB	...
3511	10.000		*0711*	*10.000*

3. Zusammengesetzter Buchungssatz

Bei dem zusammengesetzten Buchungssatz werden mehr als zwei Konten angesprochen. 237

Beispiel
Die Stadt Elbstein erwirbt zwei Ausstattungsgegenstände mit einem Kaufpreis i.H.v. 238
500 EUR sowie 1.500 EUR. Die Zahlung erfolgt in 14 Tagen.

Buchung im Zeitbuch

	Soll	Haben
0821 – BGA oberhalb von 1.000 EUR netto	1.500 EUR	
und 0822 – BGA / 150 EUR - 1.000 EUR netto	500 EUR	
an 3511 – Verbindlichkeiten aus LuL		*2.000 EUR*

Buchung im Sachbuch

0821
BGA oberhalb von 1.000 EUR netto

Soll		Haben
AB	...	
3511	1.500	

0822
BGA zw. 150 EUR und 1.000 EUR netto

Soll		Haben
AB	...	
3511	500	

3511
Verbindlichkeiten aus LuL

Soll		Haben
	AB	...
	0821 u.	
	0822	*2.000*

4. Ermittlung des Buchungssatzes

240 Der Buchungssatz ist in folgenden Schritten zu ermitteln:

1. Welche Konten werden vom Geschäftsvorfall beeinflusst?

2. Ist ein aktives oder passives Bestandskonto, ein Ertrags- oder Aufwands-, Einzahlungs- oder Auszahlungskonto betroffen?

3. Liegt auf den betroffenen Konten eine Mehrung oder eine Minderung vor?

4. Werden die Beträge auf den betroffenen Konten im Soll oder im Haben gebucht?

V. Bestandskonten

1. Auflösung der Vermögensrechnung in Bestandskonten

Die Geschäftsvorfälle können nicht direkt in der Vermögensrechnung gebucht werden. Daher wird diese in aktive Bestandskonten für die Positionen der Aktivseite sowie passive Bestandskonten für die Positionen der Passivseite der Vermögensrechnung aufgelöst. Dabei werden die Werte der jeweiligen Bilanzpositionen als Anfangsbestand (AB) auf die entsprechenden Konten vorgetragen. Im Anschluss werden Zugänge auf der gleichen Kontenseite gebucht. Abgänge werden auf der gegenüberliegenden Seite nachgewiesen. Durch die Bildung eines Schlussbestandes wird das Bestandskonto abgeschlossen. 241

aktives Bestandskonto		passives Bestandskonto		242
Soll	**Haben**	**Soll**	**Haben**	
AB	Abgänge	Abgänge	AB	
Zugänge	(Saldo) SB	SB (Saldo)	Zugänge	
Summe	Summe	Summe	Summe	

Die aktiven Bestandskonten bilden das Vermögen sowie dessen Fortschreibung ab. Die Anfangsbestände sowie Zugänge werden im Soll gebucht. Abgänge und der abschließende Saldo (Schlussbestand) werden im Haben dargestellt. Die Buchung erfolgt auf den Konten der Kontenklassen 0 und 1. 243

Die passiven Bestandskonten bilden das Kapital sowie dessen Fortschreibung ab. Die Anfangsbestände sowie Zugänge werden im Haben gebucht. Abgänge und der abschließende Saldo (Schlussbestand) werden im Soll dargestellt. Die Buchung erfolgt auf den Konten der Kontenklassen 2 und 3. 244

Beispiel

Aktiva		Passiva	
1. Anlagevermögen		**1. Eigenkapital**	
a) immaterielles Vermögen		*a) Rücklagen*	
b) Sachanlagevermögen		aa) Rücklagen EÖB	2.650.000
aa) unbebaute Grundstücke	500.000	...	...
bb) bebaute Grundstücke	1.200.000	**2. Sonderposten**	
cc) Infrastrukturvermögen	2.000.000	*a) Sopo Zuwendungen*	1.000.000
...	...	*b) Sopo Beiträge*	200.000
2. Umlaufvermögen		...	...
...	...	**4. Verbindlichkeiten**	
d) liquide Mittel		...	...
aa) Sichteinlagen Banken	300.000	*e) Verbindlichkeiten LuL*	150.000
...		...	...
	4.000.000		**4.000.000**

1. b) aa) unbebaute Grundstücke			**1. a) aa) Rücklagen EÖB**		
Soll		Haben	Soll		Haben
AB	500.000			AB	2.650.000

1. b) bb) bebaute Grundstücke			**2. a) Sopo Zuwendungen**		
Soll		Haben	Soll		Haben
AB	1.200.000			AB	1.000.000

1. b) cc) Infrastrukturvermögen			**2. b) Sopo Beiträge**		
Soll		Haben	Soll		Haben
AB	2.000.000			AB	200.000

2. d) aa) Sichteinlagen Banken			**4. e) Verbindlichkeiten LuL**		
Soll		Haben	Soll		Haben
AB	300.000			AB	150.000

2. Eröffnungsbilanzkonto

Um das Prinzip der doppelten Buchführung (Soll an Haben) bei der Eröffnung der Bestandskonten zu wahren, können die Anfangsbestände nicht direkt aus der Eröffnungsbilanz entnommen werden. Hierfür dient das **E**röffnungs**b**ilanz**k**onto (EBK, Konto 8010) als Hilfskonto. Es nimmt die Positionen der Aktivseite im Haben und die Positionen der Passivseite im Soll auf. Damit stellt das Eröffnungsbilanzkonto das Spiegelbild zur Eröffnungsbilanz dar.

246

247

Eröffnungsbilanz zum 01.01.20..

Aktiva	Passiva
Bestandskonten der Aktivseite	Bestandskonten der Passivseite

Eröffnungsbilanzkonto (8010)

Soll	Haben
Bestandskonten der Passivseite	Bestandskonten der Aktivseite

Abb. 29: Zusammenhang Eröffnungsbilanz/Eröffnungsbilanzkonto

Die Anfangsbestände werden mit den folgenden Eröffnungsbuchungen auf die Bestandskonten vorgetragen.

248

Eröffnung eines aktiven Bestandskontos
Aktives Bestandskonto (Soll) an Eröffnungsbilanzkonto / 8010 (Haben)
Eröffnung eines passiven Bestandskontos
8010 / Eröffnungsbilanzkonto (Soll) an passives Bestandskonto

Beispiel

Eröffnungsbilanz zum 01.01.20..

249

Aktiva		Passiva	
1. Anlagevermögen		**1. Eigenkapital**	
a) immaterielles Vermögen		*a) Rücklagen*	
b) Sachanlagevermögen		aa) Rücklagen EÖB	2.650.000
aa) unbebaute Grundstücke	500.000	...	...
bb) bebaute Grundstücke	1.200.000	**2. Sonderposten**	
cc) Infrastrukturvermögen	2.000.000	*a) Sopo Zuwendungen*	1.000.000
...	...	*b) Sopo Beiträge*	200.000
2. Umlaufvermögen		...	...
...	...	**4. Verbindlichkeiten**	
d) liquide Mittel		...	...
aa) Sichteinlagen Banken	300.000	*e) Verbindlichkeiten LuL*	150.000
...		...	...
	4.000.000		**1.000.000**

250

Eröffnungsbilanzkonto (8010)			
Soll			**Haben**
1. Eigenkapital		**1. Anlagevermögen**	
a) Rücklagen		*a) immaterielles Vermögen*	
aa) Rücklagen EÖB	2.650.000	*b) Sachanlagevermögen*	
...	...	aa) unbebaute Grundstücke	500.000
2. Sonderposten		bb) bebaute Grundstücke	1.200.000
a) Sopo Zuwendungen	1.000.000	cc) Infrastrukturvermögen	2.000.000
b) Sopo Beiträge	200.000	...	...
...	...	**2. Umlaufvermögen**	
4. Verbindlichkeiten		...	...
...	...	*d) liquide Mittel*	
e) Verbindlichkeiten LuL	150.000	aa) Sichteinlagen Banken	300.000
...	...	...	
	4.000.000		**4.000.000**

3. Bewegungen auf Bestandskonten

251
Die Bestände der Eröffnungsbilanz werden durch die Buchung von Geschäftsvorfällen im Rahmen der Haushaltsdurchführung fortgeschrieben.

252
Die Buchungen (Bewegungen) auf aktiven und passiven Bestandskonten werden unterschieden nach Aktivtausch, Passivtausch, Aktiv-Passiv-Mehrung (Bilanz-verlängerung) sowie Aktiv-Passiv-Minderung (Bilanzverkürzung). Die Bilanzsumme bleibt dabei immer ausgeglichen.

3.1 Aktivtausch

253
Bei einem Aktivtausch werden mindestens zwei Bilanzpositionen der Aktivseite berührt. Dadurch verändert sich die Struktur des Vermögens, wobei die Bilanzsumme (Gesamtvermögen) unverändert bleibt. Ein Aktivtausch kann u.a. durch einen Vermögenserwerb gegen sofortige Zahlung, Vermögensveräußerung zum Buchwert oder Einzahlungen auf Forderungen entstehen.

Beispiel
254
Die Stadt Elbstein hat mit Bescheid vom 05.01. eine Verwaltungsgebühr festgesetzt. Die Zahlung i.H.v. 1.000 EUR erfolgt zur Fälligkeit am 15.02. Der Anfangsbestand des Kontos öffentlich-rechtliche Forderungen aus Dienstleistungen beträgt 10.000 EUR. Der Bankbestand beläuft sich auf 50.000 EUR.

Aktiva	Passiva
1. Anlagevermögen	**1. Eigenkapital**
2. Umlaufvermögen	**2. Sonderposten**
b) öff.-rechtl. Forderungen aa) öff. recht. Ford. Dienstl. ./. 1.000	**3. Rückstellungen**
	4. Verbindlichkeiten
d) liquide Mittel aa) Sichteinlagen Banken + 1.000	
Saldo + ./. 0	Saldo + ./. 0

Durch diesen Geschäftsvorfall reduziert sich der Bestand an Forderungen, während die liquiden Mittel im gleichen Umfang zunehmen. Die Summe der Aktivseite (Gesamtvermögen) verändert sich nicht. Die Passivseite der Vermögensrechnung (Gesamtkapital) sowie das Eigenkapital sind durch die Zahlung nicht betroffen.

	Soll	Haben
2d) aa) / 1811 - Sichteinlagen bei Banken	1.000 EUR	
an 2b) aa) / 1611 – öffentlich-rechtliche Forderungen aus Dienstleistungen		1.000 EUR

1611
2b) aa) öff. rechtl. Ford. aus Dienstl.

1811
2d) aa) Sichteinlagen Banken

Soll		Haben		Soll		Haben
AB	10.000	1811	1.000	AB	50.000	
				1611	1.000	

Bei den Konten 2b) aa) öffentlich-rechtliche Forderungen aus Dienstleistungen sowie 2d) aa) Sichteinlagen bei Banken handelt es sich um aktive Bestandskonten. Der Anfangsbestand steht im Soll. Das heißt, die Zugänge werden im Soll und die Minderungen im Haben gebucht.

3.2 Passivtausch

Bei einem Passivtausch werden mindestens zwei Bilanzpositionen der Passivseite berührt. Dadurch verändert sich die Struktur des Vermögens und der Schulden, wobei die Bilanzsumme (Gesamtvermögen) unverändert bleibt. Ein Passivtausch kann u.a. durch die Umschuldung von Kreditverbindlichkeiten, der Rückforderung investiver Fördermittel durch den Fördermittelgeber oder die Umwandlung kurzfristiger Verbindlichkeiten in langfristige Verbindlichkeiten entstehen.

Beispiel
Die Stadt Elbstein hat für den Neubau einer Kindertagesstätte eine zweckgebundene Zuweisung des Landes Sachsen-Anhalt i.H.v. 20.000 EUR erhalten. Nach Prüfung der

Verwendungsnachweise wurde festgestellt, dass die Zuweisung nicht zweckgerecht verwendet wurde. Entsprechend des vorliegenden Rückforderungsbescheides ist die Zuweisung innerhalb eines Monates an das Land zurückzuzahlen. Der Anfangsbestand der Sonderposten aus Zuwendungen beträgt 80.000 EUR. Das Konto Verbindlichkeiten aus Transferleistungen weist einen Anfangsbestand von 30.000 EUR auf.

262

Aktiva	Passiva
1. Anlagevermögen	**1. Eigenkapital**
2. Umlaufvermögen	**2. Sonderposten** a) Sopo Zuwendungen ./. 20.000
	3. Rückstellungen
	4. Verbindlichkeiten *f) Vbk. Transferleistungen* + 20.000
Saldo + ./. 0	Saldo + ./. 0

263 Durch diesen Geschäftsvorfall reduziert sich der Bestand an Sonderposten aus Zuwendungen, während die Verbindlichkeiten im gleichen Umfang zunehmen. Die Summe der Passivseite der Vermögensrechnung (Gesamtkapital) sowie das Eigenkapital verändern sich nicht. Die Aktivseite (Gesamtvermögen) ist von diesem Vorgang nicht berührt.

264

	Soll	Haben
2a) / 2311 - Sonderposten aus Zuwendungen	20.000 EUR	
an 4f) / 3611 – Verbindlichkeiten aus Transferleistungen		20.000 EUR

2311
2a) Sopo Zuwendungen

Soll		Haben	
3611	20.000	AB	80.000

3611
4f) Vbk. Transferleistungen

Soll		Haben	
		AB	30.000
		2311	20.000

265 Die Konten 2a) Sonderposten aus Zuwendungen sowie 4f) Verbindlichkeiten aus Transferleisten stellen passive Bestandskonten dar. Der Anfangsbestand steht im Haben. Das heißt, die Zugänge werden im Haben und die Minderungen im Soll gebucht.

3.3 Aktiv-Passiv-Mehrung

266 Die Aktiv-Passiv-Mehrung hat die Erhöhung von jeweils mindestens einem aktiven und mindestens einem passiven Bestandskonto der Vermögensrechnung zur Folge. Dadurch resultiert sowohl eine Veränderung in der Struktur des Vermögens als auch der Schulden. Die Bilanzsumme wird dadurch erhöht. Insoweit wird dies auch als Bilanzverlängerung

bezeichnet. Diese kann u.a. durch einen Vermögenserwerb auf Ziel oder eine Kreditaufnahme entstehen.

Beispiel

Zur Finanzierung eines Bauvorhabens nimmt die Stadt Elbstein einen Investitionskredit i.H.v. 50.000 EUR auf. Der Kredit wird dem städtischen Bankkonto gutgeschrieben. Der Anfangsbestand des Kontos Investitionskredite beträgt 10.000 EUR

267

Aktiva		Passiva
1. Anlagevermögen		**1. Eigenkapital**
2. Umlaufvermögen		**2. Sonderposten**
d) liquide Mittel		**3. Rückstellungen**
aa) Sichteinlagen Banken	+ 50.000	
		4. Verbindlichkeiten
		b) Investitionskredite + 50.000
Saldo	+ 50.000	Saldo + 50.000

268

Bei diesem Geschäftsvorfall nehmen die Verbindlichkeiten aus Investitionskrediten auf der Passivseite sowie der Bankbestand auf der Aktivseite der Vermögensrechnung zu. Das Volumen der Bilanz (Gesamtvermögen/-kapital) erhöht sich, während das Eigenkapital unverändert bleibt.

269

	Soll	Haben
2d) aa) / 1811 Sichteinlagen bei Banken	50.000 EUR	
an 4b) / 3217 Investitionskredite		50.000 EUR

270

	1811				**3217**	
	2d) aa) Sichteinlagen Banken				**4b) Investitionskredite**	
Soll		Haben	Soll			Haben
AB	50.000			AB		10.000
1611	1.000			1811		50.000
3217	50.000					

Das Konto 2d) aa) Sichteinlagen bei Banken stellt ein aktives Bestandskonto dar. Der Anfangsbestand steht im Soll. Das heißt, Zugänge werden im Soll und Abgänge im Haben gebucht. Hingegen ist das Konto 4b) Investitionskredite ein passives Bestandskonto. Der Anfangsbestand steht im Haben. Folglich werden Zugänge im Haben und Abgänge im Soll gebucht.

271

3.4 Aktiv-Passiv-Minderung

Die Aktiv-Passiv-Minderung hat die Reduzierung von jeweils mindestens einem aktiven und mindestens einem passiven Bestandskonto der Vermögensrechnung zur Folge.

272

273 Dadurch resultiert sowohl eine Veränderung in der Struktur des Vermögens als auch der Schulden. Die Bilanzsumme wird dadurch verringert. Insoweit wird dies auch als Bilanzverkürzung bezeichnet. Diese kann u.a. durch die Zahlung von Verbindlichkeiten oder Kredittilgungen erfolgen.

Beispiel

274 Die Stadt Elbstein tilgt einen aufgenommenen Investitionskredit. Die Tilgungsrate beträgt 10.000 EUR

275

Aktiva	Passiva
1. Anlagevermögen	**1. Eigenkapital**
2. Umlaufvermögen	**2. Sonderposten**
d) liquide Mittel	**3. Rückstellungen**
aa) Sichteinlagen Banken ./. 10.000	
	4. Verbindlichkeiten
	b) Investitionskredite ./. 10.000
Saldo ./. 10.000	Saldo ./. 10.000

276 Bei diesem Geschäftsvorfall nehmen die Verbindlichkeiten aus Investitionskrediten auf der Passivseite sowie der Bankbestand auf der Aktivseite der Vermögensrechnung ab. Das Volumen der Bilanz (Gesamtvermögen/-kapital) verringert sich, während das Eigenkapital unverändert bleibt.

277

	Soll	Haben
4b) / 3217 - Investitionskredite	10.000 EUR	
an 2d) aa) / 1811 - Sichteinlagen bei Banken		10.000 EUR

1811
2d) aa) Sichteinlagen Banken

Soll			Haben
AB	50.000	3217	10.000
1611	1.000		
3217	50.000		

3217
4b) Investitionskredite

Soll			Haben
1811	10.000	AB	10.000
		1811	50.000

278 Das Konto 2d) aa) Sichteinlagen bei Banken stellt ein aktives Bestandskonto dar. Der Anfangsbestand steht im Soll. Das heißt, Zugänge werden im Soll und Abgänge im Haben gebucht. Hingegen ist das Konto 4b) Investitionskredite ein passives Bestandskonto. Der Anfangsbestand steht im Haben. Folglich werden Zugänge im Haben und Abgänge im Soll gebucht.

4. Abschluss der Bestandskonten

Nach Buchung der Zu- und Abgänge des jeweiligen Haushaltsjahres werden die Bestands- **279**
konten abgeschlossen. Dies erfolgt durch die Ermittlung des Schlussbestandes (SB). Dabei
wird die wertmäßig größere Seite addiert und die Summe auf die andere Kontenseite
übertragen. Die Differenz aus der Summe dieser Kontenseite und den Buchungen auf der
wertmäßig kleineren Kontenseite ergibt den Schlussbestand. Die Kontensummen sind
doppelt zu unterstreichen.

Beispiel   **280**

Aktives Bestandskonto

Soll		Haben	
Anfangsbestand	100.000	Abgänge	*(150.000 ./.)* 30.000
(+) Zugänge	50.000	Schlussbestand	120.000
(=) **150.000**		**150.000**	

Passives Bestandskonto

Soll		Haben	
(150.000 ./.) Abgänge	30.000	Anfangsbestand	100.000
(=) Schlussbestand	120.000	*(+)* Zugänge	50.000
150.000		*(=)* **150.000**	

Leerzeilen in den Konten werden durch eine Buchhalternase gesperrt. Dadurch werden **281**
nachträgliche Eintragung in den Freiräumen und eine damit verbundene Änderung der
Bücher verhindert (§ 24 Abs. 3 GemKVO). Es handelt sich hierbei um eine schriftliche
Kontensperrung. In einer digitalisierten Buchführung ist eine solche Sperrung der Konten
durch eine zertifizierte Software zwingend sicherzustellen, um die Bücher vor nachträglichen Manipulationen zu schützen.

Fortsetzung des obigen Beispiels   **282**

Aktive Bestandskonten   Passive Bestandskonten

1611
2b) aa) öff. rechtl. Ford. aus Dienstl.

2311
2a) Sopo Zuwendungen

Soll		Haben		Soll		Haben	
AB	10.000	1811	1.000	3611	20.000	AB	80.000
		SB	9.000	SB	60.000		
	10.000		**10.000**		**80.000**		**80.000**

1811
2d) aa) Sichteinlagen Banken

3217
4b) Investitionskredite

Soll		Haben		Soll		Haben	
AB	50.000	3217	10.000	1811	10.000	AB	10.000
1611	1.000	SB	91.000	SB	50.000	1811	50.000
3217	50.000						
	101.000		**101.000**		**60.000**		**60.000**

3611
4f) Vbk. Transferleistungen

Soll		Haben	
SB	50.000	AB	30.000
		2311	20.000
	50.000		50.000

5. Schlussbilanzkonto

283   Nach Abschluss der Bestandskonten sind die Schlussbestände mit den Ergebnissen der Inventur abzugleichen. Soweit diese identisch sind und keine Korrekturen erforderlich werden, können die Schlussbestände in das **S**chluss**b**ilanz**k**onto (SBK, Konto 8020) übertragen werden. Dadurch wird das Sachbuch des abgelaufenen Haushaltsjahres buchhalterisch abgeschlossen.

284   Das Schlussbilanzkonto entspricht inhaltlich der Vermögensrechnung. Eine Unterscheidung erfolgt lediglich bei der Bezeichnung der Kontenseiten (Schlussbilanzkonto = Soll und Haben / Vermögensrechnung = Aktiv und Passiv). Des Weiteren sammelt das Schlussbilanzkonto sämtliche Schlussbestände der Bestandskonten und führt diese einzeln auf, während diese in der Vermögensrechnung nach einer vorgegebenen Gliederung zusammengefasst dargestellt werden (vgl. Pkt. H.I).

285   Die Übertragung der Schlussbestände von den Bestandskonten in das Schlussbilanzkonto erfolgt durch nachfolgende Buchungssätze.

286

Übertagung der Schlussbestände eines aktiven Bestandskontos
8020 / Schlussbilanzkonto (Soll) an aktives Bestandskonto (Haben)
Übertragung der Schlussbestände eines passiven Bestandskontos
passives Bestandskonto (Soll) an 8020 / Schlussbilanzkonto (Haben)

Fortsetzung des obigen Beispiels

287   Die Schlussbestände der obigen Bestandskonten sind wie folgt in das Schlussbilanzkonto (Vermögensrechnung) zu übertragen:

Schlussbestände der aktiven Bestandskonten

288

	Soll	Haben
8020 - Schlussbilanzkonto	9.000 EUR	
an 2b) aa) / 1611- öff. rechtl. Forderungen aus Dienstleistungen		9.000 EUR

	Soll	Haben
8020 - Schlussbilanzkonto	91.000 EUR	
an 2d) aa) / 1811 - Sichteinlagen bei Banken		91.000 EUR

Schlussbestände der passiven Bestandskonten

	Soll	Haben
2a) / 2311 - Sonderposten aus Zuwendungen	60.000 EUR	
an 8020 - Schlussbilanzkonto		60.000 EUR

	Soll	Haben
4b) / 3217 - Investitionskredite	50.000 EUR	
an 8020 - Schlussbilanzkonto		50.000 EUR

	Soll	Haben
4f) / 3611 - Verbindlichkeiten aus Transferleistungen	50.000 EUR	
an 8020 - Schlussbilanzkonto		50.000 EUR

Schlussbilanzkonten (8020)
(Vermögensrechnung)

Soll (Aktiva)		Haben (Passiva)	
1. Anlagevermögen		**1. Eigenkapital**	
2. Umlaufvermögen		**2. Sonderposten**	
b) öff. rechtl. Forderungen		a) Sopo Zuwendungen	60.000
aa) öff. rechtl. Forderung Dienst	9.000		
		3. Rückstellungen	
d) Liquide Mittel			
aa) Sichteinlagen bei Banken	91.000	**4. Verbindlichkeiten**	
		b) Investitionskredite	50.000
		f) Vbk. Transferleistungen	50.000
Summe		Summe	

Nach dem Grundsatz der Bilanzidentität (vgl. Pkt. C.IV.1) stellen die Schlussbestände gleichzeitig die Anfangsbestände der Eröffnungsbilanz für das folgende Haushaltsjahr dar.

VI. Ergebniskonten

Eine direkte Buchung der Geschäftsvorfälle auf dem Eigenkapitalkonto ist aus Gründen der Übersichtlichkeit nicht möglich. Ein chronologischer Nachweis der Buchungen auf diesem Konto würde zu einer buchhalterischen Unordnung führen. Eine Analyse des Jahresabschlusses wäre somit nur bedingt möglich. Aus diesem Grund erfolgt die unterjährige Buchung der Geschäftsvorfälle auf den durch den Kontenrahmenplan des Landes Sachsen-Anhalt vorgegebenen Ertrags- und Aufwandskonten (vgl. Pkt. K). Diese werden Ergebniskonten (bzw. Erfolgskonten) genannt und stellen Unterkonten des Eigenkapitals dar. Die Buchungen erfolgen daher wie auf dem Eigenkapitalkonto.

Abb. 30: Zusammenhang Eigenkapitalkonto/Ergebniskonten

294   Die Zugänge auf Ertragskonten werden im Haben gebucht, da sich dadurch das Eigenkapital erhöht. Abgänge (Absetzungen) werden im Soll gebucht.

295   Die Zugänge auf Aufwandskonten werden hingegen im Soll gebucht, da diese zu einer Reduzierung des Eigenkapitals führen. Abgänge (Absetzungen) werden folglich im Haben gebucht.

296   Die Buchungssätze lauten wie folgt:

Erträge
Bank/Kasse/Forderung (Soll) an Ertragskonto (Haben)
Aufwendungen
Aufwandskonto (Soll) an Bank/Kasse/Verbindlichkeit

297   Da es sich bei den Erträgen und Aufwendungen um Stromgrößen handelt (vgl. Pkt. E.I.3), weisen die Ergebniskonten im Gegensatz zu den Bestandskonten keinen Anfangsbestand auf.

298   Zum Abschluss der Ergebniskonten wird bei Aufwandskonten ein Saldo im Haben gebildet und bei Ertragskonten im Soll. Die Salden der einzelnen Ertrags- und Aufwandskonten werden zum Jahresabschluss auf das **E**rgebnis**r**echnungs**k**onto (ERK) gebucht und gesammelt. Das privatwirtschaftliche Pendant zum Ergebnisrechnungskonto stellt die Gewinn- und Verlustrechnung dar.

299

Übertragung der Salden der Ertragskonten in das Ergebnisrechnungskonto
Ertragskonten (Soll) an 8030 Ergebnisrechnungskonto (Haben)
Übertragung der Salden der Aufwandskonten in das Ergebnisrechnungskonto
8030 Ergebnisrechnungskonto (Soll) an Aufwandskonten (Haben)

300   Durch die Gegenüberstellung der Erträge und Aufwendungen im Ergebnisrechnungskonto wird der Jahresüberschuss/-fehlbetrag des abgelaufenen Haushaltsjahres entsprechend dem Grundsatz des Haushaltsausgleichs (§ 98 Abs. 3 KVG LSA) festgestellt.

Ergebnisrechnungskonto 301

Soll	**Haben**
Salden der Aufwandskonten	**Salden der Ertragskonten**
Jahresüberschuss	Jahresfehlbetrag
Saldo = Erhöhung des Eigenkapitals	Saldo = Verringerung des Eigenkapitals

Das Ergebnisrechnungskonto wird durch eine Übernahme des Jahresüberschusses/ 302
-fehlbetrages in das Eigenkapital abgeschlossen.

Übertragung eines Jahresüberschusses in das Eigenkapital	303
8030 / Jahresüberschuss (Soll) an 20 / Eigenkapital (Haben)	
Übertragung eines Jahresfehlbetrages in das Eigenkapital	
20 / Eigenkapital (Soll) an 8030 / Ergebnisrechnungskonto (Haben)	

304

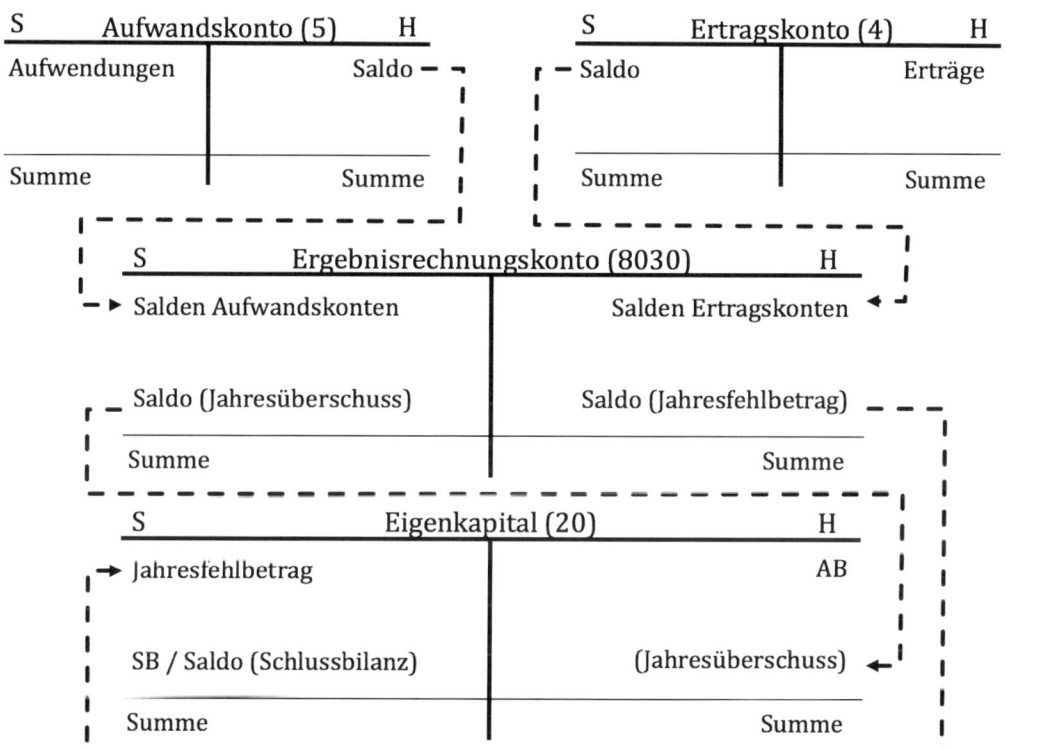

Abb. 31: Abschluss der Ergebniskonten

67

Beispiel

305 Der Anfangsbestand des Eigenkapitals beträgt 300.000 EUR. Es fallen die nachfolgenden Geschäftsvorfälle an.

306 Für die Heizungskosten geht eine Rechnung i.H.v. 5.000 EUR ein.

	Soll	Haben
5241 - Bewirtschaftung Grundstücke	5.000 EUR	
an 3511 - Verbindlichkeiten aus LuL		5.000 EUR

307 Die Rechnung für den Bürobedarf der Verwaltung i.H.v. 3.000 EUR geht ein.

	Soll	Haben
5431 - Geschäftsaufwendungen	3.000 EUR	
an 3511 - Verbindlichkeiten aus LuL		3.000 EUR

308 Ein Bußgeld i.H.v. 500 EUR wird festgesetzt.

	Soll	Haben
1691 – sonstige öff. rechtl. Forderungen	500 EUR	
an 4561 - Bußgelder		500 EUR

309 Ein Hundesteuerbescheid i.H.v. 300 EUR wird erlassen.

	Soll	Haben
1691 – sonstige öff. rechtl. Forderungen	300 EUR	
an 4032 - Hundesteuer		300 EUR

310 **Ergebniskonten**

Aufwendungen   **Erträge**

5241 – Bewirtschaftung Grundstücke   **4561 - Bußgelder**

Soll		Haben	Soll		Haben
3511	5.000	ERK 5.000	ERK	500	1691 500
	5.000	5.000		500	500

5431 – Geschäftsaufwendungen   **4032 - Hundesteuer**

Soll		Haben	Soll		Haben
3511	3.000	ERK 3.000	ERK	300	1691 300
	3.000	3.000		300	300

311 Abschluss der Ergebniskonten

	Soll	Haben
8030 - ERK	5.000 EUR	
an 5241 - Bewirtschaftung Grundstücke		5.000 EUR

	Soll	Haben	
8030 - ERK	3.000 EUR		312
an 5431 - Geschäftsaufwendungen		3.000 EUR	

	Soll	Haben	
4561 - Bußgelder	500 EUR		313
an 8030 - ERK		500 EUR	

	Soll	Haben	
4032 - Hundesteuer	300 EUR		314
an 8030 - ERK		300 EUR	

Ergebnisrechnungskonto (8030)   315

8030

Soll		Haben	
5241	5.000	4561	500
5431	3.000	4032	300
		Jahresfehlbetrag	7.200
	8.000		8.000

	Soll	Haben	
20 - Eigenkapital	7.200 EUR		316
an 8030 - ERK		7.200 EUR	

Eigenkapital (20)   317

Soll		Haben	
ERK/Jahresfehlbetrag	7.200	AB	300.000
SB	292.800		
	300.000		300.000

318 Aus dem Ergebnisrechnungskonto wird die Ergebnisrechnung als Teil des Jahresabschlusses abgeleitet (vgl. Pkt. H.II).

319

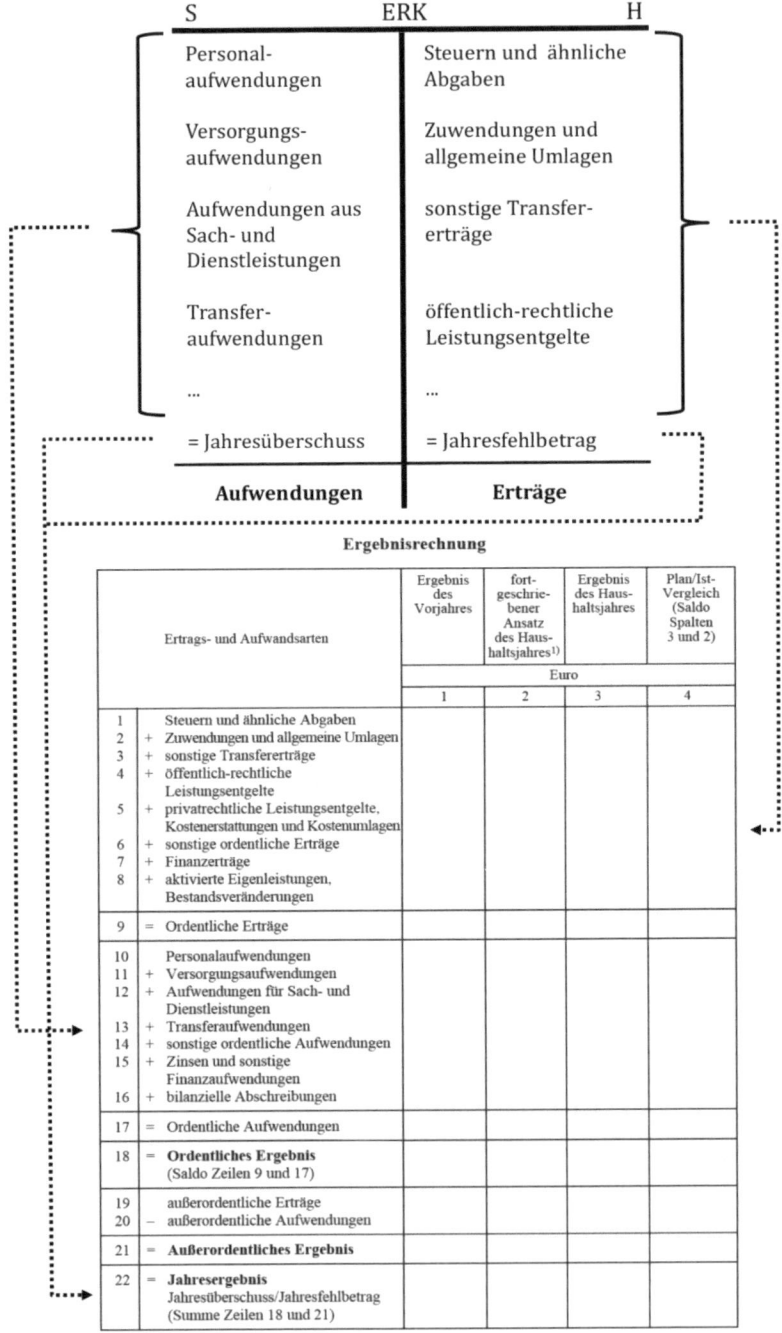

Abb. 32: Ableitung der Ergebnisrechnung aus dem Ergebnisrechnungskonto

VII. Finanzkonten

Neben der Vermögens- und Ergebnisrechnung sind die Kommunen verpflichtet, eine Finanzrechnung als Bestandteil des Jahresabschlusses zu führen (vgl. Pkt. H.III). Die Buchung der Geschäftsvorfälle erfolgt auf Finanzkonten. Dabei sind im Wesentlichen zwei Varianten denkbar.   320

Variante 1	Variante 2
statistische Mitführung der Finanzkonten	statistische Mitführung des Bank- und Kassenkontos
Erfassung der Geschäftsvorfälle originär auf dem Bank-/Kassenkonto	Erfassung der Geschäftsvorfälle originär auf den Finanzkonten

321

In der Praxis ist die zweite Variante der Regelfall. Insofern wird in den folgenden Kapiteln die Finanzrechnung unmittelbar bebucht. Das Bank- und Kassenkonto wird nur statistisch mitgeführt. Dabei wird der Buchungssatz durch die Angabe des Bank- oder Kassenkontos ergänzt. Die statistische Mitführung dieser Konten wird durch einen Klammerzusatz verdeutlicht.   322

	Soll	Haben
Konten im Soll	... EUR	
an Konten im Haben		... EUR
(Bank oder Kasse		*... EUR)*

323

Die unterjährige Buchung der Geschäftsvorfälle erfolgt auf den durch den Kontenrahmenplan des Landes Sachsen-Anhalt vorgegebenen Einzahlungs- und Auszahlungskonten (vgl. Pkt. K). Diese werden Finanzkonten genannt und stellen Unterkonten des Bankkontos (oder Kassenkontos) dar. Die Buchungen erfolgen daher wie auf dem Bankkonto.   324

325

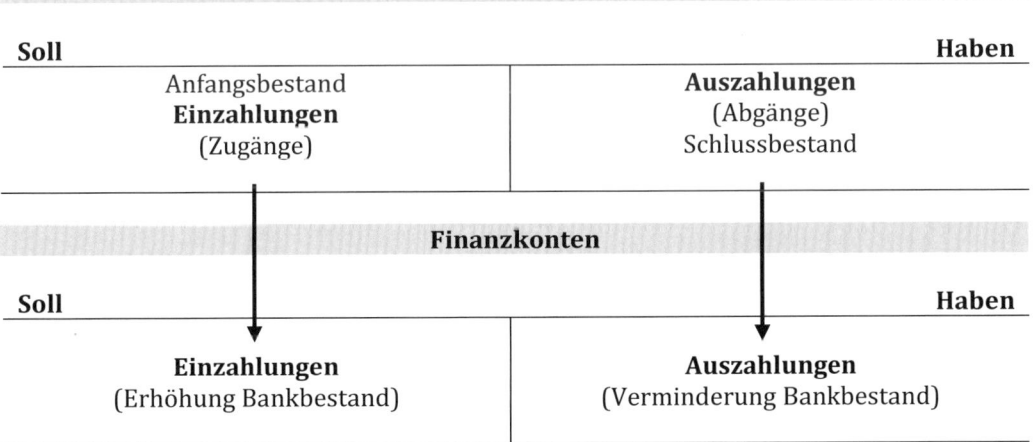

Abb. 33: Zusammenhang Bankkonto/Finanzkonten

326   Die Zugänge auf Einzahlungskonten werden im Soll gebucht, da sich dadurch die liquiden Mittel erhöhen. Abgänge (Absetzungen) werden im Haben gebucht.

327   Die Zugänge auf Auszahlungskonten werden hingegen im Haben gebucht, da diese zu einer Reduzierung der liquiden Mittel führen. Abgänge (Absetzungen) werden folglich im Soll gebucht.

328   Die Buchungssätze lauten wie folgt:

Einzahlungen
Einzahlungskonto (Soll) an Forderungen (Haben)
Auszahlungen
Verbindlichkeiten (Soll) an Auszahlungskonto (Haben)

329   Da es sich bei den Einzahlungs- und Auszahlungskonten um Stromgrößen handelt (vgl. Pkt. E.I.1), weisen diese im Gegensatz zu den Bestandskonten keinen Anfangsbestand auf.

330   Zum Abschluss der Finanzkonten wird bei Einzahlungskonten ein Saldo im Haben gebildet und bei Auszahlungskonten im Soll. Die Salden der einzelnen Einzahlungs- und Auszahlungskonten werden zum Jahresabschluss auf das **F**inanz**r**echnungs**k**onto (FRK) gebucht und gesammelt.

331

Übertragung der Salden der Einzahlungskonten in das Finanzrechnungskonto
8040 Finanzrechnungskonto (Soll) an Einzahlungskonto (Haben)
Übertragung der Salden der Auszahlungskonten in das Finanzrechnungskonto
Auszahlungskonten (Soll) an 8040 Finanzrechnungskonto (Haben)

332   Durch die Gegenüberstellung der Einzahlungen und Auszahlungen im Finanzrechnungskonto wird die Veränderung der liquiden Mittel des abgelaufenen Haushaltsjahres ermittelt.

333

Finanzrechnungskonto	
Soll	**Haben**
Salden der Einzahlungskonten Finanzmittelzufluss Saldo = Verringerung der liquiden Mittel	**Salden der Auszahlungskonten** Finanzmittelabfluss Saldo = Erhöhung der liquiden Mittel

334   Das Finanzrechnungskonto wird durch eine Übernahme des Finanzmittelüberschusses/ -fehlbetrages in die liquiden Mittel abgeschlossen.

335

Übertragung eines Finanzmittelüberschusses in die liquiden Mittel
18 / liquide Mittel (Soll) an 8040 / Finanzrechnungskonto (Haben)
Übertragung eines Finanzmittelfehlbetrages in die liquiden Mittel
8040 / Finanzrechnungskonto (Soll) an 18 / liquide Mittel (Haben)

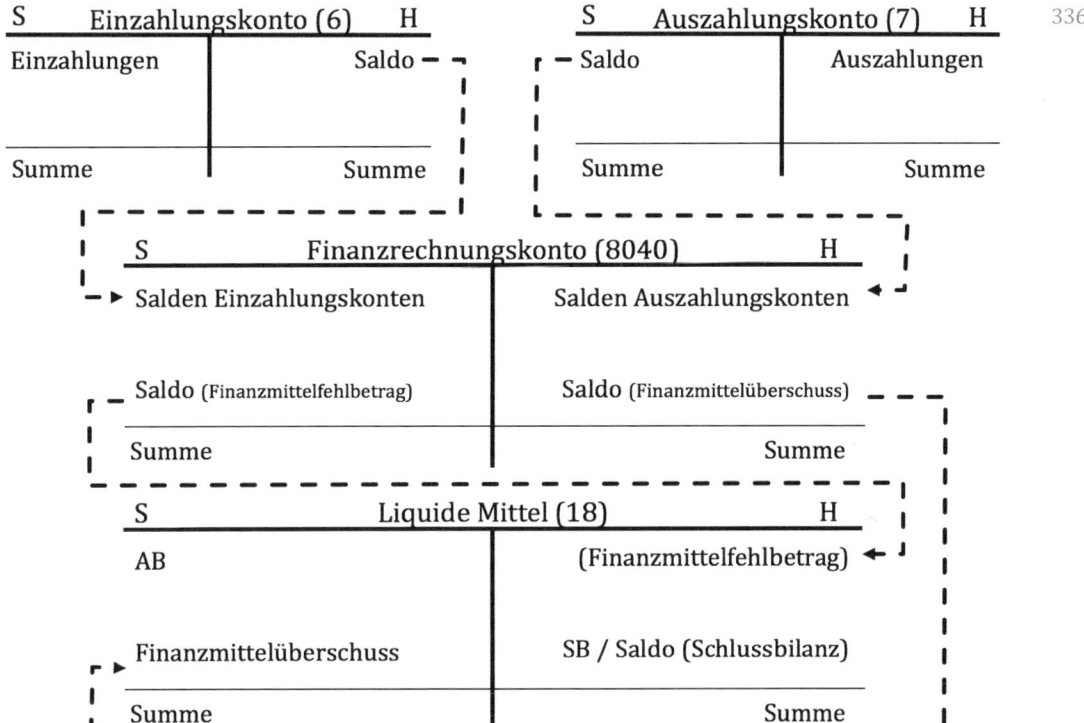

336

Abb. 34: Abschluss der Finanzkonten

In der dargestellten Variante wird das Bank- bzw. Kassenkonto (liquide Mittel) statistisch 337 mitgeführt. Das heißt, die Buchungen der Einzahlungen und Auszahlungen erfolgen ursächlich auf den entsprechenden Finanzkonten. Parallel wird das Bank- bzw. Kassenkonto aufgeführt. Der durch den Abschluss des Finanzrechnungskontos ermittelte Finanzmittelüberschuss bzw. -fehlbetrag wird durch eine Gegenbuchung auf das Bank- bzw. Kassenkonto übertragen.

Das Prinzip ist vergleichbar mit der Übertragung der Salden der Ergebniskonten auf das 338 Ergebnisrechnungskonto sowie der anschließenden Ermittlung des Jahresüberschusses bzw. -fehlbetrags mit der Buchung gegen das Eigenkapital.

339 **Beispiel**

Der Anfangsbestand der liquiden Mittel beträgt 100.000 EUR. Es fallen die nachfolgenden Geschäftsvorfälle an.

340 Die Rechnung für die Heizungskosten i.H.v. 5.000 EUR wird überwiesen.

	Soll	Haben
3511 - Verbindlichkeiten aus LuL	5.000 EUR	
an 7241 - Bewirtschaftung Grundstücke		5.000 EUR
(1811 - Bank		5.000 EUR)

341 Die Rechnung für den Bürobedarf der Verwaltung i.H.v. 3.000 EUR wird überwiesen.

	Soll	Haben
3511 - Verbindlichkeiten aus LuL	3.000 EUR	
an 7431 - Geschäftsauszahlungen		3.000 EUR
(1811 - Bank		3.000 EUR)

342 Das Bußgeld i.H.v. 500 EUR wird durch Banküberweisung bezahlt.

	Soll	Haben
6561 - Bußgelder	500 EUR	
(1811 - Bank	500 EUR)	
an 1691 - sonstige öff. rechtl. Forderungen		500 EUR

343 Die Hundesteuer i.H.v. 300 EUR wird durch den Steuerpflichtigen überwiesen.

	Soll	Haben
6032 - Hundesteuer	300 EUR	
(1811 - Bank	300 EUR)	
an 1691 - sonstige öff. rechtl. Forderungen		300 EUR

344

Finanzkonten

Auszahlungen   **Einzahlungen**

7241 – Bewirtschaftung Grundstücke   **6561 - Bußgelder**

Soll		Haben		Soll			Haben
FRK	5.000	3511	5.000	1691	500	FRK	500
	5.000		5.000		500		500

7431 – Geschäftsauszahlungen   **6032 - Hundesteuer**

Soll		Haben		Soll			Haben
FRK	3.000	3511	3.000	1691	300	FRK	300
	3.000		3.000		300		300

Abschluss der Finanzkonten

	Soll	Haben
7241 - Bewirtschaftung Grundstücke	5.000 EUR	
an 8040 - FRK		5.000 EUR

	Soll	Haben
7431 – Geschäftsauszahlungen	3.000 EUR	
an 8030 - FRK		3.000 EUR

	Soll	Haben
8040 - FRK	500 EUR	
an 6561 - Bußgelder		500 EUR

	Soll	Haben
8040 - FRK	300 EUR	
an 6032 - Hundesteuer		300 EUR

Finanzrechnungskonto (8040)

8040

Soll			Haben
6561	500	7241	5.000
6032	300	7431	3.000
Finanzmittelfehlbetrag	7.200		
	8.000		8.000

	Soll	Haben
8040 - FRK	7.200 EUR	
an 1811 - Sichteinlagen bei Banken		7.200 EUR

Sichteinlagen bei Banken (1811 - statistisch mitgeführt)

Soll			Haben
AB	100.000	(7241)	(5.000)
(6561)	(500)	(7431)	(3.000)
(6032)	(300)	Finanzmittelfehlbetrag	7.200
		SB	92.800
	100.000		100.000

352   Aus dem Finanzrechnungskonto wird die Finanzrechnung als Teil des Jahresabschlusses abgeleitet (vgl. Pkt. H.III).

353

S	FRK	H
Einzahlungen aus lfd. Verwaltungstätigkeit	Auszahlungen aus lfd. Verwaltungstätigkeit	
Einzahlungen aus Investitionstätigkeit	Auszahlungen aus Investitionstätigkeit	
Einzahlungen aus Finanzierungtätigkeit	Auszahlungen aus Finanzierungtätigkeit	
…	…	
= Finanzfehlbetrag	= Finanzüberschuss	
Einzahlungen	**Auszahlungen**	

Finanzrechnung

	Einzahlungs- und Auszahlungsarten	Ergebnis des Vorjahres	fort-geschrie-bener Ansatz des Haus-haltsjahres[1]	Ergebnis des Haus-haltsjahres	Plan/Ist-Vergleich (Saldo Spalten 3 und 2)
			Euro		
		1	2	3	4
1	Steuern und ähnliche Abgaben				
2	+ Zuwendungen und allgemeine Umlagen				
3	+ sonstige Transfereinzahlungen				
4	+ öffentlich-rechtliche Leistungsentgelte				
5	+ privatrechtliche Leistungsentgelte, Kostenerstattungen und Kostenumlagen				
6	+ sonstige Einzahlungen				
7	+ Zinsen und ähnliche Einzahlungen				
8	= Einzahlungen aus laufender Verwaltungstätigkeit				
9	Personalauszahlungen				
10	+ Versorgungsauszahlungen				
11	+ Auszahlungen für Sach- und Dienstleistungen				
12	+ Transferauszahlungen				
13	+ sonstige Auszahlungen				
14	+ Zinsen und ähnliche Auszahlungen				
15	= Auszahlungen aus laufender Verwaltungstätigkeit				
16	= Saldo aus laufender Verwaltungs-tätigkeit (Saldo Zeilen 8 und 15)				

Abb. 35: Ableitung der Finanzrechnung aus dem Finanzrechnungskonto (Auszug)

Der Zusammenhang der einzelnen Rechnungskomponenten ergibt sich wie folgt:

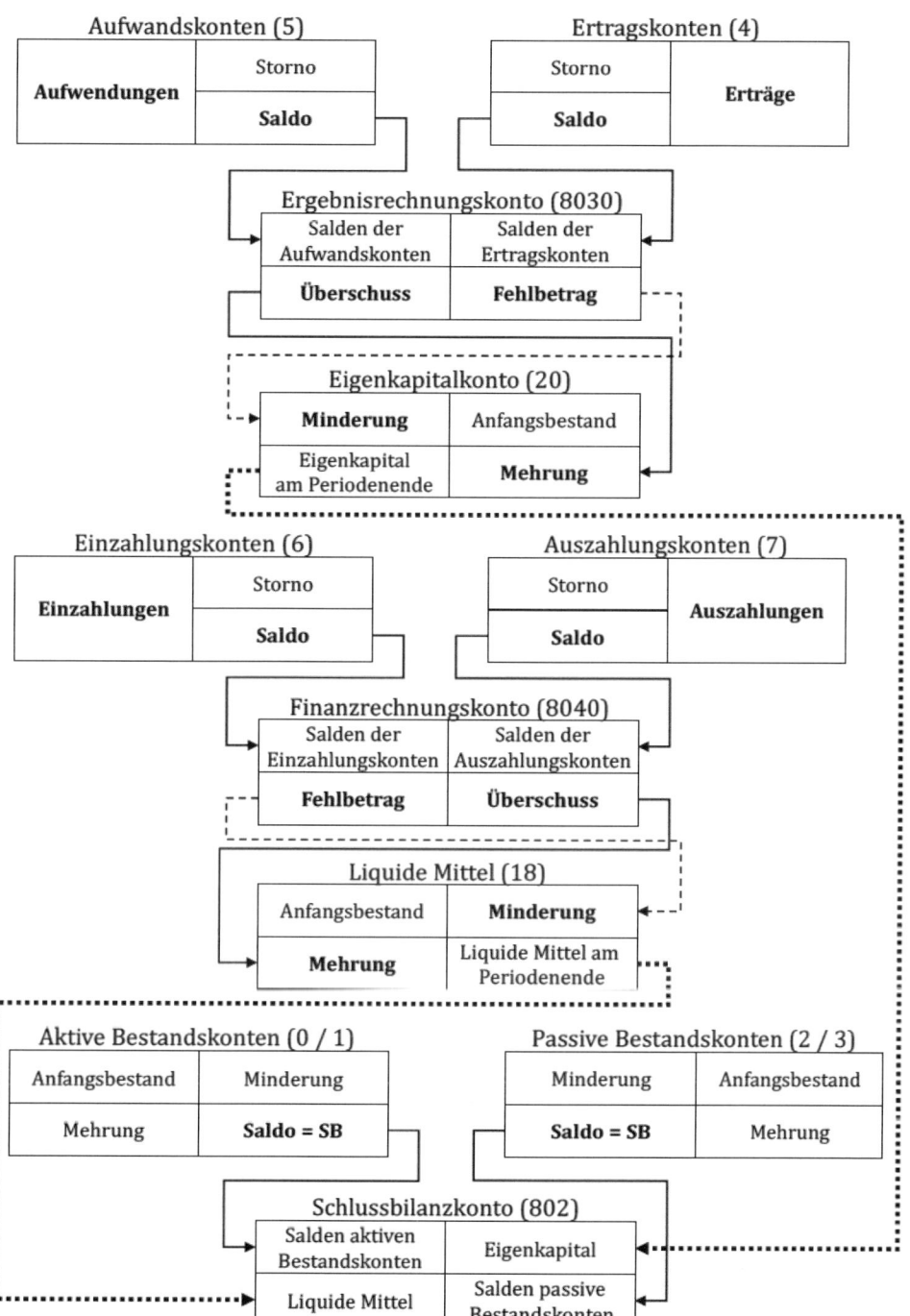

Abb. 36: Zusammenhang der Rechnungskomponenten

J. Organisation der Buchführung

I. Finanzbuchhaltung

356 Die Haushaltsdurchführung als zweite Phase des Haushaltskreislaufes (vgl. Pkt. D) erfolgt durch die Finanzbuchhaltung und gliedert sich in die Geschäftsbuchhaltung und die Gemeindekasse (Zahlungsabwicklung). Diese Aufgabenteilung ergibt sich aus dem Grundsatz der Trennung von Anordnung und Ausführung (§ 116 Abs. 3, 5 KVG LSA i.V.m. § 6 Abs. 1 GemKVO).

357 Die Abgrenzung der Aufgaben zwischen Geschäftsbuchhaltung und Gemeindekasse stellt sich wie folgt dar:

Finanzbuchhaltung	
Geschäftsbuchhaltung	**Gemeindekasse**
Aufgaben	
Mittelbewirtschaftung u.a. durch Führung der Haushaltsüberwachungsliste (§ 25 Abs. 4 S. 1 KomHVO)	Erledigung der Kassengeschäfte durch Annahme der Einzahlungen und Leistung der Auszahlungen, Aufrechnungen Verwaltung der Kassenmittel einschließlich der Liquiditätsplanung Verwahrung der Wertgegenstände Buchung der Finanzrechnung sowie des Kassen-Ist in der Debitoren-/ Kreditorenbuchhaltung (§ 116 Abs. 1 S. 1 KVG LSA i.V.m. § 1 Abs. 1 S. 1 Nr. 1 - 4 GemKVO)
Erfassung der Vormerkungen/Aufträge (§ 25 Abs. 4 S. 2 KomHVO)	
vollständige Erfassung der Erträge zum rechtzeitigen Einzug der Forderungen (§ 25 Abs. 1 KomHVO)	
Feststellung der sachlichen und rechnerischen Richtigkeit von Eingangs- und Ausgangsrechnungen (§ 11 Abs. 1 GemKVO)	Mahnung und Beitreibung im Verwaltungszwangsverfahren (§ 1 Abs. 1 S. 3 GemKVO i.V.m. § 25 Abs. 1 KomHVO)
Kontierung und Erstellung der Zahlungsanordnungen für die Geschäftsvorfälle (§ 7 GemKVO)	Festsetzung, Stundung, Niederschlagung und Erlass von Vollstreckungskosten und Nebenforderungen (§ 1 Abs. 1 S. 3 GemKVO)
Erstellung des Jahresabschlusses mit seinen Bestandteilen Ergebnis-, Finanz- und Vermögensrechnung	Erstellung des Tagesabschlusses (§ 32 GemKVO)
	Erstellung des kassenmäßigen Abschlusses (§ 34 Abs. 1 GemKVO) und Ermittlung des buchmäßigen Kassenbestandes, der Kassenreste/ offenen Posten (§ 34 Abs. 2 GemKVO) zur Abstimmung mit der Finanzrechnung

Abb. 37: Abgrenzung Geschäftsbuchhaltung/Gemeindekasse

Für die Geschäftsbuchhaltung sind mehrere Organisationsformen denkbar. Sie kann vollständig dezentral in den Fachbereichen oder zentral durch eine Organisationseinheit geführt werden. Weiterhin ist in der Praxis vielfach eine Mischform aus dezentralen Buchhaltern in den Fachbereichen und einer zentralen Qualitätskontrolle mit hoch spezialisierten Buchhaltern, insbesondere bei größeren Kommunen, anzutreffen. Die Einführung eines digitalen Anordnungsworkflows erleichtert diese Organisationsform.

358

II. Nebenbuchhaltungen

Für die einzelnen Teilbereiche der Finanzbuchhaltung werden Nebenbuchhaltungen geführt. Dies gilt im Wesentlichen für die Anlagenbuchhaltung, die Debitoren- und Kreditorenbuchhaltung sowie die Personalbuchhaltung (vgl. Pkt. Q).

359

1. Anlagenbuchhaltung

Zur Verwaltung des städtischen Anlagevermögens wird eine Anlagenbuchhaltung geführt (§ 34 Abs. 2 KomHVO). Sie bildet die Grundlage für die Inventur des beweglichen und unbeweglichen Vermögens und weist die Vermögenszugänge und -abgänge im laufenden Haushaltsjahr nach. Des Weiteren berechnet und bucht sie die Abschreibung (vgl. Pkt. L) sowie die ertragswirksame Auflösung der Sonderposten (vgl. Pkt. M) im Rahmen des Jahresabschlusses.

360

Für selbständig nutzbare Vermögensgegenstände wird in der Anlagenbuchhaltung eine digitale Anlagenkartei geführt. Diese enthält alle relevanten Angaben zu dem jeweiligen Vermögensgegenstand. Hierzu zählen z.B. die Anschaffungs- oder Herstellungskosten, das Datum der Betriebsbereitschaft und die betriebsgewöhnliche Nutzungsdauer. Aus diesen Daten wird für jeden abnutzbaren Vermögensgegenstand ein Abschreibungsplan erstellt und die Restbuchwerte zum Jahresabschluss ermittelt. Die in den Anlagekarteien ermittelten Restbuchwerte werden auf die Bestandskonten der Vermögensrechnung übertragen und gesammelt.

361

362

Anlagenkartei			
Inventarnummer: 08154711	Anlagenart: Fahrzeuge		
Bezeichnung: PKW, EB 1234			
Bestandskonto: 0711 Fahrzeuge	Betriebsbereitschaft: 01.01.2015		
Anschaffungswert: 10.000 EUR	Nutzungsdauer: 10 Jahre		
Abschreibungsart: linear			
Buchungen			
Datum	Bezeichnung	Abschreibung	Restbuchwert
01.01.2015	Zugang Pkw		10.000 EUR
31.12.2015	Abschreibung 2015	1.000 EUR	9.000 EUR
31.12.2016	Abschreibung 2016	1.000 EUR	8.000 EUR
31.12.2017	Abschreibung 2017	1.000 EUR	7.000 EUR
...	...	...	...

Abb. 38: Muster einer Anlagenkartei

2. Debitoren-/Kreditorenbuchhaltung

363 Der überwiegende Teil der Geschäftsvorfälle einer Kommune berührt Forderungs- und Verbindlichkeitskonten. Würden sämtliche Vorgänge ausschließlich auf den Konten des Hauptbuches abgebildet, wären diese innerhalb kürzester Zeit unübersichtlich und ungeordnet. Daher werden diese Konten durch die Debitoren-/Kreditorenbuchhaltung als Nebenbuchhaltung untersetzt. Diese liefert die erforderlichen Informationen über den voraussichtlichen Zahlungsmittelfluss und stellt damit die Grundlage zur Liquiditätsplanung der Kommune (§ 21 KomHVO, § 19 GemKVO) dar. Sie dient darüber hinaus zur Ermittlung des erforderlichen Bedarfs an Liquiditätskrediten (§ 110 KVG LSA) und hat damit eine erhebliche praktische Bedeutung.

364 Die Schuldner einer Kommune werden als Debitoren (lat. debere „schulden") bezeichnet. Diese haben bei der Kommune offene Forderungen (z.B. Steuern, Gebühren, Beiträge, Bußgelder, Mieten) zu begleichen. Die Summe aller Debitorensalden muss den Bestand an offenen Forderungen (Kontenbereiche 16 und 17) in der Vermögensrechnung ergeben.

365 Gläubiger werden als Kreditoren bezeichnet (lat. credere „glauben, anvertrauen"). Die Kommune hat ihnen gegenüber offene Verbindlichkeiten (z.B. Verbindlichkeiten aus Lieferungen und Leistungen, jeder Beschäftigte für sein Entgelt bzw. jeder Beamte für seine Besoldung, Empfänger von Sozialleistungen). Die Summe aller Kreditorensalden muss den Bestand an Verbindlichkeiten (Kontenbereiche 32 bis 37) in der Vermögensrechnung ergeben.

366 Zum einzelnen Nachweis der Debitoren und Kreditoren werden in der Praxis Personen-/ Bürgerkonten geführt. Neben den Stammdaten zum jeweiligen Debitor bzw. Kreditor (Name, Anschrift, Bankverbindung, SEPA-Lastschriftmandat usw.) werden auf diesen Konten sämtliche Forderungen und Verbindlichkeiten mit den jeweiligen Fälligkeiten gesammelt. Darüber hinaus wird durch diese Nachweisführung die gegenseitige Verrechnung von Forderungen und Verbindlichkeiten erleichtert (§ 17 Abs. 1 S. 2 GemKVO). Daneben stellt die Debitorenbuchhaltung den Ausgangspunkt einer zeitnahen zwangsweisen Einziehung durch die Mahnung und Vollstreckung offener Forderungen dar (§ 25 Abs. 1 KomHVO, § 16 Abs. 2 S. 1 GemKVO, VwVG LSA). Für die einzelnen Debitoren und Kreditoren werden jeweils separate Konten geführt. Hierbei handelt es sich um Unterkonten der jeweiligen Forderungs- bzw. Verbindlichkeitskonten.

367

Personenkonto: 08154711				
Matthias Wiener, Radegaster Str. 10, 06844 Elbstein				
Forderungsart	Fälligkeit	Soll	Ist	Saldo
Hundesteuer	15.05.2016	70,00	50,00	20,00
Mahngebühr		5,00		5,00
Säumniszuschläge		12,00		12,00
Bußgeld	05.09.2016	100,00		100,00
Gebühren/Auslagen		28,50		28,50
Mahngebühren		5,00		5,00
Saldo:				170,50

Abb. 39: Debitorenkonto (Personen-/Bürgerkonto)

Die Anfangsbestände, Zugänge, Abgänge sowie Schlussbestände werden folglich analog   368
den übergeordneten Bestandskonten gebucht.

369

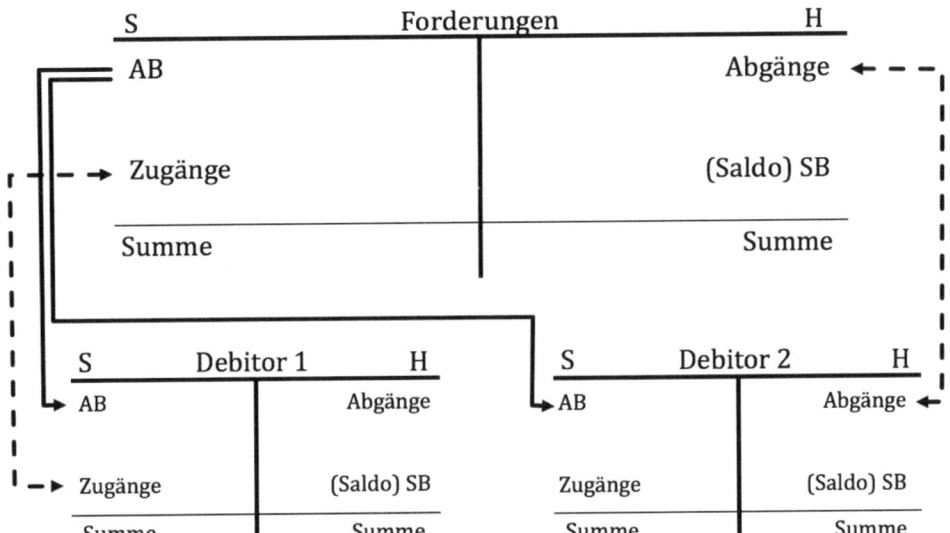

Abb. 40: Zusammenhang Forderungskonten/Debitorenkonten

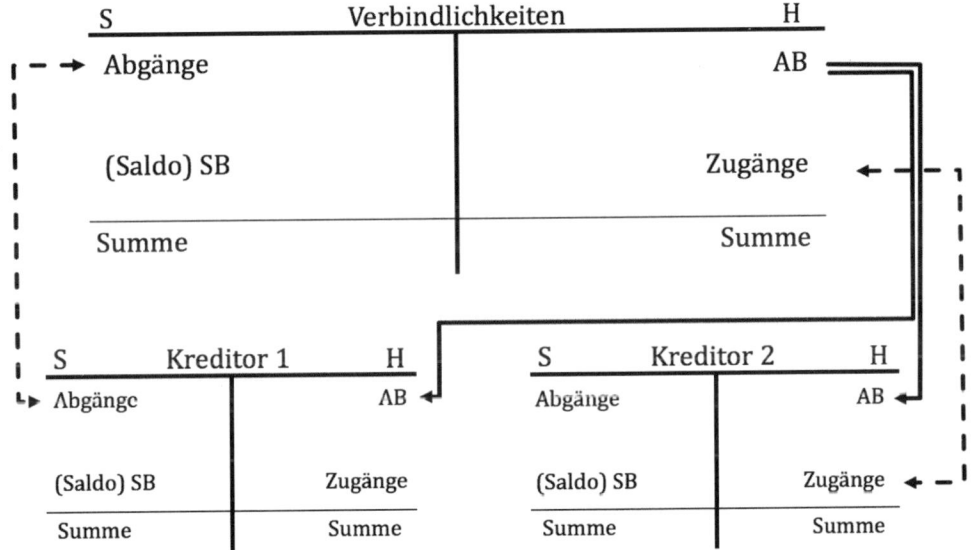

Abb. 41: Zusammenhang Verbindlichkeitskonten/Kreditorenkonten

Beispiel

Am 10.01. erstellt und versendet die Stadt Elbstein den Steuerbescheid für die Grund-   370
steuer B an den Handwerksbetrieb Elbsteiner Glaserei GmbH. Die Forderung beläuft sich
insgesamt auf 400 EUR und ist nach § 28 Abs. 1 GrStG zu je einem Viertel am 15.02.,
15.05., 15.08. und 15.11. fällig. Die GmbH hat der Stadt Elbstein für sämtliche

371 Forderungen ein SEPA-Lastschriftmandat erteilt. Die offenen Forderungen werden daher zur jeweiligen Fälligkeit vom Geschäftskonto eingezogen.

372 Bei Versand des Steuerbescheides am 10.01. bucht die Geschäftsbuchhaltung:

	Soll	Haben
1691 – sonstige öff. rechtl. Forderungen	400 EUR	
an 4012 – Grundsteuer B		400 EUR

373 Die Gemeindekasse bucht bei der Bankgutschrift aufgrund der Lastschrift am 15.02.

	Soll	Haben
6012 – Grundsteuer B	100 EUR	
(1811 – Bank	100 EUR)	
an 1691 – sonstige öff. rechtl. Forderungen		100 EUR

374

1691 **sonstige öff. rechtl. Forderungen**				**4012** **Grundsteuer B**			
Soll		**Haben**	**Soll**			**Haben**	
AB		6012	100		1691	400	
4012	400						

6012 **Grundsteuer B**			
Soll		**Haben**	
1691	100		

375 Auszug aus dem Debitorenkonto

Debitor: Elbsteiner Glaserei GmbH / Personenkonto: 01367631					
Datum	**Buchungstext**	**Fälligkeit**	**Soll**	**Ist**	**Saldo**
10.01.	Grundsteuer I. Quartal	15.02.	100 EUR		100 EUR
15.02.	Zahlung			100 EUR	0 EUR
10.01	Grundsteuer II. Quartal	15.05.	100 EUR		100 EUR
15.05.	Zahlung			100 EUR	0 EUR
10.01.	Grundsteuer III. Quartal	15.08.	100 EUR		100 EUR
15.08.	Zahlung			100 EUR	0 EUR
10.01	Grundsteuer IV. Quartal	15.11.	100 EUR		100 EUR
15.11.	Zahlung			100 EUR	0 EUR

Der Zusammenhang zwischen der Haupt- und Nebenbuchhaltung stellt sich wie folgt dar: 376

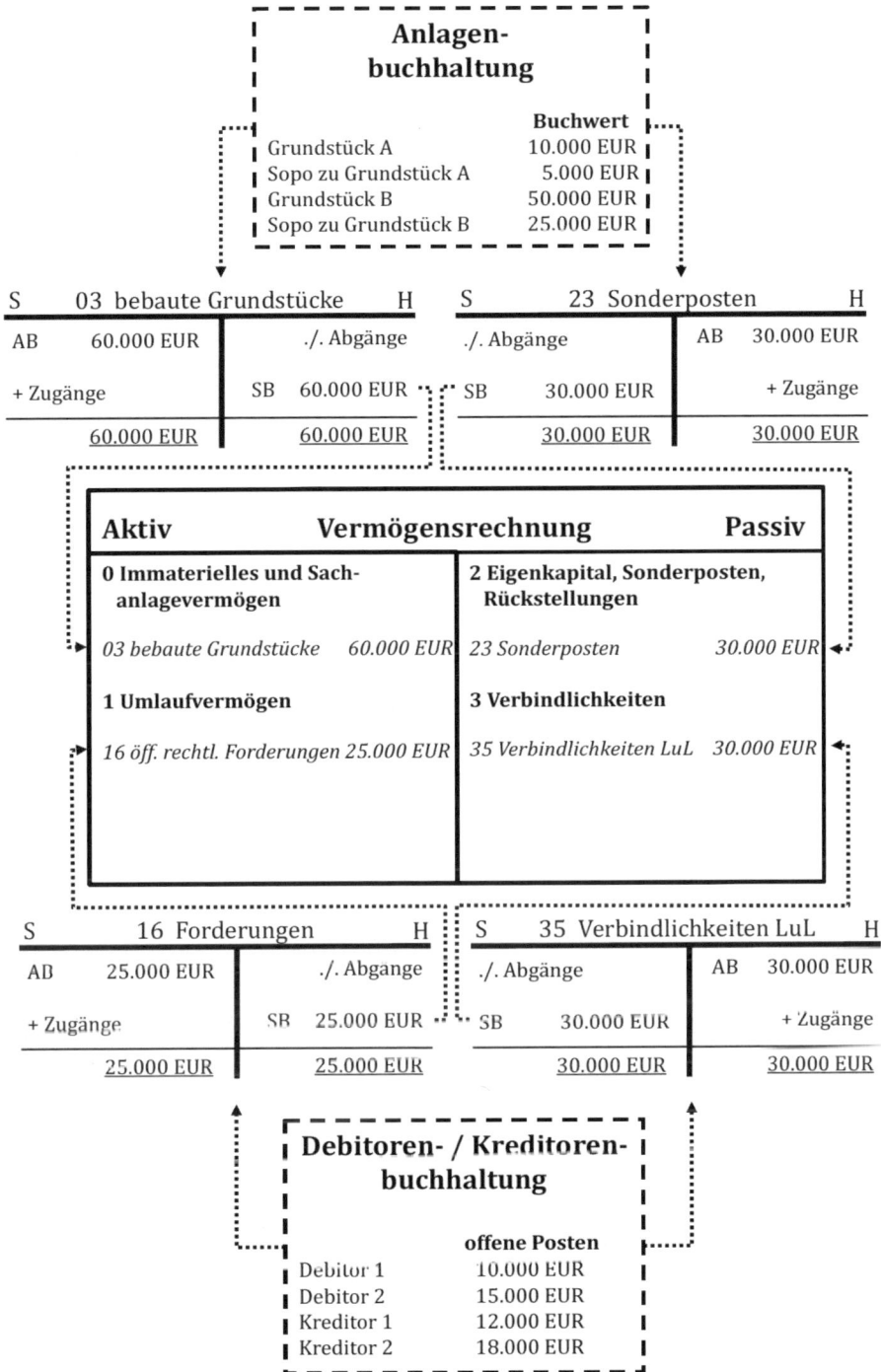

Abb. 12: Nebenbuchhaltungen

K. Kontenrahmenplan

377   Die kommunale Haushaltswirtschaft ist durch eine Vielzahl von zu veranschlagenden und zu buchenden Geschäftsvorfällen geprägt. Diese sind in der Regel in allen Kommunen gleicher oder ähnlicher Natur (z.B. Steuern, Personalkosten, Bewirtschaftungskosten, Investitionsmaßnahmen).

378   Zur Kategorisierung der Geschäftsvorfälle im Rahmen der Organisation der Buchhaltung ist es erforderlich, diese auf verschiedenen Konten nachzuweisen. Der Kontenrahmenplan schafft eine solche Ordnung und Übersicht und gliedert die unterschiedlichen Konten landeseinheitlich nach einer bestimmten Systematik. Hierdurch wird ein einheitlicher Aufbau der kommunalen Haushaltswirtschaft gewährleistet und eine Vergleichbarkeit mit anderen Kommunen durch finanzstatistische Auswertungen ermöglicht.

379   Nach § 161 Abs. 3 KVG LSA gibt das Statistische Landesamt Sachsen-Anhalt daher den Kommunen im Einvernehmen mit dem für Kommunalangelegenheiten zuständigen Ministerium einen Kontenrahmenplan vor. Dieser gliedert sich in insgesamt zehn Kontenklassen. Planungsrelevant sind davon die Kontenklassen 4/5/6/7, da im Ergebnis- und Finanzplan ausschließlich Erträge und Aufwendungen sowie Einzahlungen und Auszahlungen veranschlagt werden (§ 101 Abs. 1 S. 2 KVG LSA, §§ 2, 3 KomHVO).

380

	Vermögensrechnung
0	Immaterielles Vermögen und Sachanlagevermögen
1	Finanzanlage-, Umlaufvermögen, aktive Rechnungsabgrenzungsposten
2	Eigenkapital, Sonderposten und Rückstellungen
3	Verbindlichkeiten und passive Rechnungsabgrenzungsposten
	Ergebnisplan/Ergebnisrechnung
4	Erträge
5	Aufwendungen
	Finanzplan/Finanzrechnung
6	Einzahlungen
7	Auszahlungen
8	**Eröffnungs-/Abschlusskonten**
	801 - Eröffnungsbilanzkonto
	802 - Schlussbilanzkonto
	803 - Ergebnisrechnungskonto
	804 - Finanzrechnungskonto
9	**Kosten- und Leistungsrechnung**

Abb. 43: Kontenklassen

Im Drei-Komponenten-System stellt sich der Aufbau der Kontenklassen wie folgt dar: 381

Finanzrechnung		Vermögensrechnung		Ergebnisrechnung	
Einzahlung	Auszahlung	Aktiv	Passiv	Ertrag	Aufwand
		Eröffnungsbilanzkonto 801			
Finanzkonten		Bestandskonten		Ergebniskonten	
6	7	0 / 1	2 / 3	4	5
Finanzrechnungskonto 804		Schlussbilanzkonto 802		Ergebnisrechnungskonto 803	
				Kosten- und Leistungsrechnung 9	

Abb. 44: Kontenklassen im Drei-Komponenten-System

Der Zusammenhang mit den Buchungsregeln der Bestands-, Ergebnis- und Finanzkonten 382 ergibt folgendes Bild:

Kontenklasse	Soll	Haben
0,1 – aktive Bestandskonten	Zugang/Erhöhung	Abgang/Verringerung
2,3 – passive Bestandskonten	Abgang/Verringerung	Zugang/Erhöhung
4 – Ertragskonten	Abgang/Verringerung	Zugang/Erhöhung
5 – Aufwandskonten	Zugang/Erhöhung	Abgang/Verringerung
6 – Einzahlungskonten	Zugang/Erhöhung	Abgang/Verringerung
7 – Auszahlungskonten	Abgang/Verringerung	Zugang/Erhöhung

Abb. 45: Zusammenhang Kontenklassen/Buchungsregeln

Die weitere Unterteilung des Kontenrahmenplans erfolgt in Kontenbereiche (zweistellig), 383 Kontengruppen (dreistellig) und Konten (mindestens vierstellig).

Kontenrahmenplan				384
Kontenklasse				
	Kontenbereich			
		Kontengruppe		
			Konto/Unterkonto	
				Bezeichnung/Zuordnungen

Abb. 46: Unterteilung Kontenrahmenplan

Auf den verschiedenen Klassifizierungsebenen ist ein Teil der Numerik mit einem 385 Klammerzusatz versehen. Während die Kontengruppen und Konten ohne diesen Zusatz verbindlich einzurichten sind, stellen hingegen die Kontengruppen und Konten mit dem Klammerzusatz eine Option dar. Der Verordnungsgeber empfiehlt dennoch die Konten mit Klammerzusatz, insbesondere bei einer tieferen Kontengliederung, anzuwenden (RdErl. des MI vom 12.12.2016).

386

	52			**Aufwendungen für Sach- und Dienstleistungen**
		(521)		**Unterhaltung der Grundstücke und baulichen Anlagen**
			(5211)	Unterhaltung der Grundstücke und baulichen Anlagen
				Laufende Unterhaltung sind Maßnahmen, die der Erhaltung dienen und die keine erhebliche Veränderung (keine erhebliche Werterhöhung) zur Folge haben; Laufende Unterhaltung (einschl. Materialausgabenaufwand) eigener, gemieteter und gepachteter Grundstücke, Anlagen, Gebäude und einzelner Räume sowie der zu den Gebäuden gehörenden Gärten, Grün- und sonstigen Außenanlagen, z. B. Zufahrten, Wege, Staffeln und Mauern, Pausen- und Spielplätze, Turnspielgärten, Wallanlagen;

Abb. 47: Auszug Kontenrahmenplan – Darstellung Klammerzusatz

387 Über die verbindlichen Ebenen hinaus kann der Kontenrahmenplan durch die jeweilige Kommune nach den eigenen Bedürfnissen spezifiziert werden.

388

verbindliche Ebene	
7	Auszahlungen
72	Auszahlungen für Sach- und Dienstleistungen
724	Bewirtschaftung der Grundstücke und bauliche Anlagen
7241	Bewirtschaftung der Grundstücke und bauliche Anlagen
freiwillige Ebene	
72411	Heizung
72412	Reinigung
72413	Wasser
72414	Abwasser
72415	Energie

Abb. 48: Abgrenzung verbindliche/freiwillige Ebene des Kontenrahmenplanes

389 Darüber hinaus ist zu beachten, dass die im Kontenrahmenplan dargestellten Erläuterungen zu den einzelnen Konten lediglich beispielhafte Sachverhalte zur näheren Klassifizierung und damit keine abschließende Aufzählung darstellen. Thematisch zugehörige Sachverhalte sind daher dem entsprechenden Konto zu zuordnen.

390 Nach § 43 Abs. 1 S. 3 KomHVO ist die Ergebnisrechnung analog des Ergebnisplanes zu gliedern. Die durch § 2 KomHVO vorgegebene Gliederung ist identisch mit den Kontenbereichen des Kontenrahmenplanes. Die einzelnen Gliederungspunkte werden dadurch untersetzt. Durch die Aggregation der Konten zu Kontengruppen und im Anschluss zu Kontenbereichen ergibt sich die in § 2 KomHVO dargestellte Gliederung des Ergebnisplanes. Dies gilt analog für die Gliederung des Finanzplanes sowie der Finanzrechnung (§§ 3, 44 Abs. 1 S. 3 KomHVO).

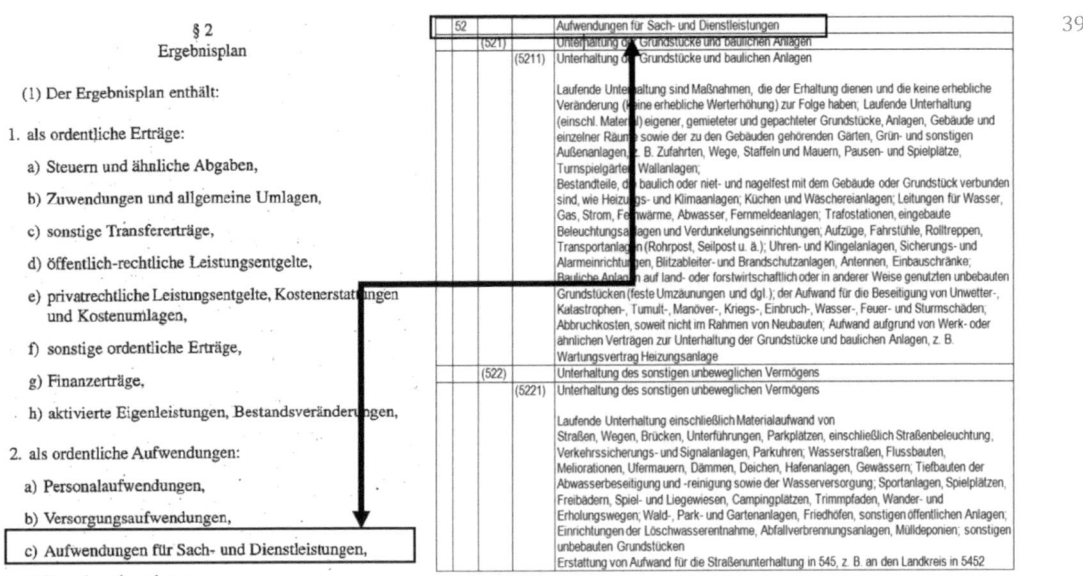

Abb. 49: Zusammenhang Ergebnisplan/-rechnung mit dem Kontenrahmenplan

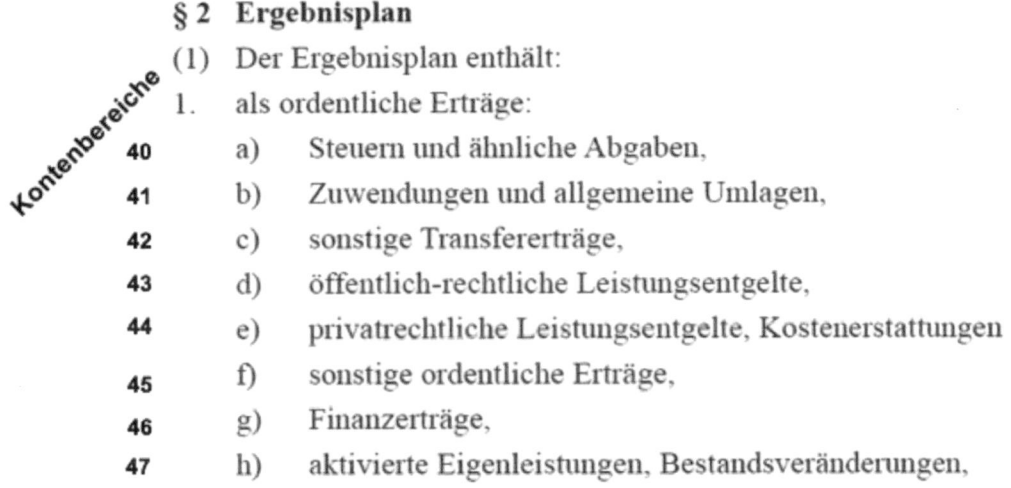

Abb. 50: Zusammenhang Ergebnisplan/-rechnung mit den Kontenbereichen

Die Gliederung der Konten der ordentlichen Erträge und Aufwendungen des Ergebnis- 393
planes bzw. der Ergebnisrechnung ist mit Ausnahme der nicht zahlungswirksamen
Unterpunkte (z.B. aktivierte Eigenleistungen, Abschreibungen) identisch mit den Einzahlungen und Auszahlungen aus laufender Verwaltungstätigkeit des Finanzplanes bzw. der
Finanzrechnung.

394

4				Erträge
	40			Steuern und ähnliche Abgaben
		(401)		Realsteuern
			(4011)	Grundsteuer A
			(4012)	Grundsteuer B
			(4013)	Gewerbesteuer
		(402)		Gemeindeanteile an den Gemeinschaftssteuern
			(4021)	Gemeindeanteil an der Einkommensteuer
			(4022)	Gemeindeanteil an der Umsatzsteuer
		(403)		Sonstige Gemeindesteuern
			(4031)	Vergnügungsteuer
			(4032)	Hundesteuer
			(4033)	Jagdsteuer
			(4034)	Zweitwohnungsteuer
			(4039)	Sonstige örtliche Steuern

6				Einzahlungen
	60			Steuern und ähnliche Abgaben
		601		Realsteuern
			6011	Grundsteuer A
			6012	Grundsteuer B
			6013	Gewerbesteuer
		602		Gemeindeanteile an den Gemeinschaftssteuern
			6021	Gemeindeanteil an der Einkommensteuer
			6022	Gemeindeanteil an der Umsatzsteuer
		603		Sonstige Gemeindesteuern
			6031	Vergnügungsteuer
			6032	Hundesteuer
			6033	Jagdsteuer
			6034	Zweitwohnungsteuer
			6039	Sonstige örtliche Steuern

Abb. 51: Gegenüberstellung Konten Ergebnis- und Finanzkonten

395   Aufgrund der Zuordnung der Geschäftsvorfälle mit deren Konten zu den Produkten des Haushaltsplanes spricht man in der Praxis von Produktkonten. In der Praxis werden i.d.R. die Rechnungen vorkontiert. Hierzu dient ggf. ein Kontierungsstempel. Dadurch werden durch den jeweiligen Fachbereich bereits konkrete Angaben zur Buchung durch die Geschäftsbuchhaltung vermerkt.

396

Schludrig GmbH
Fachhändler für Motorgeräte/Baudienstleistungen
Radegaster Str. 88, 08150 Elbstein

Stadt Elbstein
Berufsfeuerwehr
Muldstraße 7
08150 Elbstein

Angebot Nr. 457/2013 vom 08.12.2016   **Kunden Nr. 6688**
Ihr Auftrag vom 05.02.2017

Menge	Gegenstand	Preis je Einheit	Gesamtpreis
50	A4-Druckpapier 500 Blatt	2,50 EUR	125,00 EUR

sachlich + rechnerisch richtig
01.03.17 / S. Voigt
Produktkonto: 1113.5431/7431

Gesamtpreis netto   **125,00 EUR**
Gesamtpreis brutto   **148,75 EUR**

Stadtsparkasse Elbstein   Finanzamt Elbstein
IBAN: 081547113303000   Steuernummer: 03/456/789

Kontenrahmen

	KK 0 — Aktive Bestandskonten: Immaterielles Vermögen und Sachanlagevermögen	KK 1 — Aktive Bestandskonten: Finanzanlagevermögen, Umlaufvermögen und aktive Rechnungsabgrenzungsposten	KK 2 — Passive Bestandskonten: Eigenkapital, Sonderposten und Rückstellungen	KK 3 — Passive Bestandskonten: Verbindlichkeiten und passive Rechnungsabgrenzungsposten	KK 4 — Ergebniskonten: Erträge	KK 5 — Ergebniskonten: Aufwendungen	KK 6 — Finanzkonten: Einzahlungen	KK 7 — Finanzkonten: Auszahlungen	KK 8 — Abschlusskonten	KK 9 — Kosten- und Leistungsrechnung
0	00 —	10 Anteile an verbundenen Unternehmen	20 Eigenkapital	30 Anleihen	40 Steuern und ähnliche Abgaben	50 Personalaufwendungen	60 Steuern und ähnliche Abgaben	70 Personalauszahlungen	80 Eröffnungs-/Abschlusskonten	90 KLR
1	01 Immaterielles Vermögen	11 Beteiligungen			41 Zuwendungen und allgemeine Umlagen	51 Versorgungsaufwendungen	61 Zuwendungen und allgemeine Umlagen	71 Versorgungsauszahlungen	81 Korrekturkonten	
2	02 unbebaute Grundstücke und grundstücksgleiche Rechte	12 Sondervermögen		32 Verbindlichkeiten aus Krediten für Investitionen und Investitionsfördermaßnahmen	42 sonstige Transfererträge	52 Aufwendungen für Sach- und Dienstleistungen	62 sonstige Transfereinzahlungen	72 Auszahlungen für Sach- und Dienstleistungen	82 kurzfristige Erfolgsrechnung	
3	03 Bebaute Grundstücke und grundstücksgleiche Rechte	13 Ausleihungen	23 Sonderposten	33 Verbindlichkeiten aus Liquiditätskrediten	43 Öffentlich-rechtliche Leistungsentgelte	53 Transferaufwendungen	63 Öffentlich-rechtliche Leistungsentgelte	73 Transferauszahlungen		
4	04 Infrastrukturvermögen	14 Wertpapiere		34 Verbindlichkeiten aus Vorgängen, die Kreditaufnahmen wirtschaftlich gleichkommen	44 Privatrechtliche Leistungsentgelte, Kostenerstattungen und Kostenumlagen	54 sonstige ordentliche Aufwendungen	64 Privatrechtliche Leistungsentgelte, Kostenerstattungen und Kostenumlagen	74 Sonstige Auszahlungen aus laufender Verwaltungstätigkeit		
5	05 Bauten auf fremdem Grund und Boden	15 Vorräte	25 Rückstellungen für Pensionen und Beihilfen	35 Verbindlichkeiten aus Lieferungen und Leistungen	45 sonstige ordentliche Erträge	55 Zinsen und sonstige Finanzaufwendungen	65 sonstige Einzahlungen aus laufender Verwaltungstätigkeit	75 Zinsen und ähnliche Auszahlungen		
6	06 Kunstgegenstände, Kulturdenkmäler	16 Öffentlich-rechtliche Forderungen	26 Rückstellungen für die Rekultivierung und Nachsorge von Abfalldeponien und für die Sanierung von Altlasten	36 Verbindlichkeiten aus Transferleistungen	46 Finanzerträge		66 Zinsen und ähnliche Einzahlungen			
7	07 Maschinen und technische Anlagen, Fahrzeuge	17 privatrechtliche Forderungen, sonstige Vermögensgegenstände	27 Rückstellungen für unterlassene Instandhaltung	37 sonstige Verbindlichkeiten	47 Aktivierte Eigenleistungen und Bestandsveränderungen	57 Bilanzielle Abschreibungen				
8	08 Betriebsvorrichtungen, Betriebs- und Geschäftsausstattung, Nutzpflanzungen und Nutztiere	18 Liquide Mittel	28 sonstige Rückstellungen		48 Erträge aus internen Leistungsbeziehungen	58 Aufwendungen aus internen Leistungsbeziehungen	68 Einzahlungen aus Investitionstätigkeit	78 Auszahlungen aus Investitionstätigkeit		
9	09 Geleistete Anzahlungen, Anlagen im Bau	19 Aktive Rechnungsabgrenzungsposten (RAP) und nicht durch Eigenkapital gedeckter Fehlbetrag		39 Passive Rechnungsabgrenzungsposten (RAP)	49 Außerordentliche Erträge	59 Außerordentliche Aufwendungen	69 Einzahlungen aus Finanzierungstätigkeit	79 Auszahlungen aus Finanzierungstätigkeit		

Abb. 52: Kontenrahmen

L. Abschreibungen

I. Grundlagen

398 Der überwiegende Teil der Vermögensgegenstände einer Kommune verliert im Laufe der Zeit aus den verschiedensten Ursachen an Wert. Dieser Wertverzehr wird in der Buchhaltung als Abschreibung bezeichnet. Abschreibungen stellen einen in Geld ausgedrückten Werteverzehr von abnutzbaren Gegenständen des Anlagevermögens dar. Sie sind damit Ausfluss des Verursachungsprinzips (§ 9 Abs. 2 S. 1 KomHVO) und mindern buchhalterisch den Wert der Vermögensgegenstände des Anlagevermögens (§§ 34 Abs. 2, 46 Abs. 3 Nr. 1 KomHVO).

II. Abschreibungsursachen

399 Durch die regelmäßige Nutzung von Vermögensgegenständen des Anlagevermögens tritt ein **technischer** Verschleiß ein (z.B. Bremsen und Reifen bei einem Pkw).

400 Die **natürliche** Abnutzung wird durch klimatische Bedingungen verursacht. Insbesondere Immobilien bzw. Infrastrukturvermögen unterliegen, dadurch dass sie ständig Wind, Sonne, Regen, Schnee und Temperatureinflüssen ausgesetzt sind, dieser Form des Verschleißes.

401 Bedingt durch den technischen Fortschritt (z.B. Entwicklung der Computertechnik der letzten 30 Jahre) bzw. durch Modeerscheinungen verlieren Anlagegüter an Wert. Um auf dem neuesten Stand der Technik zu sein, müssen Anlagegüter regelmäßig erneuert werden. Anlagegüter unterliegen demnach einem **moralischen** Verschleiß.

402 Der **außerordentliche** Verschleiß geht in der Regel mit einem außerordentlichen Vorgang (Schadensereignis) einher und ist oft mit dem Totalverlust des Anlagegutes verbunden. Durch Brand, Diebstahl und Naturkatastrophen, aber auch mangelnde Unterhaltung werden Vermögensgegenstände unbrauchbar bzw. in ihrer Nutzung eingeschränkt.

III. Abschreibungskreislauf

403 Vielfach wird die Frage nach der Sinnhaftigkeit der flächendeckenden Abbildung von Abschreibungen in den öffentlichen Haushalten gestellt. Insbesondere unter dem Aspekt der Generationengerechtigkeit gibt es jedoch keine Alternative dazu. Eine Generation soll nicht zulasten nachfolgender Generationen leben. Die Ressourcen, die sie verbraucht, soll sie auch erwirtschaften.

404 Zur Erfüllung der kommunalen Aufgaben ist eine Vielzahl von langlebigen Wirtschaftsgütern erforderlich. Grundstücke einschließlich der Aufbauten (Gebäude, Straßen usw.), Fahrzeuge, Büroausstattung sowie Computer sind nur einige Beispiele. Bei der Anschaffung dieser Vermögensgegenstände werden liquide Mittel in diesen Wirtschaftsgütern gebunden. Die gebundenen liquiden Mittel stehen für andere (laufende) Zwecke nicht mehr zur Verfügung.

Mit einer Investition wird das Anlagevermögen im Regelfall erhöht (§ 11 Abs. 1 S. 1 KomHVO). Dabei werden liquide Mittel im Anlagevermögen (§§ 34 Abs. 2; 46 Abs. 3 Nr. 1b KomHVO) durch einen Aktivtausch gebunden. Dieser Vorgang beeinflusst das Eigenkapital nicht. 405

Während seiner Nutzung verliert das Anlagevermögen grundsätzlich an Wert und muss nach einem gewissen Zeitraum ersetzt werden. Der Wertverlust durch die Nutzung wird durch Abschreibungen in der Ergebnisrechnung (§§ 2 Abs. 1 Nr. 2g, 43 Abs. 1 S. 3 KomHVO) über den Zeitraum der Nutzung als Aufwand berücksichtigt. Der Lebenszyklus von Vermögensgegenstanden des Anlagevermögens wird folglich durch den Abschreibungskreislauf verdeutlicht. 406

Die Abschreibungen fließen in die Gebührenkalkulation ein (§ 5 Abs. 2a S. 1 KAG LSA). Da die liquiden Mittel durch die Investitionsauszahlung bereits gemindert wurden und die jährlichen Abschreibungen einen auszahlungslosen Aufwand darstellen, fließen die liquiden Mittel schrittweise an die Kommune zurück. 407

Am Ende seines Lebenszyklus wird das Anlagegut ausgesondert und steht der Aufgabenerfüllung nicht mehr zur Verfügung. Die über die Nutzungsdauer des Vermögensgegenstandes angesammelten liquiden Mittel befähigen die Kommune, das ausgesonderte Wirtschaftsgut wieder neu anzuschaffen (Reinvestition). 408

Der Abschreibungskreislauf soll an nachfolgendem Beispiel verdeutlicht werden: 409

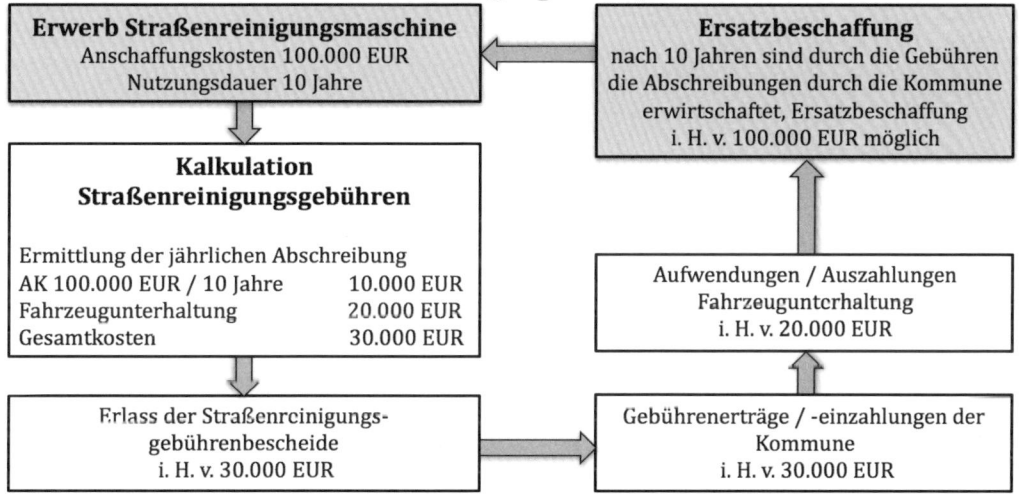

Abb. 53: Abschreibungskreislauf am Beispiel

Die Anschaffungskosten der Straßenreinigungsmaschine betragen 100.000 EUR. Die durchschnittliche Nutzungsdauer wird auf zehn Jahre festgelegt. Bei einer linearen Abschreibung ergibt sich ein jährlicher Abschreibungsbetrag von 10.000 EUR. Für den laufenden Betrieb der Straßenreinigungsmaschine sind weitere Aufwendungen (Personal- und Unterhaltungsaufwendung) i.H.v. jährlich 20.000 EUR notwendig. Diese Aufwendungen führen auch zu Auszahlungen, also dem Abfluss von liquiden Mitteln. 410

411 Daneben werden die Abschreibungen Gegenstand der Kalkulation der Benutzungsgebühren. Insgesamt sind Gebühren in Höhe von jährlich 30.000 EUR (Personal- und Unterhaltungsaufwand 20.000 EUR zzgl. Abschreibungen 10.000 EUR) zu erheben. Werden die gesamten Gebühren zahlungswirksam, verbleibt ein jährlicher Überschuss an liquiden Mitteln in Höhe von 10.000 EUR auf dem städtischen Bankkonto. Innerhalb von zehn Jahren summieren sich diese liquiden Mittel auf 100.000 EUR. Die Straßenreinigungsmaschine kann ersetzt werden.

412 Die bilanziellen Abschreibungen erfolgen auf der Basis der Anschaffungs- oder Herstellungskosten. Preissteigerungen durch Inflation werden folglich nicht berücksichtigt. Daher bietet sich die Abschreibung auf der Basis des Wiederbeschaffungszeitwerts (§ 5 Abs. 2a S. 2 KAG LSA) an. Dies ist jedoch ausschließlich Gegenstand der Kosten- und Leistungsrechnung und im Rahmen von bilanziellen Abschreibungen unzulässig.

413 Darüber hinaus wird unterstellt, dass die festgesetzten Gebühren (Forderungen) auch tatsächlich als liquide Mittel zurückfließen. Forderungsverluste werden nicht berücksichtigt. Durch die Einbeziehung der Zuwendungen Dritter und den damit verbundenen Erträgen aus der Auflösung von Sonderposten (§ 5 Abs. 2a S. 2 KAG LSA) in die Gebührenkalkulation vermindert sich die jährliche Belastung aus den Abschreibungen. Im Ergebnis wird dadurch impliziert, dass bei einer perspektivischen Ersatzbeschaffung entsprechende Zuwendungen zur Finanzierung der Anschaffungs- oder Herstellungskosten erneut zur Verfügung stehen.

IV. Planmäßige Abschreibungen

414 Grundlage der bilanziellen Abschreibung bildet § 40 KomHVO. Dabei wird in planmäßige (§ 40 Abs. 1, 2 KomHVO) und außerplanmäßige Abschreibungen (§ 40 Abs. 3 KomHVO) unterschieden.

415 Die planmäßige Abschreibung ist sowohl als lineare als auch Leistungsabschreibung möglich. Der Verordnungsgeber gibt der linearen Abschreibung den Vorrang. Eine Abschreibung nach Maßgabe der Leistungsabgabe (Leistungsabschreibung) ist nur ausnahmsweise zulässig (§ 40 Abs. 1 S. 3 KomHVO), soweit diese dem Nutzungsverlauf des Vermögensgegenstandes wesentlich besser entspricht.

416 Nach § 40 Abs. 1 S. 1 KomHVO erfolgen planmäßige Abschreibungen bei Vermögensgegenständen des Anlagevermögens, deren Nutzung zeitlich begrenzt ist. Zum Anlagevermögen zählen die Vermögensgegenstände, die dazu bestimmt sind, dauernd der Tätigkeit der Kommune zu dienen (§ 34 Abs. 2 KomHVO). Maßgeblich für die zeitliche Begrenzung der Nutzungsfähigkeit eines Vermögensgegenstandes ist die betriebsgewöhnliche Nutzungsdauer. Bei den Vermögensgruppen der unbebauten Grundstücke (§ 46 Abs. 3 Nr. 1b, aa KomHVO) sowie der Kunst- und Kulturgüter (§ 46 Abs. 3 Nr. 1b, ee KomHVO) ist die Nutzung zeitlich nicht begrenzt. Eine planmäßige Abschreibung wird für diese Anlagegüter daher nicht vorgenommen. Lediglich eine außerplanmäßige Abschreibung kommt hier in Betracht.

Den Ausgangspunkt für die Berechnung der planmäßigen Abschreibungen stellen die   417
Anschaffungs- und Herstellungskosten nach § 38 KomHVO dar (§ 40 Abs. 1 S. 1 KomHVO).
Diese werden über den Zeitraum der Nutzung des Anlagegutes als Aufwand perioden-
gerecht und damit verursachungsgerecht in der Ergebnisrechnung verteilt. Als auszah-
lungsloser Aufwand belasten die Abschreibungen die Ergebnisrechnung und beeinflussen
damit den Haushaltsausgleich (§ 98 Abs. 3 KVG LSA). Damit spiegelt sich die Anschaffung
oder Herstellung von Vermögensgegenständen über den Zeitraum ihrer Nutzung in der
Ergebnisrechnung als Aufwand wider.

1. Lineare Abschreibung

Die lineare Abschreibung (§ 40 Abs. 1 S. 1, 2 KomHVO) ist die einfachste Form der Be-   418
rechnung von Abschreibungen. Es handelt sich um eine zeitabhängige Abschreibung. Die
Anschaffungs- und Herstellungskosten werden durch die Jahre der voraussichtlichen
Nutzung dividiert. Grundlage hierfür bildet die betriebsgewöhnliche Nutzungsdauer des
Vermögensgegenstandes. Der so ermittelte Wert ist der jährliche Abschreibungsbetrag.
Dieser bleibt über den Nutzungszeitraum konstant.

Im ersten und letzten Jahr der Nutzung ist der Abschreibungsbetrag monatsgenau zu   419
ermitteln (§ 40 Abs. 1 S. 6 KomHVO). Der Abschreibungsbeginn ist der Monat der
Anschaffung oder Herstellung. Auf die abnutzbaren Vermögensgegenstände des Anlagevermögens wirken verschiedene Einflüsse, die den Wert des Vermögensgegenstandes
mindern (vgl. Pkt. II). Während ein technischer Verschleiß nur bei einer tatsächlichen
Nutzung des Vermögensgegenstandes entsteht, führt der moralische und der natürliche
(insbesondere bei immobilem Vermögen) Verschleiß nutzungsunabhängig zu einer Wertminderung. Folglich ist für den Abschreibungsbeginn nicht die tatsächliche Inbetriebnahme, sondern die Betriebsbereitschaft ausschlaggebend. Maßgeblich ist dafür der
Zeitpunkt, zu welchem der angeschaffte bzw. hergestellte Vermögensgegenstand alle
Eigenschaften erfüllt, um ihn für seine Zweckbestimmung zu nutzen.

Beispiel
Für den Neubau einer örtlichen Umgehungsstraße wurde eine Brücke über einen kleinen   420
Fluss der Gemeinde gebaut. Die Fertigstellung und Abnahme war im Mai 2017. Aufgrund
von Verzögerungen im Baufortschritt der Umgehungsstraße kann die Einbindung der
Brücke erst im April 2018 erfolgen. Die Verkehrsfreigabe der Umgehungsstraße findet im
Mai 2018 statt. Die Betriebsbereitschaft der Brücke wurde im Mai 2017 hergestellt.
Insoweit stellt dieser Zeitpunkt den Abschreibungsbeginn dar.

Die Ermittlung der anteiligen Abschreibung erfolgt für volle Monate. Wird am 15.04. ein   421
Anlagegut erworben ist die Abschreibung anteilig mit neun Monaten im laufenden Haushaltsjahr zu berücksichtigten.

422

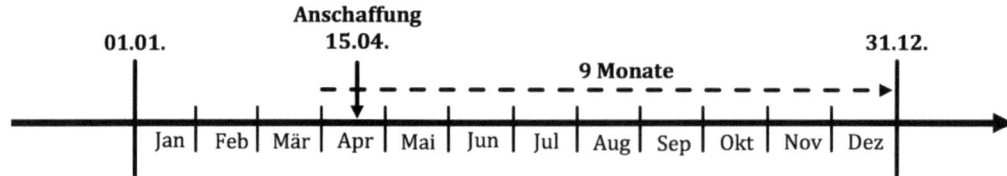

Abb. 54: Anteilige Abschreibung im ersten Jahr der Nutzung

423   Im letzten Jahr der Nutzung wird das Anlagegut noch drei Monate abgeschrieben.

424

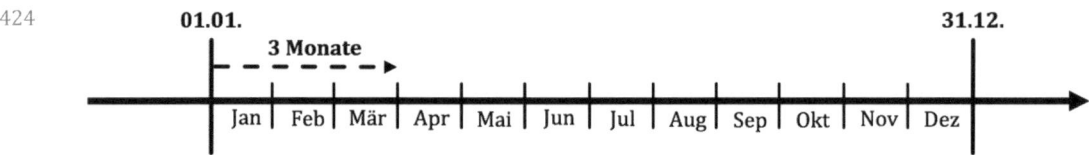

Abb. 55: Anteilige Abschreibung im letzten Jahr der Nutzung

425   Die Konstanz des jährlichen Abschreibungsbetrags erleichtert die Planbarkeit der Abschreibungen im Ergebnisplan.

426   Demnach ist der jährliche Abschreibungsbetrag wie folgt zu ermitteln:

$$\text{jährlicher Abschreibungsbetrag} = \frac{\text{Anschaffungs-/Herstellungskosten}}{\text{Nutzungsdauer}}$$

427   Für die monatsgenaue Abschreibung muss die obige Formel modifiziert werden:

$$\text{Abschreibungsbetrag} = \text{jährlicher Abschreibungsbetrag} * \frac{\text{Monate der Nutzung}}{\text{12 Monate pro Jahr}}$$

428   Die Abschreibungen wirken wertmindernd auf den Vermögensgegenstand. Der Wert des Vermögensgegenstandes am Ende des Haushaltsjahres (§ 100 Abs. 4, 5 KVG LSA) wird als Restbuchwert bezeichnet.

429   **Beispiel**
Für die Anschaffung eines Lkw im Januar 2010 wurden 100.000 EUR ausgezahlt. Die Nutzungsdauer beträgt zehn Jahre.

430   Daraus ergibt sich nachfolgende Abschreibung:

$$\text{jährlicher Abschreibungsbetrag} = \frac{100.000 \text{ EUR}}{10 \text{ Jahre}}$$

$$\text{jährlicher Abschreibungsbetrag} = 10.000 \text{ EUR}$$

Über den gesamten Zeitraum der Nutzung des Lkw sind in der Ergebnisrechnung diese Abschreibungen als Aufwand zu berücksichtigen und wie nachfolgend dargestellt zu buchen.

431

	Soll	Haben
5711 - Abschreibungen auf immaterielle Vermögensgegenstände und Sachanlagen	10.000 EUR	
an 0711 - Fahrzeuge		10.000 EUR

432

0711
Fahrzeuge

5711
Abschreibungen ...

433

Soll			Haben	Soll			Haben
AB	100.000	5711	10.000	0711	10.000		

Der Restbuchwert des Lkw entwickelt sich wie folgt:

434

Haushaltsjahr	Jährlicher Abschreibungsbetrag	Restbuchwert am Ende des Haushaltsjahres
2010	10.000 EUR	90.000 EUR
2011	10.000 EUR	80.000 EUR
2012	10.000 EUR	70.000 EUR
2013	10.000 EUR	60.000 EUR
2014	10.000 EUR	50.000 EUR
2015	10.000 EUR	40.000 EUR
2016	10.000 EUR	30.000 EUR
2017	10.000 EUR	20.000 EUR
2018	10.000 EUR	10.000 EUR
2019	10.000 EUR	1 EUR*

* Erinnerungswert, wenn der Vermögensgegenstand noch weiter genutzt wird.

435

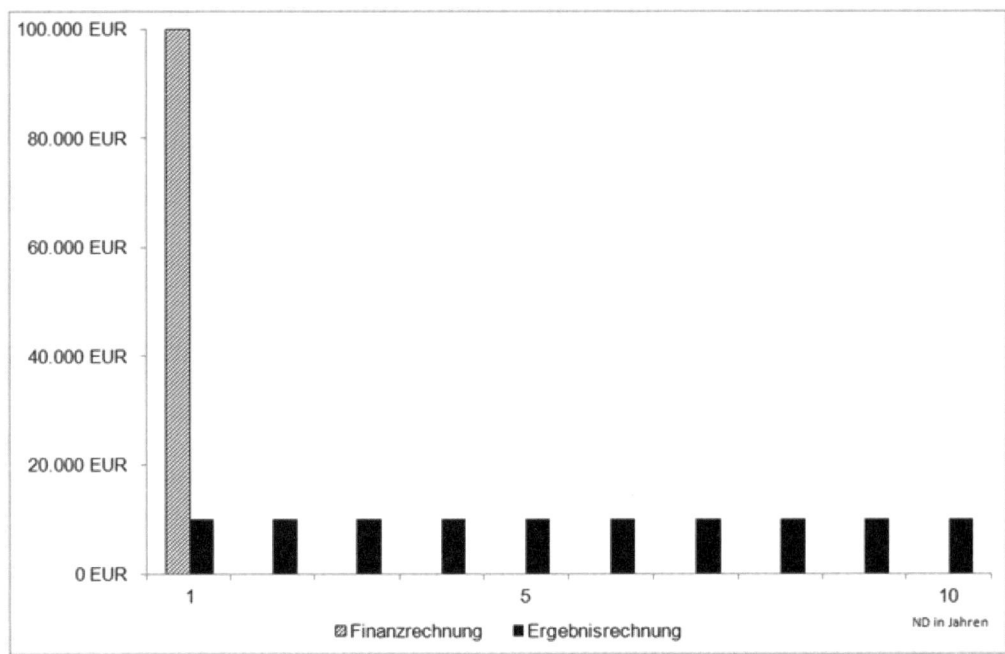

Abb. 56: Lineare Abschreibung in der Ergebnis- und Finanzrechnung

436 Die Entwicklung des Abschreibungsbetrages zum Restbuchwert stellt sich wie folgt dar:

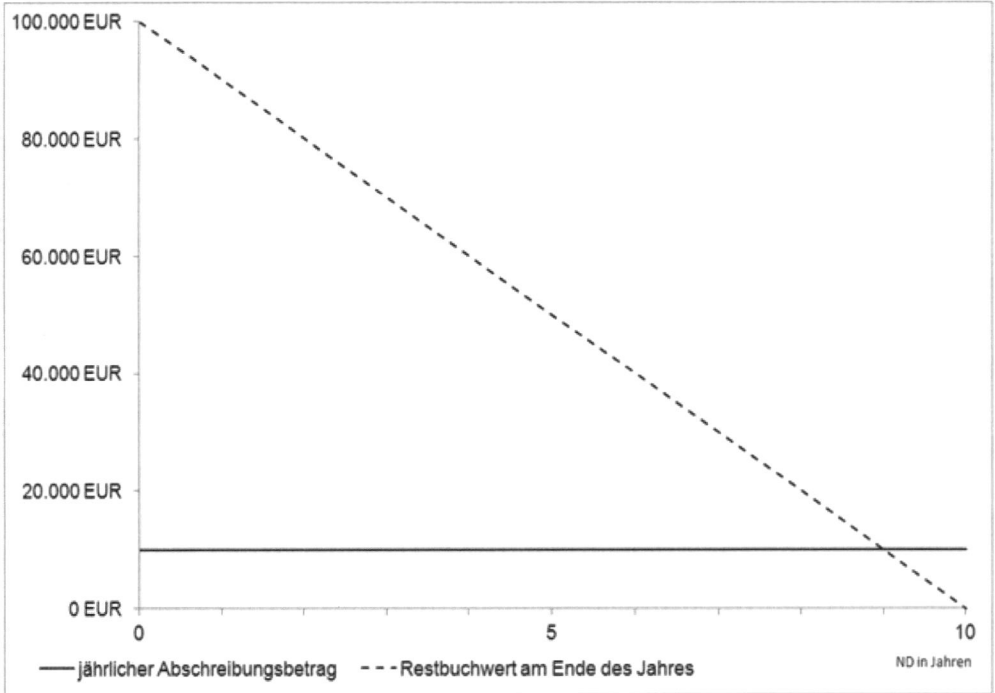

Abb. 57: Verlauf der Abschreibung/des Buchwerts bei linearer Abschreibung

Abwandlung des obigen Beispiels   437
Der Lkw wurde im April 2010 angeschafft und in Betrieb genommen. Unter Berücksichtigung von § 40 Abs. 1 S. 6 KomHVO erfolgt im ersten Jahr der Nutzung eine monatsgenaue Ermittlung des Abschreibungsbetrags. Daraus ergibt sich:

$$\text{Abschreibungsbetrag im 1. Jahr der Nutzung} = \frac{100.000\ \text{EUR}}{10\ \text{Jahre}} * \frac{9\ \text{Monate}}{12\ \text{Monate pro Jahr}}$$

$$\text{Abschreibungsbetrag im 1. Jahr der Nutzung} = 7.500\ \text{EUR}$$

Für die Jahre 2011 bis 2019 sind wie oben jeweils 10.000 EUR als Abschreibungsaufwand   438
in der Ergebnisrechnung auszuweisen. Am Ende des Jahres 2019 beträgt der Restbuchwert noch 2.500 EUR. Daher kann auch nur dieser Betrag im Jahr 2020 abgeschrieben
werden.

Haushaltsjahr	Jährlicher Abschreibungsbetrag	Restbuchwert am Ende des Haushaltsjahres
2010	7.500 EUR	92.500 EUR
2011	10.000 EUR	82.500 EUR
...	...	...
2019	10.000 EUR	2.500 EUR
2020	2.500 EUR	1 EUR*

439

* Erinnerungswert
2. Nutzungsdauer bei linearer Abschreibung

Zur Ermittlung der betriebsgewöhnlichen Nutzungsdauer dient der Anhang zur Bewer-   440
tungsrichtlinie des Landes Sachsen-Anhalt. Für die einzelnen Gruppen von Vermögensgegenständen sind darin „Von-bis-Spannen" als Empfehlung angegeben. Die Kommune
kann auf der Basis ihrer Erfahrungen die betriebsgewöhnliche Nutzungsdauer innerhalb
der vorgegebenen Spanne frei wählen. Vereinzelt ist es auch denkbar, dass für einen
Vermögensgegenstand bzw. eine Gruppe von Vermögensgegenständen eine von den
Empfehlungen der Bewertungsrichtlinie abweichende Nutzungsdauer zugrunde gelegt
wird. Dies Bedarf allerdings einer gesonderten Begründung.

441

Konten-klassen-systematik	Bezeichnung der Kontenklasse	Unterteilung	Zuordnungsbeispiele	Nutzungsdauer in Jahren (Vorschlag)
07	Fahrzeuge und Transportmittel	Lkw		8 bis 10
		Anhänger, Lkw-Wechselaufbauten	Container, Anhänger, Bootsanhänger, Abrollbehälter	8 bis 12
		Baufahrzeuge, Zugmaschinen, Kipper	diverse Baufahrzeuge, Kleintraktor	8 bis 10
		Kran- und Bergefahrzeuge	Wechsellader	8 bis 10
		Rettungsdienstfahrzeuge	Rettungs-, Notarzt-, Krankentransportwagen, Notarzteinsatzfahrzeug	5 bis 7
		Kleintransporter	Einsatzleitwagen	8 bis 12
		Kfz zur Personenbeförderung	Kleinbus, Reisebus, Mannschaftstransportwagen	8 bis 10
		Pkw	Pkw, Pkw als Einsatzfahrzeug	6 bis 8
		Zweiradfahrzeuge	Motorräder, Motorroller, Fahrräder	6 bis 8
		Transportmittel mit Antrieb	Eisbearbeitungsfahrzeug, Gabel-, Hydraulikstapler, Elektrokarren	10 bis 15
		Transportmittel mit Körperkraft (manuell)	Transportkarren, Palettenwagen, Sackkarre, Postwagen, Reinigungswagen, Schubkarre, Paketroller	8 bis 12

Abb. 58: Nutzungsdauer der Bewertungsrichtlinie LSA

In der Praxis werden in der Regel eher längere Nutzungsdauern bevorzugt. Durch die   442
Verteilung der Anschaffungs- und Herstellungskosten auf einen längeren Zeitraum sinken

die jährlichen Abschreibungsbeträge und erleichtern somit den Haushaltsausgleich (§ 98 Abs. 3 KVG LSA). Der Restbuchwert des Vermögensgegenstandes vermindert sich bei Wahl einer längeren Nutzungsdauer langsamer.

443 Allerdings bergen längere Nutzungsdauern auch die Gefahr, dass insbesondere gegen Ende der Nutzungsdauer die Vermögensgegenstände bereits derart verschlissen sind, dass eine Nutzung nicht mehr möglich ist. Das führt zu einer außerplanmäßigen Abschreibung und im entsprechenden Haushaltsjahr zu einer zusätzlichen Belastung des Haushaltsausgleichs.

Beispiel
444 Für den Erwerb eines Gabelstaplers wurden 105.000 EUR ausgezahlt. Die Bewertungs- richtlinie schlägt eine Spanne von 10 bis 15 Jahren als Nutzungsdauer vor. Bei einer zehnjährigen Nutzungsdauer ergibt sich ein jährlicher Abschreibungsbetrag i.H.v. 10.500 EUR. Wird hingegen eine Nutzungsdauer von 15 Jahren gewählt, vermindert sich der Abschreibungsbetrag auf 7.000 EUR.

445 Dadurch werden bei einer 15-jährigen Nutzungsdauer jährlich 3.500 EUR weniger Auf- wendungen in der Ergebnisrechnung ausgewiesen als bei der Wahl einer zehnjährigen Nutzungsdauer. Die nachfolgende Abbildung zeigt, dass in Folge der Wahl der Nutzungs- dauer der Buchwert des Gabelstaplers bei längerer Nutzungsdauer langsamer sinkt als bei der Wahl einer kürzeren Nutzungsdauer.

446
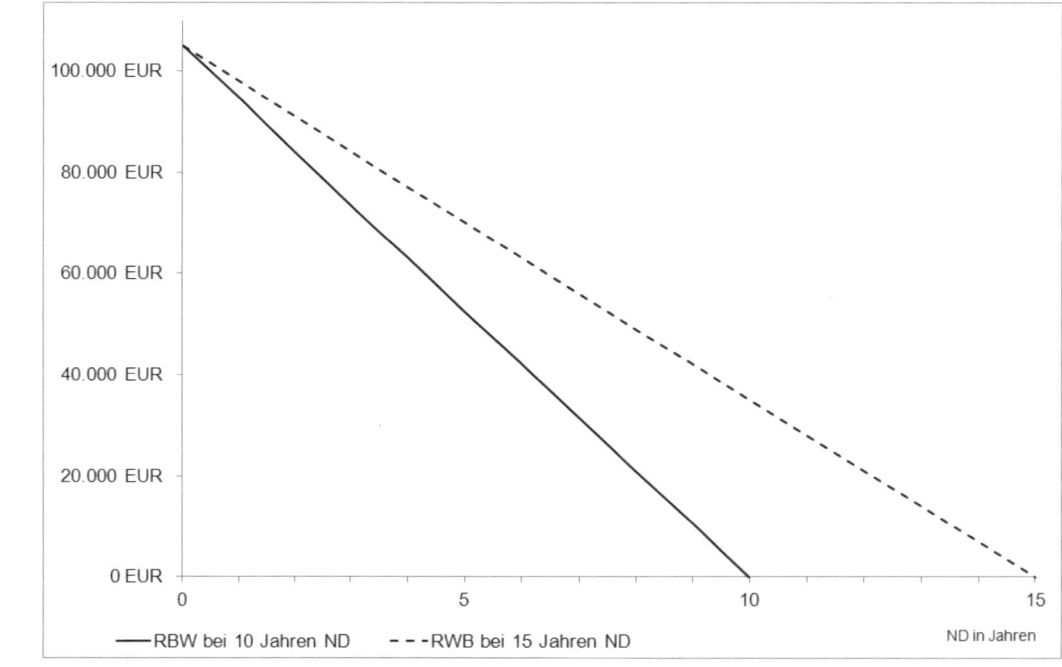

Abb. 59: Wirkung unterschiedlicher Nutzungsdauern auf den Restbuchwert

3. Leistungsabschreibung

Im Gegensatz zur linearen Abschreibung spielt bei der Leistungsabschreibung (§ 40 Abs. 1 S. 3 KomHVO) der Zeitablauf keine Rolle. Für die Ermittlung des jährlichen Abschreibungsbetrags ist ausschließlich die tatsächliche Nutzung des Vermögensgegenstandes maßgeblich. Es handelt sich um eine nutzungs- bzw. leistungsabhängige Form der Abschreibung. Sie ist nach § 40 Abs. 1 S. 3 KomHVO zulässig, wenn dies dem Nutzungsverlauf wesentlich besser entspricht. Im Rahmen des Jahresabschlusses ist die Abweichung vom Grundsatz der linearen Abschreibung im Anhang gesondert zu begründen (§ 47 Nr. 4 KomHVO). 447

Als Basis für die Leistungsabschreibung muss ein Gesamtleistungsvorrat des Vermögensgegenstandes ermittelt werden. Erfahrungswerte bzw. Herstellerangaben können hierfür Anhaltspunkte sein. Des Weiteren muss die jeweilige Jahresleistung erfasst werden. Die Berechnung des jährlichen Abschreibungsbetrags erfolgt entsprechend folgender Formel: 448

$$\text{jährlicher Abschreibungsbetrag} = \text{AHK} * \frac{\text{Jahresleistung}}{\text{Gesamtleistungsvorrat}}$$

Unter Berücksichtigung der Anforderungen des § 40 Abs. 1 S. 3 KomHVO eignen sich nur wenige Vermögensgegenstände für eine Leistungsabschreibung. Der Wert dieser Anlagegüter dürfte auch im Vergleich zum Gesamtvermögen der Kommune von relativ geringer Bedeutung sein. Denkbar wären z.B. Fahrzeuge (Abschreibung nach der Fahrleistung) sowie Kopierer (Abschreibung nach der Anzahl der Kopien). 449

Der Zeitpunkt der Anschaffung des Vermögensgegenstandes spielt bei der Leistungsabschreibung keine Rolle, da ausschließlich die Jahresleistung Grundlage für die Berechnung des jährlichen Abschreibungsbetrages ist. 450

Beispiel
Für die Anschaffung eines Lkw im Januar 2004 wurde ein Kaufpreis i.H.v. 100.000 EUR bezahlt. Nach den Angaben des Herstellers hat das Fahrzeug eine mögliche Gesamtkilometerleistung von 500.000 km. 451

Im Jahr 2004 wurde eine Fahrleistung von 75.000 km ermittelt. Demnach ergibt sich der Abschreibungsbetrag für das Jahr 2004 wie folgt: 452

$$\text{Abschreibungsbetrag 2004} = 100.000 \text{ EUR} * \frac{75.000 \text{ km}}{500.000 \text{ km}}$$

$$\text{Abschreibungsbetrag 2004} = 15.000 \text{ EUR}$$

Ausgehend von der im Fahrtenbuch des Lkw nachgewiesenen jährlichen Fahrleistung ergeben sich die in der Tabelle ausgewiesenen Abschreibungsbeträge. Der Restbuchwert des Lkw am Ende des Haushaltsjahres unterliegt aufgrund der schwankenden Abschreibungsbeträge unterschiedlich starken Veränderungen. 453

454

Jahr	Jahresleistung	Jährlicher Abschreibungsbetrag	Restbuchwert am Ende des Haushaltsjahres
2004	75.000 km	15.000 EUR	85.000 EUR
2005	35.000 km	7.000 EUR	78.000 EUR
2006	40.000 km	8.000 EUR	70.000 EUR
2007	80.000 km	16.000 EUR	54.000 EUR
2008	20.000 km	4.000 EUR	50.000 EUR
2009	60.000 km	12.000 EUR	38.000 EUR
2010	15.000 km	3.000 EUR	35.000 EUR
2011	70.000 km	14.000 EUR	21.000 EUR
2012	55.000 km	11.000 EUR	10.000 EUR
2013	50.000 km	9.999 EUR	1 EUR*

* Erinnerungswert

455   Dies wird insbesondere in der grafischen Darstellung deutlich.

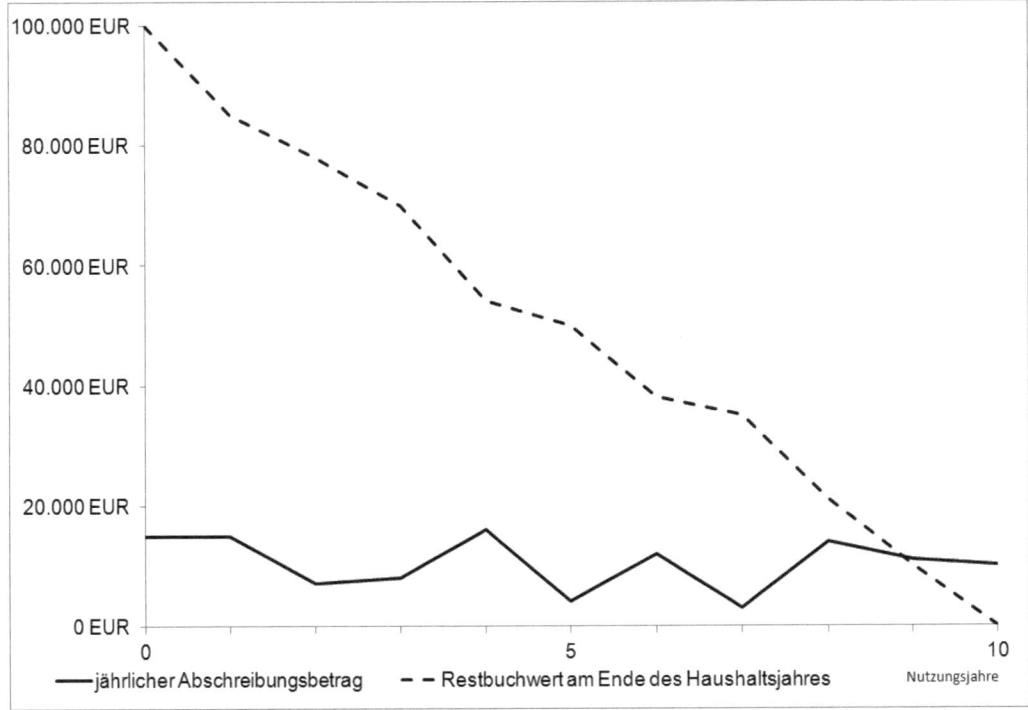

Abb. 60: Abschreibungsverlauf bei Leistungsabschreibung

456   Die Bestimmung des Gesamtleistungsvorrates ist vergleichbar mit der Festlegung der Nutzungsdauer für die lineare Abschreibung. Im Gegensatz dazu macht die Bewertungsrichtlinie des Landes Sachsen-Anhalt keinerlei Vorgaben für den Gesamtleistungsvorrat bei einzelnen Gruppen von Vermögensgegenständen. Demnach ist die Ermittlung und Festlegung des Gesamtleistungsvorrats relativ aufwendig, unterliegt ggf. einem großen Spielraum und erfordert in jedem Fall die Erstellung von prüffähigen Begründungen.

Für die Berechnung der jährlichen Abschreibungen ist die Ermittlung der jeweiligen Jahresleistung erforderlich. Es müssen Fahrtenbücher und Zähler von Kopierern ausgewertet und an die Anlagenbuchhaltung gemeldet werden.

457

Aufgrund der leistungsabhängigen Höhe der Abschreibung ist kein automatisierter Abschreibungslauf möglich. Leistungsabschreibungen müssen manuell berechnet und gebucht werden. Wegen der möglichen Schwankungen und der damit verbundenen begrenzten Planbarkeit sind Leistungsabschreibungen bei Gebührenkalkulationen nachteilig.

458

4. Geringwertige Vermögensgegenstände

Für geringwertige Vermögensgegenstände (GVG) sieht § 40 Abs. 2 KomHVO eine Vereinfachungsregelung vor. Diese gilt nur für selbständig nutzbare bewegliche Vermögensgegenstände des Anlagevermögens. Immaterielle (z.B. Software und Rechte) und unbewegliche Vermögensgegenstände (z.B. Grundstücke und Gebäude) fallen nicht unter diese Regelung. Vielmehr sind diese Vermögensgegenstände unabhängig von der Höhe ihrer Anschaffungs- und Herstellungskosten einzeln zu erfassen, zu bewerten und entsprechend der betriebsgewöhnlichen Nutzungsdauer abzuschreiben.

459

Gemäß § 40 Abs. 2 S. 1 KomHVO können bewegliche Vermögensgegenstände des Anlagevermögens, deren Nutzung zeitlich begrenzt ist und deren Anschaffungs- oder Herstellungskosten im Einzelnen bis zu 150 Euro ohne Umsatzsteuer (178,50 EUR brutto bei einem Regelsteuersatz von 19 v.H., 160,50 EUR brutto bei einem ermäßigten Steuersatz von 7 v.H.) betragen, im Haushaltsjahr der Anschaffung oder Herstellung sofort als Aufwand gebucht werden (Verbrauchsfiktion).

460

Die Berechnung des Nettowertes ergibt sich aus nachfolgender Formel:

461

$$\text{Nettobetrag} = \frac{\text{Bruttobetrag}}{1 + \text{Steuersatz}}$$

Der Steuersatz ist in Hundertsteln anzugeben (19 v.H. = 0,19; 7 v.H. = 0,07).

462

Die Berechnung des Nettobetrags ist nur für die Bestimmung der Wertgrenzen erforderlich. Die Aufwandsbuchung erfolgt mit Ausnahme der Betriebe gewerblicher Art (vgl. Pkt. S) auf Basis des Bruttobetrages.

463

Mit der Regelung des § 40 Abs. 2 S. 1 KomHVO wurde den Kommunen ein Wahlrecht zur Anwendung der Verbrauchsfiktion eingeräumt. Alternativ können diese geringwertigen Vermögensgegenstände zunächst aktiviert und entsprechend der betriebsgewöhnlichen Nutzungsdauer bzw. im Haushaltsjahr der Anschaffung vollständig abgeschrieben werden. In der Praxis wird i.d.R. die Verbrauchsfiktion angewandt.

464

Beispiel
Die Stadt Elbstein erwirbt eine Digitalkamera für 140 EUR brutto.

465

466 Buchungssatz bei Abschluss des Kaufvertrages

	Soll	Haben
5252 - Erwerb von geringwertiger Vermögens-gegenstände	140 EUR	
an 3511 - Verbindlichkeiten aus Lieferungen und Leistungen		140 EUR

467 Buchungssatz bei Zahlung des Kaufpreises

	Soll	Haben
3511 – Verbindlichkeiten aus Lieferungen und Leistungen	140 EUR	
an 7252 – Auszahlungen zum Erwerb von geringwertigen Vermögensgegenständen		140 EUR
(1811 – Bank		140 EUR)

468

5252 **Erwerb GVG**				**3511** **Verbindlichkeiten aus LuL**		
Soll		Haben	Soll			Haben
3511	140		7252	140	AB	...
					5252	140

7252 **Auszahlung Erwerb GVG**		
Soll		Haben
	3511	140

469 Nach § 40 Abs. 2 S. 2 KomHVO sind bewegliche Vermögensgegenstände des Anlagever-mögens, deren Nutzung zeitlich begrenzt ist und deren Anschaffungs- oder Herstel-lungskosten im Einzelnen mehr als 150 Euro bis zu 1 000 Euro ohne Umsatzsteuer (1.190,00 EUR brutto bei einem Regelsteuersatz von 19 v.H., 1.070,00 EUR brutto bei einem ermäßigten Steuersatz von 7 v.H.) betragen, in einen jährlich neu zu bildenden Sammelposten einzustellen. Dieser ist unabhängig von der jeweiligen betriebsgewöhn-lichen Nutzungsdauer der Vermögensgegenstände über fünf Jahre, beginnend im Haus-haltsjahr der Bildung, abzuschreiben (§ 40 Abs. 2 S. 3 KomHVO). Das heißt unabhängig von der tatsächlichen betriebsgewöhnlichen Nutzungsdauer des einzelnen Vermögensge-genstandes wird zur Ermittlung der Abschreibungen eine fiktive Nutzungsdauer von fünf Jahren zugrunde gelegt.

470 Abschreibungsbeginn ist das Jahr der Anschaffung. Dabei ist der volle Jahresbetrag, also ein Fünftel der Anschaffungskosten, abzuschreiben. Eine monatsgenaue Abschreibung ist nicht vorzunehmen.

471 Die Aussonderung bzw. der Verlust eines geringwertigen Vermögensgegenstandes (z.B. durch Diebstahl, Aussonderung durch Defekt) beeinflusst weder die Höhe des

Sammelpostens noch die Höhe der Abschreibungen (§ 40 Abs. 2 S. 4 KomHVO). Außerplanmäßige Abschreibungen gemäß § 40 Abs. 3 KomHVO kommen folglich nicht in Betracht.

472

Da der Sammelposten jährlich neu zu bilden ist, bestehen in einer Kommune immer mindestens fünf Sammelposten. Diese können entsprechend dem Informationsbedarf nach Teilplänen bzw. Produkten, Produktgruppen usw. gegliedert werden.

473

Beispiel

474

	Sammelposten 2017	Sammelposten 2018	Sammelposten 2019
Bildung im Jahr 2017 1/5 Abschreibung Restbuchwert 31.12.2017	*25.000 EUR* 5.000 EUR 20.000 EUR		
Bildung im Jahr 2018 1/5 Abschreibung Restbuchwert 31.12.2018	5.000 EUR 15.000 EUR	*30.000 EUR* 6.000 EUR 24.000 EUR	
Bildung im Jahr 2019 1/5 Abschreibung Restbuchwert 31.12.2019	5.000 EUR 10.000 EUR	6.000 EUR 18.000 EUR	*20.000 EUR* 4.000 EUR 16.000 EUR
Bildung im Jahr 2020 1/5 Abschreibung Restbuchwert 31.12.2020	5.000 EUR 5.000 EUR	6.000 EUR 12.000 EUR	4.000 EUR 12.000 EUR
Bildung im Jahr 2021 1/5 Abschreibung Restbuchwert 31.12.2021	5.000 EUR 0 EUR	6.000 EUR 6.000 EUR	4.000 EUR 8.000 EUR
Bildung im Jahr 2022 1/5 Abschreibung Restbuchwert 31.12.2022		6.000 EUR 0 EUR	4.000 EUR 4.000 EUR
Bildung im Jahr 2023 1/5 Abschreibung Restbuchwert 31.12.2023			4.000 EUR 0 EUR

Abb. 61: Entwicklung der GVG-Sammelposten

Soweit die Anschaffungskosten 1.000 EUR netto überschreiten, werden die Vermögensgegenstände einzeln erfasst und nach § 40 Abs. 1 KomHVO abgeschrieben.

475

Die Wertgrenzen des § 40 Abs. 2 KomHVO stellen sich wie folgt dar:

476

Anschaffungskosten	
< = 150 EUR netto	Verbrauchsfiktion = sofortiger Aufwand
150 EUR > ... < = 1.000 EUR netto	Sammelposten / Abschreibung fünf Jahre
> 1.000 EUR netto	Abschreibung nach § 40 Abs. 1 KomHVO

Abb. 62: GVG-Wertgrenzen

Der Erwerb von geringwertigen Vermögensgegenständen des Sammelpostens ist als investive Auszahlung zu behandeln. Im Rahmen des Jahresabschlusses müssen die Abschreibungen in die Ergebnisrechnung gebucht werden.

477

478 **Beispiel**

Die Stadt Elbstein erwirbt ein Notebook für einen Kaufpreis von 1.000 EUR brutto.

479 Die Geschäftsbuchhaltung bucht:

	Soll	Haben
0822 - Sammelposten für bewegliche Vermögensgegenstände	1.000 EUR	
an 3511 - Verbindlichkeiten aus Lieferungen und Leistungen		1.000 EUR

480 Bei Fälligkeit der Zahlung bucht die Gemeindekasse:

	Soll	Haben
3511 – Verbindlichkeiten aus Lieferungen und Leistungen	1.000 EUR	
an 7832 – Auszahlungen zum Erwerb von beweglichen Vermögensgegenständen von mehr als 150 EUR bis zu 1.000 EUR ohne Umsatzsteuer		1.000 EUR
(1811 – Bank		1.000 EUR)

481 Buchungssatz zur Abschreibung im Rahmen des Jahresabschlusses

	Soll	Haben
5711 – Abschreibungen auf immaterielle Vermögensgegenstände und Sachanlagen	200 EUR	
an 0822 – Sammelposten für bewegliche Vermögensgegenstände		200 EUR

482

	0822 Sammelposten bewegl. VG				3511 Verbindlichkeiten LuL	
Soll		**Haben**	**Soll**			**Haben**
AB	...	5711 200	7832	1.000	AB	...
3511	1.000				0822	1.000

	7832 Auszahlungen Erwerb bewegl. VG			5711 Abschreibungen ...	
Soll		**Haben**	**Soll**		**Haben**
		3511 1.000	0822 200		

5. Anlagen im Bau

483 Umfangreiche Investitionsmaßnahmen umfassen i.d.R. einen Zeitraum, der ein Haushalts-jahr überschreitet. Vielfach werden die Maßnahmen in unterschiedliche Gewerke bzw. Lose unterteilt. Die ausführenden Unternehmen können i.d.R. nicht die vollständige Maß-nahme vorfinanzieren. Die Rechnungslegung erfolgt daher mittels Abschlagsrechnungen

Zug um Zug entsprechend des Baufortschritts. Dadurch werden die Herstellungskosten zu unterschiedlichen Zeitpunkten kassenwirksam.

Die Aktivierung des herzustellenden Vermögensgegenstandes und damit der Beginn der linearen Abschreibungen kann erst mit dessen Betriebsbereitschaft erfolgen (vgl. Pkt. 1). Voraussetzung dafür ist die Abnahme und die Legung der Schlussrechnung. Erst zu diesem Zeitpunkt können die Herstellungskosten den sachlich korrekten Bestandskonten zugeordnet werden.

In der Zwischenzeit müssen einerseits die anfallenden Abschlagsrechnungen verbucht werden, ohne dass das Eigenkapital verändert wird. Andererseits ist sicherzustellen, dass keine planmäßigen Abschreibungen während der Herstellung des Vermögensgegenstandes erfolgen. Daher werden die Herstellungskosten von laufenden (noch nicht abgeschlossenen) Baumaßnahmen in der Kontengruppe 096 – Anlagen im Bau – gesammelt. Damit wird die Verminderung der liquiden Mittel (Auszahlungen für die Investition) durch eine Erhöhung des Bestandes der Anlage im Bau ausgeglichen.

Beispiel
Die Stadt Elbstein baut ein neues Gebäude. Baubeginn war im April 2017. Im Juli 2018 erfolgt die Fertigstellung. Im November 2017 geht die erste Abschlagsrechnung i.H.v. 50.000 EUR mit Fälligkeit vom 15. Dezember 2017 ein.

Die Geschäftsbuchhaltung bucht:

	Soll	Haben
0961 - Anlagen im Bau: Hochbaumaßnahme	50.000 EUR	
an 3511 – Verbindlichkeiten aus LuL		50.000 EUR

Am 15.12. bucht die Gemeindekasse:

	Soll	Haben
3511 – Verbindlichkeiten aus LuL	50.000 EUR	
an 7851 – Auszahlungen Hochbaumaßnahmen		50.000 EUR
(1811 - Bank		50.000 EUR)

```
        0961                        3511
    Anlagen im Bau          Verbindlichkeiten LuL
Soll          Haben    Soll                 Haben
AB                     7851      50.000 | AB
3511   50.000                           | 0961   50.000


        7851
Auszahlungen Hochbaumaßnahme
Soll           Haben
          3511    50.000
```

491 Im Rahmen des Jahresabschlusses werden die aktiven und passiven Bestandskonten über das Schlussbilanzkonto abgeschlossen.

492 Die Geschäftsbuchhaltung bucht (hier nur für das Konto 0961 – Anlagen im Bau):

	Soll	Haben
8020 - Schlussbilanzkonto	50.000 EUR	
an 0961 – Anlagen im Bau		50.000 EUR

493

0961			**8020**		
Anlagen im Bau			**Schlussbilanzkonto**		
Soll		**Haben**	**Soll**		**Haben**
AB		8020 50.000	0961	50.000	
3511	50.000				

494 Die Fortschreibung der Bestände im Folgejahr (Jahr 2018) erfolgt über die Eröffnungsbuchung aus der Eröffnungsbilanz.

	Soll	Haben
0961 – Anlage im Bau	50.000 EUR	
an 8010 – Eröffnungsbilanzkonto		50.000 EUR

495

0961			**8010**		
Anlagen im Bau			**Eröffnungsbilanzkonto**		
Soll		**Haben**	**Soll**		**Haben**
AB	50.000			0961	50.000

496 Nachdem bei der Abnahme im April 2018 keine Mängel festgestellt wurden, geht im Mai 2018 die Schlussrechnung der Baufirma ein. Diese weist eine Abschlusszahlung i.H.v. 25.000 EUR aus. Die Geschäftsbuchhaltung bucht:

	Soll	Haben
0961 - Anlagen im Bau: Hochbaumaßnahme	25.000 EUR	
an 3511 – Verbindlichkeiten aus LuL		25.000 EUR

497 Die Gemeindekasse bucht bei Fälligkeit:

	Soll	Haben
3511 – Verbindlichkeiten aus LuL	25.000 EUR	
an 7851 – Auszahlungen Hochbaumaßnahmen		25.000 EUR
(1811 - Bank		25.000 EUR)

498

0961			**3511**		
Anlagen im Bau			**Verbindlichkeiten LuL**		
Soll		**Haben**	**Soll**		**Haben**
AB	50.000		7851 25.000	AB	
3511	25.000			0961	25.000

**7851
Auszahlungen Hochbaumaßnahme**

Soll		Haben
	3511	25.000

Mit der Abnahme des Gebäudes ist die Betriebsbereitschaft hergestellt. Abschreibungs- 499
beginn ist mithin der April 2018. Das ist auch der Zeitpunkt der Aktivierung. Der Bestand
auf dem Konto 0961 – Anlagen im Bau: Hochbaumaßnahmen ist durch die Geschäftsbuchhaltung auf das sachlich korrekte Konto 0321 – Gebäude und Aufbauten auf bebauten Grundstücken umzubuchen:

	Soll	Haben
0321 – Gebäude und ... bebaute Grundstücke	75.000 EUR	
an 0961 – Anlagen im Bau		75.000 EUR

**0961
Anlagen im Bau**

**0321
Gebäude auf bebauten Grundstücken** 500

Soll		Haben		Soll		Haben
AB	50.000	0321	75.000	AB		
3511	25.000	SBK	0	0961	75.000	
	75.000		75.000			

V. Außerplanmäßige Abschreibungen

Neben den planmäßigen Abschreibungen sind nach § 40 Abs. 3 KomHVO außer-plan- 501
mäßige Abschreibungen vorzunehmen, soweit eine voraussichtlich dauernde Wertminderung eintritt. Im Regelfall beruht die außerplanmäßige Abschreibung auf außerordent-
lichem Verschleiß (z.B. Brandschäden, Naturkatastrophen). Die Abschreibung ist in Folge
eines Schadensfalles bzw. dessen Feststellung vorzunehmen.

Während die planmäßigen Abschreibungen ausschließlich den Wert des abnutzbaren 502
Vermögens mindern, können außerplanmäßige Abschreibungen auch bei nicht abnutzbaren Vermögensgegenständen (z.B. bei Grundstücken, Kunstgegenständen) notwendig
werden.

Beispiel

Bei einer Grünfläche (Buchwert 100.000 EUR) wird eine Schadstoffbelastung (Che- 503
mikalien, Öl u.Ä.) festgestellt. Die Beseitigung dieser Belastung ist vorerst nicht vorgesehen. Dadurch ist das Grundstück dauerhaft in seinem Wert gemindert. Diese
dauerhafte Wertminderung (z.B. in Höhe von 45.000 EUR) muss in der Vermögensrechnung dokumentiert werden. Mittels einer außerplanmäßigen Abschreibung in Höhe
der voraussichtlichen Wertminderung wird einerseits das Grundstück auf seinen
voraussichtlichen Wert abgeschrieben und andererseits dieser Wertverlust in der
Ergebnisrechnung als Abschreibungsaufwand ausgewiesen. In Folge der Buchung wird

die Grünfläche nur noch mit einem Buchwert von 55.000 EUR in der Vermögensrechnung geführt.

504   Wie auch bei den planmäßigen Abschreibungen gibt der Kontenrahmenplan das Konto 5711 - Abschreibungen auf immaterielle Vermögensgegenstände und Sachanlagen - vor.

505   Hier empfiehlt sich eine Unterkontierung (57110 planmäßige Abschreibungen und 57111 außerplanmäßige Abschreibungen), damit bei Analysen die Ursachen für die Abschreibungen (planmäßig oder außerplanmäßig) ermittelt werden können. Soweit die außerplanmäßige Abschreibung für die Abbildung der wirtschaftlichen Situation der Kommune von wesentlicher Bedeutung ist, muss diese als außerordentlicher Aufwand nachgewiesen werden (§ 2 Abs. 1 Nr. 4, Abs. 3 KomHVO, Konto 5911).

506   Die Anlagenbuchhaltung bucht wie folgt:

	Soll	Haben
57111 – außerplanmäßige Abschreibungen auf Sachanlagevermögen	45.000 EUR	
an 0211 - Grünflächen		45.000 EUR

507

	0211 Grünflächen			57111 außerplanmäßige Abschreibungen		
Soll			Haben	Soll		Haben
AB	100.000	5711	45.000	0211	45.000	

508   Der Bemessung einer solchen Wertminderung kommt eine große Bedeutung zu. Gemäß § 37 Abs. 1 Nr. 2 S. 1 KomHVO sind die Vermögensgegenstände wirklichkeitsgetreu zu bewerten. Basis für die Wertminderung kann im Regelfall jedoch nur eine Schätzung sein. Aus Gründen der kaufmännischen Vorsicht, die sich im Imparitätsprinzip (§ 37 Abs. 1 Nr. 2 KomHVO) widerspiegelt, ist die Wertminderung eher großzügig zu bemessen.

509   Entfällt der Grund der außerplanmäßigen Abschreibung kann bei dem Vermögensgegenstand eine Wertaufholung in Form einer Zuschreibung, maximal in Höhe der ursprünglich außerplanmäßigen Abschreibung, vorgenommen werden (§ 40 Abs. 3 S. 2 KomHVO).

510   **Beispiel**
Mit Beseitigung der Schadstoffbelastung der Grünfläche in einem späteren Haushaltsjahr entfällt der Grund der außerplanmäßigen Abschreibung. Der Buchwert i.H.v. 55.000 kann mittels einer Zuschreibung wieder auf den Wert vor der außerplanmäßigen Abschreibung angehoben werden. Der in einem vorangegangenen Haushaltsjahr in der Ergebnisrechnung ausgewiesene Aufwand wird mit einem Ertrag aus Zuschreibungen neutralisiert.

Die Zuschreibung ist wie folgt zu buchen:

	Soll	Haben
0211 - Grünflächen	45.000 EUR	
an 4581 - Erträge aus Zuschreibungen		45.000 EUR

0211 Grünflächen			4581 Erträge aus Zuschreibungen		
Soll		**Haben**	**Soll**		**Haben**
AB	55.000			0211	45.000
4581	45.000				

Bei abnutzbaren Vermögensgegenständen ist der Betrag der Zuschreibung begrenzt. Der Buchwert des Vermögensgegenstandes darf nach der Zuschreibung nur die Höhe erreichen, die er bei einer ausschließlich planmäßigen Abschreibung erreicht hätte (§ 40 Abs. 3 S. 2 KomHVO). Demnach sind bei der Zuschreibung die planmäßigen Abschreibungen der Haushaltsjahre zwischen der außerplanmäßigen Abschreibung und der Beseitigung der jeweiligen Ursache zu berücksichtigen.

Beispiel
Die Anschaffungskosten für einen Lkw betrugen 100.000 EUR. Die Nutzungsdauer wurde auf zehn Jahre festgesetzt. Im fünften Jahr der Nutzung ist aufgrund eines Unfallschadens eine außerplanmäßige Abschreibung in Höhe von 10.000 EUR notwendig. Der Aufwand für die Reparatur im achten Jahr der Nutzung beträgt 9.950 EUR. Wie nachfolgend dargestellt, darf nur ein Betrag i.H.v. 4.000 EUR zugeschrieben werden. Der Restbetrag ist als Aufwand des laufenden Jahres zu verbuchen.

Bei der Neuanschaffung des Fahrzeuges ist wie folgt zu buchen:

	Soll	Haben
0711 - Fahrzeuge	100.000 EUR	
an 3511 - Verbindlichkeiten aus Lieferungen und Leistungen		100.000 EUR

Bei der Auszahlung des Kaufpreises bucht die Gemeindekasse:

	Soll	Haben
3511 - Verbindlichkeiten aus Lieferungen und Leistungen	100.000 EUR	
an 7831 - Auszahlungen für den Erwerb von beweglichen Vermögensgegenständen über 1.000 EUR ohne Umsatzsteuer		100.000 EUR
(1811 – Bank		100.000 EUR)

Das Fahrzeug wird im ersten bis zum fünften Jahr der Nutzung wie folgt planmäßig abgeschrieben:

$$\text{Abschreibungsbetrag} = \frac{100.000 \text{ EUR}}{10 \text{ Jahre}}$$

$$\text{Abschreibungsbetrag} = 10.000 \text{ EUR}$$

511

512

513

514

515

516

517

518 Die Anlagenbuchhaltung bucht:

	Soll	Haben
57110 - Abschreibungen auf Sachanlage-vermögen	10.000 EUR	
an 0711 - Fahrzeuge		10.000 EUR

519 Die außerplanmäßige Abschreibung aufgrund des Unfallschadens im fünften Jahr ist wie folgt zu buchen:

	Soll	Haben
57111 – außerplanmäßige Abschreibungen auf Sachanlagevermögen	10.000 EUR	
an 0711 - Fahrzeuge		10.000 EUR

520 Auf Basis des Restbuchwerts und der Restnutzungsdauer ist die planmäßige Abschreibung neu zu berechnen.

$$\text{Abschreibungsbetrag} = \frac{40.000 \text{ EUR}}{5 \text{ Jahre}}$$

$$\text{Abschreibungsbetrag} = 8.000 \text{ EUR}$$

521 Die Anlagenbuchhaltung bucht die planmäßige Abschreibung im sechsten bis zum achten Jahr der Nutzung wie folgt:

	Soll	Haben
57110 - Abschreibungen auf Sachanlage-vermögen	8.000 EUR	
an 0711 - Fahrzeuge		8.000 EUR

522 Die Geschäftsbuchhaltung bucht bei Eingang der Rechnung für die Reparatur des Unfallschadens:

	Soll	Haben
5251 – Aufwand zur Haltung von Fahrzeugen	9.950 EUR	
an 3511 - Verbindlichkeiten aus Lieferungen und Leistungen		9.950 EUR

523 Bei Auszahlung der Reparaturkosten durch die Gemeindekasse wird gebucht:

	Soll	Haben
3511 - Verbindlichkeiten aus Lieferungen und Leistungen	9.950 EUR	
an 7251 - Auszahlungen für die Haltung von Fahrzeugen		9.950 EUR
(1811 – Bank		9.950 EUR)

524 Zu Beginn des achten Nutzungsjahres belief sich der Buchwert auf 24.000 EUR. Nach Berücksichtigung der planmäßigen von 8.000 EUR, ergäbe sich am Jahresende ein Buchwert von 16.000 EUR. Durch die Zuschreibung i.H.v. 4.000 EUR ergibt sich der Buchwert von 20.000 EUR. Dieser entspricht dem Restbuchwert bei einem planmäßigen Abschreibungsverlauf (ohne außerplanmäßiger Abschreibung).

Die Anlagenbuchhaltung nimmt die Zuschreibung vor: 525

	Soll	Haben
0711 – Fahrzeuge	4.000 EUR	
an 4581 – Erträge aus Zuschreibungen		4.000 EUR

Die Neuberechnung der Abschreibung auf der Basis des Restbuchwerts und der Restnutz- 526
ungsdauer ist vorzunehmen.

$$\text{Abschreibungsbetrag} = \frac{20.000\ \text{EUR}}{2\ \text{Jahre}}$$

$$\text{Abschreibungsbetrag} = 10.000\ \text{EUR}$$

Die planmäßigen Abschreibungen im neunten und zehnten Jahr der Nutzung sind jeweils 527
zu buchen:

	Soll	Haben
57110 - Abschreibungen auf Sachanlage-vermögen	10.000 EUR	
an 0711 - Fahrzeuge		10.000 EUR

Der Abschreibungsverlauf und die Entwicklung des Restbuchwertes des Lkw entwickelt 528
sich insgesamt folgt:

Jahr	Buchwert zu Beginn des Jahres	+ Zuschrei-bungen	./. Abschreibungen		Restbuch-wert am Ende des Jahres	Restbuchwert bei planmäßigem Abschreibungs-verlauf
			außer-planmäßig	planmäßig		
			-alle Angaben in EUR-			
1	100.000			10.000	90.000	90.000
2	90.000			10.000	80.000	80.000
3	80.000			10.000	70.000	70.000
4	70.000			10.000	60.000	60.000
5	60.000		10.000	10.000	40.000	50.000
6	40.000			8.000	32.000	40.000
7	32.000			8.000	24.000	30.000
8	24.000	4.000		8.000	20.000	20.000
9	20.000			10.000	10.000	10.000
10	10.000			10.000	0	0

Abb. 63: Wirkung außerplanmäßige Abschreibung/Zuschreibung

529

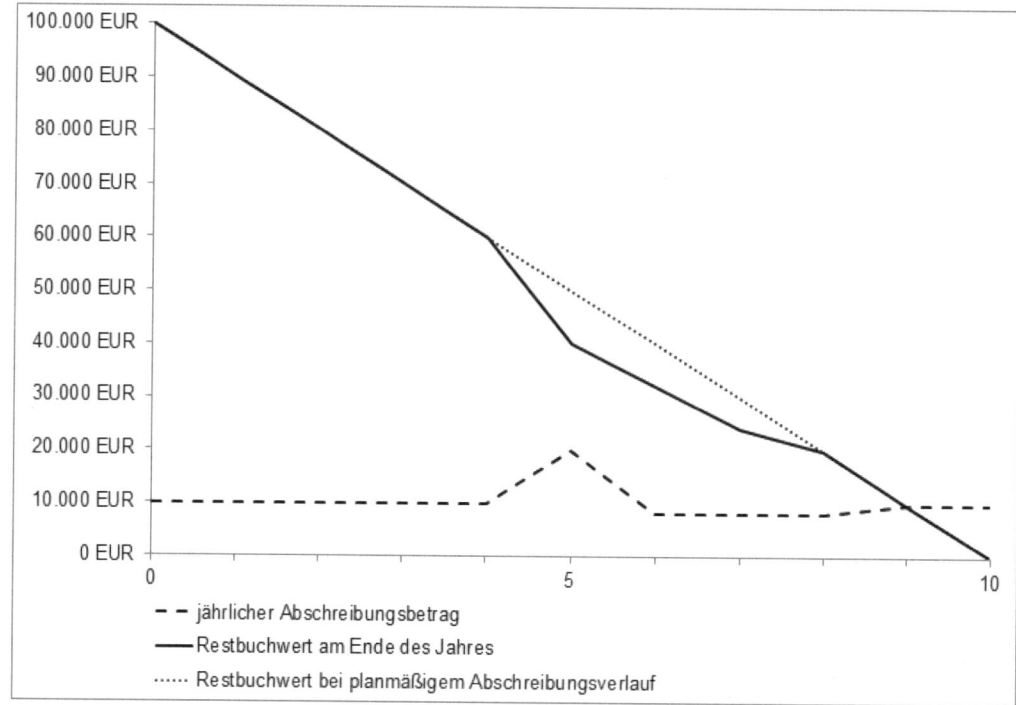

Abb. 64: Wertverlauf bei außerplanmäßige Abschreibung/Zuschreibung

VI. Abschreibung bei Vermögensveräußerungen

530   Bei der Veräußerung von gebrauchten Vermögensgegenständen sind die bis zum Verkaufszeitpunkt aufgelaufenen planmäßigen Abschreibungen zu ermitteln. Der Anlagenabgang wird durch einen Aufwand in der Ergebnisrechnung abgebildet. Parallel wird der Veräußerungserlös als Ertrag gebucht. Dadurch wird der Restbuchwert des Vermögensgegenstandes zum Veräußerungszeitpunkt dem Verkaufserlös gegenübergestellt. Die Differenz zwischen Restbuchwert und Verkaufserlös erhöht oder mindert das Eigenkapital.

531   **Beispiel**

Im Januar 2015 wird ein Dienstfahrzeug angeschafft und in Betrieb genommen. Die betriebsgewöhnliche Nutzungsdauer beträgt zehn Jahre. Die Rechnung i.H.v. 10.000 EUR erhält die Stadt im Januar. Das Zahlungsziel ist der 15.02.2015. Am 10.06.2018 wird das Fahrzeug zum Buchwert veräußert.

532   Die Anschaffung des Fahrzeugs wird wie folgt gebucht:

	Soll	Haben
0711 – Fahrzeuge	10.000 EUR	
an 3511 – Verbindlichkeiten aus LuL		10.000 EUR

112

Zur Fälligkeit bucht die Gemeindekasse:

	Soll	Haben
3511 - Verbindlichkeiten aus LuL	10.000 EUR	
an 7831 - Auszahlungen für den Erwerb von beweglichen Vermögensgegenständen über 1.000 EUR ohne Umsatzsteuer		10.000 EUR
(1811 – Bank		10.000 EUR)

0711
Fahrzeuge

Soll		Haben
AB		
3511	10.000	

3511
Verbindlichkeiten aus LuL

Soll		Haben	
7831	10.000	AB	
		0711	10.000

7831
Auszahlungen Erwerb bewegl. VG ...

Soll		Haben
	3511	10.000

Im Rahmen des Jahresabschlusses werden die planmäßigen Abschreibungen entsprechend dem folgenden Abschreibungsplan verbucht:

Abschreibungen bis 2017

HH-Jahr	Jahresabschreibung	Restbuchwert am Ende des HH-Jahres
2015	1.000 EUR	9.000 EUR
2016	1.000 EUR	8.000 EUR
2017	1.000 EUR	7.000 EUR

Im Juni 2018 (zum Veräußerungszeitpunkt) muss der Buchwert ermittelt werden. Das Fahrzeug wird noch sechs Monate im Jahr 2018 durch die Verwaltung genutzt. Daher sind die anteiligen Abschreibungen zu berechnen:

$$\frac{\text{Anschaffungskosten} * 6\,\text{Monate}}{\text{Nutzungsdauer} * 12\,\text{Monate}}$$

$$\frac{10.000\,\text{EUR} * 6\,\text{Monate}}{10\,\text{Jahre} * 12\,\text{Monate}} = 500\,\text{EUR}$$

Der Buchwert zum Veräußerungszeitpunkt beträgt somit 6.500 EUR (Restbuchwert am Anfang des Haushaltsjahres 2018 abzgl. der Jahresabschreibung).

Die Anlagenbuchhaltung bucht die anteiligen Abschreibungen für das Jahr 2018:

	Soll	Haben
5711 – Abschreibungen auf immaterielle Vermögensgegenstände und Sachanlagen	500 EUR	
an 0711 – Fahrzeuge		500 EUR

113

539

0711
Fahrzeuge

Soll		Haben
AB	7.000	5711 500

5711
Abschreibungen

Soll		Haben
0711	500	

540 Die Geschäftsbuchhaltung bucht:

	Soll	Haben
1711 – Forderungen aus LuL	6.500 EUR	
an 4542 – Erträge aus der Veräußerung von beweglichen Vermögensgegenständen von mehr als 1.000 EUR ohne Mehrwertsteuer		6.500 EUR

541

1711
Forderungen aus LuL

Soll		Haben
AB		
4542	6.500	

4542
Erträge aus Veräußerungen

Soll		Haben
	1711	6.500

542 Mit Übergabe des Fahrzeugs an den Käufer wird der Restbuchwert ausgebucht:

	Soll	Haben
5471 – Wertminderung bei Sachanlagen	6.500 EUR	
an 0711 – Fahrzeuge		6.500 EUR

543 Bei Zahlungseingang bucht die Gemeindekasse:

	Soll	Haben
6831 – Einzahlungen aus der Veräußerung von beweglichen Vermögensgegenständen von mehr als 1.000 EUR ohne Umsatzsteuer	6.500 EUR	
(1811 – Bank	6.500 EUR)	
an 1711 – Forderungen aus LuL		6.500 EUR

544

0711
Fahrzeuge

Soll		Haben
AB	7.000	5711 500
		5471 6.500

5471
Wertminderungen bei Sachanlagen

Soll		Haben
0711	6.500	

1711
Forderungen aus LuL

Soll		Haben
AB		6831 6.500
4542	6.500	

6831
Einzahlungen aus Veräußerungen

Soll		Haben
1711	6.500	

Das Eigenkapital verändert sich nicht, da der Aufwand und der Ertrag in gleicher Höhe anfallen. 545

Erträge aus der Veräußerung (Konto 4542)	6.500 EUR
Aufwand aus der Veräußerung (Konto 5471)	6.500 EUR

Im Regelfall entspricht der Buchwert der Vermögensgegenstände nicht dem Wert, der bei einer Veräußerung erzielt werden kann. 546

Beispiel (ohne Darstellung des Zahlungsmittelflusses) 547
Die Kommune veräußert eine Waldfläche. Der Buchwert beträgt 10.000 EUR.

Alternative I

Der Kaufpreis beträgt 10.000 EUR und entspricht somit dem Buchwert. Die Geschäfts- 548
buchhaltung bucht:

	Soll	Haben
1711 – Forderungen aus LuL	10.000 EUR	
an 4541 – Erträge aus der Veräußerung von Grundstücken		10.000 EUR

	Soll	Haben
5471 – Wertminderung bei Sachanlagen	10.000 EUR	
an 0231 – Wald und Forsten		10.000 EUR

Das Eigenkapital verändert sich nicht, da der Aufwand und der Ertrag in gleicher Höhe anfallen. 549

Erträge aus der Veräußerung (Konto 4541)	10.000 EUR
Aufwand aus der Veräußerung (Konto 5471)	10.000 EUR

Alternative II

Der Kaufpreis beträgt 12.000 EUR und übersteigt den Buchwert. Die Geschäftsbuch- 550
haltung bucht:

	Soll	Haben
1711 – Forderungen aus LuL	12.000 EUR	
an 4541 – Erträge aus der Veräußerung von Grundstücken		12.000 EUR

	Soll	Haben
5471 – Wertminderung bei Sachanlagen	10.000 EUR	
an 0231 – Wald und Forsten		10.000 EUR

Das Eigenkapital erhöht sich um 2.000 EUR, da der Ertrag den Aufwand entsprechend 551
übersteigt. Die Kommune hat mit der Veräußerung einen Buchgewinn erzielt.

Erträge aus der Veräußerung (Konto 4541)	12.000 EUR
Aufwand aus der Veräußerung (Konto 5471)	10.000 EUR

Alternative III

552   Der Kaufpreis beträgt 9.000 EUR und ist somit geringer als der Buchwert. Die Geschäfts-buchhaltung bucht:

	Soll	Haben
1711 – Forderungen aus LuL	9.000 EUR	
an 4541 – Erträge aus der Veräußerung von Grundstücken		9.000 EUR

	Soll	Haben
5471 – Wertminderung bei Sachanlagen	10.000 EUR	
an 0231 – Wald und Forsten		10.000 EUR

553   Das Eigenkapital verringert sich um 1.000 EUR, da der Aufwand entsprechend geringer ist als der Ertrag. Die Kommune hat mit der Veräußerung einen Buchverlust generiert.

554

Erträge aus der Veräußerung (Konto 4541)	9.000 EUR
Aufwand aus der Veräußerung (Konto 5471)	10.000 EUR

VII.   Abschreibung bei nachträglichen Anschaffungs- oder Herstellungskosten

555   Wird ein Vermögensgegenstand nach seiner Anschaffung oder Herstellung erweitert bzw. verbessert, sind die dadurch entstandenen nachträglichen Anschaffungs- oder Herstellungskosten dem Restbuchwert zuzuschreiben. Die lineare Abschreibung ist über die Restnutzungsdauer neu zu berechnen. Wird durch eine nachträgliche Investition eine Verlängerung der Nutzungsdauer erreicht, ist die Restnutzungsdauer zur Ermittlung der linearen Abschreibung neu zu bestimmen (§ 40 Abs. 1 S. 5 KomHVO). Nachträgliche Anschaffungs- oder Herstellungskosten können u.a. durch Sanierungsmaßnahmen an Infrastrukturvermögen oder Gebäuden, nachträglichen Einbau von Gebäudeteilen oder durch Sonderausstattungen an Fahrzeugen entstehen.

556   **Beispiel**

Der städtische Bauhof hat im Januar 2017 für die Grünpflege einen Transporter erworben. Die Anschaffungskosten betrugen 100.000 EUR, die Nutzungsdauer wurde auf zehn Jahre geschätzt. Im Dezember 2017 erwirbt der Bauhof einen Rasentraktor und einen Anhänger, um diesen an die verschiedenen Einsatzorte zu transportieren. Dazu ist es erforderlich, dass an dem im Jahr 2017 gekauften Transporter eine Anhängerkupplung angebaut wird. Dies erfolgt im Januar 2018. Die nachträglichen Anschaffungskosten betragen 1.800 EUR.

Haushaltsjahr	Zuschreibung	Jährlicher Abschreibungsbetrag	Restbuchwert am Ende des Haushaltsjahres
2017		10.000 EUR	90.000 EUR
2018	1.800 EUR	10.200 EUR	81.600 EUR
2019		10.200 EUR	71.400 EUR
2020		10.200 EUR	61.200 EUR
2021		10.200 EUR	51.000 EUR
2022		10.200 EUR	40.800 EUR
2023		10.200 EUR	30.600 EUR
2024		10.200 EUR	20.400 EUR
2025		10.200 EUR	10.200 EUR
2026		10.199 EUR	1 EUR

Durch die Zuschreibung erhöht sich der Restbuchwert des Anlagegutes zu Beginn des Jahres 2018 auf 91.800 EUR. Die lineare Abschreibung ist auf Basis der Restnutzungsdauer von neun Jahren neu zu berechnen. Der jährliche Abschreibungsbetrag erhöht sich von 10.000 EUR auf 10.200 EUR.

558

VIII. Abschreibungen auf Umlaufvermögen

Nach § 40 Abs. 4 S. 1 KomHVO sind bei Vermögensgegenständen des Umlaufvermögens Abschreibungen vorzunehmen, um diese mit einem niedrigeren Wert anzusetzen, der sich aus einem Börsen- oder Marktpreis am Abschlussstichtag ergibt. Damit wird klargestellt, dass bei Vermögensgegenständen des Umlaufvermögens zum einen keine planmäßigen Abschreibungen vorzunehmen sind und zum anderen das Niederstwertprinzip anzuwenden ist.

559

Da in der öffentlichen Verwaltung die als Umlaufvermögen vorzuhaltenden Vorräte (Roh-, Hilfs- und Betriebsstoffe sowie Warenvorräte) im Vergleich zum Gesamtvermögen wertmäßig unwesentlich sind und sich der Erwerb von Finanzanlagen (Aktien, Wertpapiere, sonstige Beteiligungen usw.) zu Spekulationszwecken beim Umgang mit Steuermitteln verbietet, wird die Regelung kaum praktische Bedeutung erlangen.

560

M. Sonderposten

I. Grundlagen

Gemäß § 34 Abs. 5 S. 1 KomHVO sind erhaltene Zuwendungen (Zuweisungen und Zuschüsse), die für investive Maßnahmen gezahlt wurden und nicht frei verwendet werden dürfen (Ertragszuschüsse), Beiträge und ähnliche Entgelte als Sonderposten auszuweisen. Diese werden nach § 46 Abs. 4 Nr. 2 GemHVO zwischen dem Eigenkapital und den Rückstellungen auf der Passivseite der kommunalen Vermögensrechnung abgebildet. Sie sind weder dem Eigenkapital noch dem Fremdkapital zuzuordnen und nehmen damit eine Zwitterstellung ein. Sie bilden die finanziellen Beteiligungen Dritter an der Finanzierung kommunaler Vermögensgegenstände durch Zuwendungen, Beiträge usw. ab. Gleichwohl überwiegt der Eigenkapitalcharakter.

561

562 Folglich wird das Anlagevermögen in voller Höhe auf der Aktivseite und die dafür erhaltenen Finanzierungsmittel ohne Rückzahlungsverpflichtung als Sonderposten auf der Passivseite der Bilanz ausgewiesen (§ 34 Abs. 3 KomHVO, Bruttodarstellung). In den Bilanzen der privaten Unternehmen erfolgt hingegen die saldierte Darstellung des Anlagevermögens ausschließlich auf der Aktivseite der Bilanz (Nettodarstellung).

563 Entsprechend § 46 Abs. 4 Nr. 2 a - e KomHVO werden die Sonderposten wie nachfolgend dargestellt untergliedert.

II. Sonderposten aus Zuwendungen

564 Zuwendungen sind Transferleistungen in Geld zwischen Organisationen. Der Begriff Zuwendungen wird in Zuweisungen und Zuschüsse unterteilt.

565

Zuwendungen	
Zuweisungen	Zuschüsse
zwischen dem öffentlichen Bereich (z.B. Land an Kommune)	zwischen privatem und öffentlichem Bereich (z.B. Spende einer Privatperson)

566 Zuwendungen von öffentlich-rechtlichen Körperschaften (z.B. Bund, Land, Gemeinden usw.) und von privaten Unternehmen, die darauf ausgerichtet sind, kommunales Anlagevermögen anzuschaffen bzw. herzustellen, sind als Passivposten in der Vermögensrechnung auszuweisen. Im Wesentlichen handelt es sich um Zuweisungen mit einer konkreten Zweckbindung (z.B. Bau einer Straße, Sanierung einer Schule usw.).

567 Pauschale Zuwendungen, die investiv zu verwenden sind (z.B. Investitionspauschale nach § 16 FAG LSA), müssen ebenso als Passivposten in der Bilanz ausgewiesen werden.

568 Der Kontenrahmenplan des Landes empfiehlt dafür das Konto 2311. Eine weitere Unterkontierung empfiehlt sich, da die investiven Einzahlungen (Kontengruppe 681) entsprechend der Bereichsabgrenzung A verbindlich nach ihrer Herkunft abzugrenzen sind. So empfiehlt es sich (bei der Verwendung einer siebenstelligen Kontierung) investive Zuweisungen vom Land (Konto 6811000) als Sonderposten im Konto 2311100 o.Ä. zu kontieren. Dies ermöglicht eine klare Zuordnung zwischen dem Bestandskonto Sonderposten und dem korrespondierenden Einzahlungskonto.

569 Entsprechend dem Runderlass des Ministeriums des Inneren und Sport zur Bilanzierung von Sonderposten vom 20.12.2013 sind Sonderposten ab dem Eingang des Zuwendungsbescheides oder der Fälligkeit der Zahlung (also bei Mittelabruf) zu bilden.

Beispiel

570 Das Land Sachsen-Anhalt versendet zu Beginn des Haushaltsjahres den Festsetzungsbescheid für die Leistungen nach dem Finanzausgleichsgesetz FAG LSA. Demnach erhält die Kommune für das Haushaltsjahr 100.000 EUR Investitionspauschale.

Die Geschäftsbuchhaltung bucht wie folgt: 571

	Soll	Haben
1691 – sonstige öffentlich-rechtliche Forderungen	100.000 EUR	
an 2311 – Sonderposten aus Zuwendungen		100.000 EUR

Am 10. Februar registriert die Stadtkasse den Zahlungseingang der ersten Rate i.H.v.   572
25.000 EUR. Die Gemeindekasse bucht wie folgt:

	Soll	Haben
6811 – Einzahlungen aus Zuweisungen für Investitionen und Investitionsförderungs-maßnahmen	25.000 EUR	
(1811 – Bank	25.000 EUR)	
an 1691 – Sonstige öffentlich-rechtliche Forderungen		25.000 EUR

573

1691				**2311**		
sonstige öff. rechtl. Forderungen				**Sonderposten aus Zuwendung**		
Soll		Haben	Soll			Haben
AB	...	6811	25.000		AB	...
2311	100.000				1691	100.000

6811	
Einzahlungen aus Zuwendungen...	
Soll	Haben
1691	25.000	

III. Sonderposten aus Anzahlungen

Für langfristige Investitionsmaßnahmen sind die Zuwendungen in einem Zwischenschritt   574
beim Konto 2341 – Sonderposten aus Anzahlungen – nachzuweisen (RdErl. des MI vom
20.12.2013). Mit der Betriebsbereitschaft des Vermögensgegenstandes erfolgt die Um-
buchung des Sonderpostens aus Anzahlungen auf das zutreffende Konto Sonderposten
aus Zuwendungen.

Beispiel
Das Land fordert den Bau einer Kindertagesstätte mit einem Betrag von 500.000 EUR. In   575
Abhängigkeit vom Baufortschritt erfolgt der Mittelabruf. Nach Fertigstellung des Rohbaus
werden 100.000 EUR abgefordert.

Die Geschäftsbuchhaltung bucht bei Eingang des Zuwendungsbescheides wie folgt: 576

	Soll	Haben
1691 – sonstige öffentlich-rechtliche Forderungen	500.000 EUR	
an 2341 – Sonderposten aus Anzahlungen		500.000 EUR

577 Bei Zahlungseingang des Mittelabrufes bucht die Gemeindekasse bucht wie folgt:

	Soll	Haben
6811 – Einzahlungen aus Zuweisungen für Investitionen und Investitionsförderungs-maßnahme	100.000 EUR	
(1811 – Bank	100.000 EUR)	
an 1691 – sonstige öffentlich-rechtliche Forderungen		100.000 EUR

578 Die Kindertagesstätte wird nach Fertigstellung feierlich in Betrieb genommen. In der Anlagenbuchhaltung erfolgt die Aktivierung. Die in der Zwischenzeit vollständig abgerufenen Fördermittel sind wie folgt umzubuchen:

	Soll	Haben
2341 – Sonderposten aus Anzahlungen	500.000 EUR	
an 2311 – Sonderposten aus Zuwendungen		500.000 EUR

579

1691 sonstige öff. rechtl. Forderungen				2341 Sonderposten aus Anzahlungen			
Soll		Haben		Soll			Haben
AB	...	6811	100.000	2311	100.000	AB	...
2341	100.000					1691	100.000

6811 Einzahlungen aus Zuwendungen...				2311 Sonderposten aus Zuwendungen			
Soll		Haben		Soll			Haben
1691	100.000					AB	...
						2341	100.000

IV. Sonderposten aus Beiträgen

580 Gemäß § 6 KAG LSA sind für die Herstellung von kommunaler Infrastruktur (Straßen, Wege, Plätze sowie Abwasserentsorgungsanlagen usw.) von den Anliegern Beiträge zu erheben. Diese Beiträge sind Finanzierungsmittel Dritter ohne Rückzahlungsverpflichtung. Sie dienen zur Herstellung von kommunalem Anlagevermögen und sind somit als Sonderposten in der Vermögensrechnung auszuweisen.

581 Zur Kontierung dieser Sonderposten wird entsprechend dem Kontenrahmenplan das Konto 2321 empfohlen. Das korrespondierende Einzahlungskonto 6881 – Einzahlungen aus Beiträgen und ähnlichen Entgelten – ist wiederum verbindlich vorgeschrieben.

Beispiel

582 Für die Herstellung der Gemeindestraße werden Straßenausbaubeiträge i.H.v. 100.000 EUR erhoben. Im Januar werden die entsprechenden Bescheide an die Anlieger versendet. Die Geschäftsbuchhaltung bucht wie folgt:

	Soll	Haben
1611 – öffentlich-rechtliche Forderungen aus Dienstleistungen	100.000 EUR	
an 2321 – Sonderposten aus Beiträgen		100.000 EUR

Im Laufe des Jahres werden 85 v.H. der festgesetzten Beiträge auch tatsächlich durch die beitragspflichtigen Anlieger gezahlt. Die Gemeindekasse bucht wie folgt: 583

	Soll	Haben
6881 – Einzahlungen aus Beiträgen und ähnlichen Entgelten	85.000 EUR	
(1811 – Bank	85.000 EUR)	
an 1611 – öffentlich-rechtliche Forderungen aus Dienstleistungen		85.000 EUR

584

1611
öff. rechtl. Forderungen aus Dienstl.

Soll		Haben	
AB	...	6881	85.000
2321	100.000		

2321
Sonderposten aus Beiträge

Soll		Haben	
		AB	...
		1611	100.000

6881
Einzahlungen aus Beiträgen ...

Soll		Haben
1611	85.000	

V. Sonderposten für den Gebührenausgleich

Die Sonderposten für den Gebührenausgleich sind Ausfluss des KAG LSA. Sie spielen in der Praxis im Gegensatz zu den Sonderposten aus Zuwendungen bzw. Beiträgen eine untergeordnete Rolle. 585

Der Kalkulationszeitraum für Benutzungsgebühren beträgt nach § 5 Abs. 2b KAG LSA drei Jahre. Unterstellt, im ersten Jahr entsteht eine Kostenüberdeckung (Überschuss), im zweiten Jahr eine Kostendeckung und im dritten Jahr eine Kostenunterdeckung (Zuschuss) in Höhe des Überschusses des ersten Jahres, wird die Kostenüberdeckung des ersten Jahres durch die Bildung des Sonderpostens neutralisiert. Dadurch kann die Kostenunterdeckung des dritten Jahres ausgeglichen werden. 586

Durch dieses Vorgehen wird die Funktion der Vermögensrechnung als Wertspeicher deutlich. Die Bildung des Sonderpostens im ersten Jahr des Kalkulationszeitraums belastet die Ergebnisrechnung, während durch die Auflösung des Sonderpostens im defizitären dritten Jahr die Ergebnisrechnung entlastet wird. 587

Verbleibt nach dem Ausgleich des Zuschusses im dritten Jahr noch ein Sonderposten bedeutet dies, dass im gesamten Kalkulationszeitraum eine zu hohe Gebühr erhoben 588 wurde. Diese Kostenüberdeckung ist nach § 5 Abs. 2b S. 2 KAG LSA im nächsten Kalkulationszeitraum gegenüber dem Gebührenzahler auszugleichen.

Beispiel

589 Die Gebührenkalkulation für die kommunale Abfallentsorgung ergibt folgende Jahresergebnisse:

Jahr 1	Kostenüberdeckung in Höhe von 94.500 EUR
Jahr 2	Kostendeckung
Jahr 3	Kostenunterdeckung in Höhe von 94.500 EUR

590 Im 1. Jahr ist zu buchen:

	Soll	Haben
4321 – Benutzungsgebühren und ähnliche Entgelte	94.500 EUR	
an 2331 – Sonderposten für den Gebührenausgleich		94.500 EUR

591 Im 3. Jahr wird der Sonderposten wie folgt aufgelöst:

	Soll	Haben
2331 – Sonderposten für den Gebührenausgleich	94.500 EUR	
an 4533 – Erträge aus der Auflösung von Sonderposten für den Gebührenausgleich		94.500 EUR

592

| **4321** | | | **2331** | | |
| Benutzungsgebühren ... | | | Sonderposten Gebührenausgleich | | |
Soll		Haben	Soll		Haben
2331	94.500		4533	94.500	AB ...
					4321 94.500

| **4533** | | |
| Erträge Auflösung Sonderposten ... | | |
Soll		Haben
		2331 94.500

593 Gebührenrechnende Einrichtungen sind im Regelfall dauerhaft defizitär. Benutzungsgebühren für Kindertagesstätten bzw. Kultureinrichtungen werden i.d.R. aus sozialpolitischen Gründen nie kostendeckend erhoben. Insoweit kommt dieser Form des Sonderpostens eine untergeordnete Bedeutung in der kommunalen Buchführung zu.

VI. Sonstige Sonderposten

Schenkungen (insbesondere von Sachgütern) und sonstiger unentgeltlicher Erwerb 594
(z.B. gesetzliche Vermögensübertragungen, Umwidmungen von Straßen) sind nach § 34
Abs. 5 S. 4 KomHVO als sonstiger Sonderposten zu passivieren.

Beispiel
Nach einem Hochwasser wird der Freiwilligen Feuerwehr der Kommune ein neues Fahr- 595
zeug geschenkt. Der Wert des Fahrzeugs beträgt 150.000 EUR.

Die Geschäftsbuchhaltung bucht wie folgt: 596

	Soll	Haben
0711 – Fahrzeuge	150.000 EUR	
an 2391 – sonstige Sonderposten		150.000 EUR

597

0711 Fahrzeuge			2391 sonstige Sonderposten		
Soll		**Haben**	**Soll**		**Haben**
AB	...			AB	...
2391	150.000			0711	150.000

VII. Auflösung von Sonderposten

Die Auflösung der Sonderposten ist davon abhängig, ob es sich bei den zur Verfügung ge- 598
stellten Finanzierungsmitteln um einen Ertragszuschuss handelt. Diese dienen der Stärkung der Ertragskraft der Kommune und stellen den Regelfall in der Praxis dar. Hat
hingegen der Zuwendungsgeber die Auflösung der Zuwendung ausdrücklich ausgeschlossen, handelt es sich um einen Kapitalzuschuss (§ 34 Abs. 5 S. 5 KomHVO). Diese
sind in Form einer Sonderrücklage als Bestandteil des Eigenkapitals auszuweisen.

Gemäß § 34 Abs. 5 S. 2 KomHVO sind die Sonderposten ertragswirksam entsprechend der 599
jeweiligen betriebsgewöhnlichen Nutzungsdauer der damit finanzierten Vermögensgegenstände aufzulösen. Der Sonderposten teilt damit das buchhalterische Schicksal des
daraus finanzierten Vermögensgegenstandes.

Die im Jahr der Anschaffung oder Herstellung des Vermögensgegenstandes erhaltenen 600
Einzahlungen aus Zuwendungen bzw. Beiträgen (Sonderposten) werden über den Zeitraum der Nutzung des Vermögensgegenstandes ertragswirksam aufgelöst.

Die Aufwendungen aus Abschreibungen belasten den Haushaltsausgleich, während die 601
ertragswirksame Auflösung der Sonderposten entlastend wirkt. Der kommunale Haushalt
wird folglich nur durch die Differenz zwischen den Aufwendungen aus bilanziellen Abschreibungen und den Erträgen aus der Auflösung der Sonderposten belastet.

Beispiel

602 Die Stadt Elbstein erwirbt ein neues Fahrzeug für die Feuerwehr. Die Anschaffungskosten nach § 38 Abs. 2 KomHVO betragen 100.000 EUR und werden zu 80 v.H. durch das Land Sachsen-Anhalt gefördert. Die betriebsgewöhnliche Nutzungsdauer entsprechend der Bewertungsrichtlinie des Landes Sachsen-Anhalt beträgt zehn Jahre.

603

	Finanzplan/-rechnung	
+	6811 Einzahlung aus Investitionszuwendungen vom Land	80.000 EUR
./.	7831 Auszahlung f. d. Erwerb v. beweglichen Vermögens...	100.000 EUR
=	Saldo aus Investitionstätigkeit = 20 v.H. Eigenanteil	./. 20.000 EUR
	Ergebnisplan/-rechnung	
+	4531 ertragswirksame Auflösung des Sonderpostens	8.000 EUR
./.	5711 bilanzielle Abschreibung	10.000 EUR
=	Jahresergebnis = 20 v.H. Eigenanteil	./. 2.000 EUR

Abb. 65: Wirkung der Abschreibung/Auflösung Sonderposten

604 Der Aufwand aus der bilanziellen Abschreibung des Fahrzeuges verteilt sich folgt auf die Nutzungsdauer:

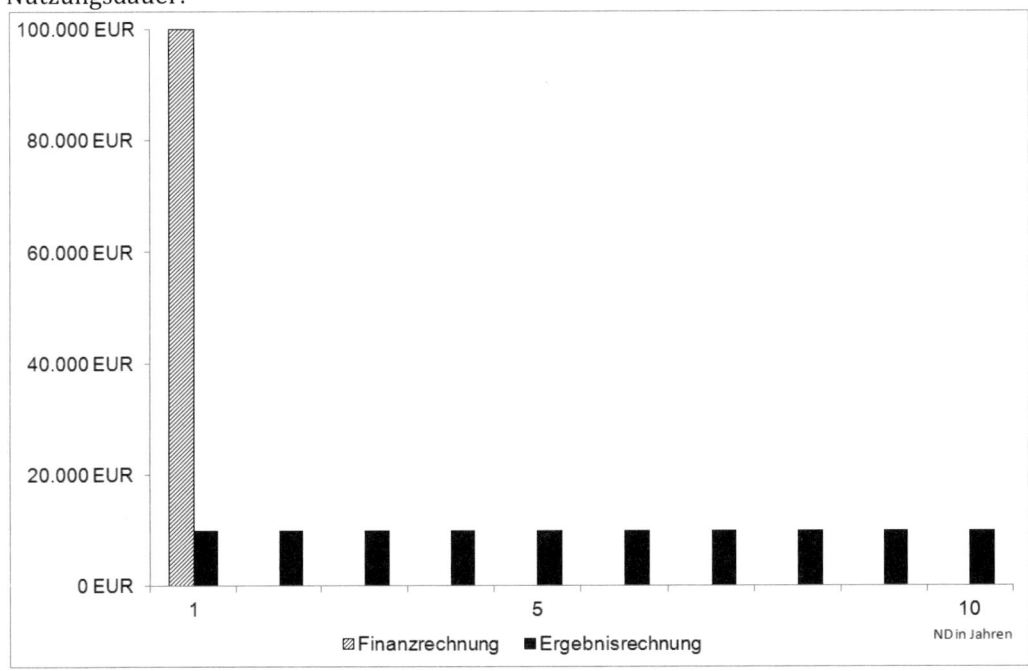

Abb. 66: Gegenüberstellung Auszahlungen/Aufwand aus Abschreibungen

605 Die ertragswirksame Auflösung des Sonderpostens stellt einen Ertrag in der Ergebnisrechnung dar. In Abhängigkeit der Art des Sonderpostens empfiehlt der Kontenrahmenplan nachfolgende Untergliederung:

Ertragskonto	Bezeichnung	Korrespondierendes Bestandskonto
4531	Auflösung Sopo aus Zuwendungen	2311
4532	Auflösung Sopo aus Beiträgen	2321
4533	Auflösung Sopo Gebührenausgleich	2331
4534	Auflösung sonstige Sopo	2391

Die Bestände des Bestandskontos 2341 – Sonderposten aus Anzahlungen – erfahren keine ertragswirksame Auflösung. Ursache hierfür ist der Bezug zur Aktivposition 09 – Geleistete Anzahlungen, Anlagen im Bau –. Solange der Vermögensgegenstand noch nicht in einem betriebsbereiten Zustand ist, wird die Ergebnisrechnung nicht mit Abschreibungen belastet, und demzufolge können die Sonderposten auch nicht ertragswirksam aufgelöst werden. Mit Inbetriebnahme des Vermögensgegenstandes (Aktivierung) wird dieser von der Anlage im Bau in das betreffende Bestandskonto umgebucht. Der Sonderposten wird vom Sonderposten aus Anzahlungen (Konto 2341) zum Sonderposten aus Zuwendungen (2311) und dann entsprechend des Abschreibungsverlaufs ertragswirksam aufgelöst.

1. Auflösung bei linearer Abschreibung

Entsprechend zur linearen Abschreibung wird der Sonderposten analog des Nutzungszeitraumes des finanzierten Vermögensgegenstandes ertragswirksam aufgelöst. Im ersten und letzten Jahr der Nutzung erfolgt in Abhängigkeit des Monats der Anschaffung oder Herstellung des Vermögensgegenstandes die ertragswirksame Auflösung des Sonderpostens anteilig (§ 40 Abs. 1 S. 6 KomHVO analog). Bei einer linearen Abschreibung ergibt sich die Berechnung des jährlichen Auflösungsbetrages wie folgt:

$$\text{jährlicher Auflösungsbetrag} = \frac{\text{Sonderposten}}{\text{Nutzungsdauer}}$$

Beispiel
Für die Anschaffung eines Lkw für den Katastrophenschutz im Januar 2010 wurden 100.000 EUR ausgezahlt. Die Nutzungsdauer beträgt zehn Jahre. Das Land beteiligt sich an der Anschaffung des Fahrzeugs mit 80.000 EUR. Daraus ergibt sich neben den jährlichen Abschreibungen eine ertragswirksame Auflösung des Sonderpostens:

$$\text{jährlicher Auflösungsbetrag} = \frac{80.000 \text{ EUR}}{10 \text{ Jahre}}$$

$$\text{jährlicher Auflösungsbetrag} = 8.000 \text{ EUR}$$

Über den Nutzungszeitraum des LKW ist in der Ergebnisrechnung diese ertragswirksame Auflösung des Sonderpostens in Höhe von 8.000 EUR als Ertrag zu berücksichtigen.

	Soll	Haben
2311 – Sonderposten aus Zuwendungen	8.000 EUR	
an 4531 – Erträge aus der Auflösung von Sonderposten aus Zuwendungen		8.000 EUR

611

	4531			**2311**	
	Erträge Auflösung Sonderposten			**Sonderposten aus Zuwendungen**	
Soll		**Haben**	**Soll**		**Haben**
	2311	8.000	4531	8.000 AB	80.000

612 Der Sonderposten aus Zuwendungen entwickelt sich zum Buchwert des Vermögensgegenstandes wie folgt:

Jahr	Jährliche Auflösung	Sopo am Ende des HHJahres	*Jährliche Abschreibung*	Restbuchwert	Belastung Ergebnis-rechnung
2010	8.000 EUR	72.000 EUR	*10.000 EUR*	*90.000 EUR*	2.000 EUR
2011	8.000 EUR	64.000 EUR	*10.000 EUR*	*80.000 EUR*	2.000 EUR
2012	8.000 EUR	56.000 EUR	*10.000 EUR*	*70.000 EUR*	2.000 EUR
2013	8.000 EUR	48.000 EUR	*10.000 EUR*	*60.000 EUR*	2.000 EUR
2014	8.000 EUR	40.000 EUR	*10.000 EUR*	*50.000 EUR*	2.000 EUR
2015	8.000 EUR	32.000 EUR	*10.000 EUR*	*40.000 EUR*	2.000 EUR
2016	8.000 EUR	24.000 EUR	*10.000 EUR*	*30.000 EUR*	2.000 EUR
2017	8.000 EUR	16.000 EUR	*10.000 EUR*	*20.000 EUR*	2.000 EUR
2018	8.000 EUR	8.000 EUR	*10.000 EUR*	*10.000 EUR*	2.000 EUR
2019	8.000 EUR	0 EUR	*9.999 EUR*	*1 EUR*	1.999 EUR

Abb. 67: Gegenüberstellung lineare Abschreibungen/Auflösung Sonderposten

613

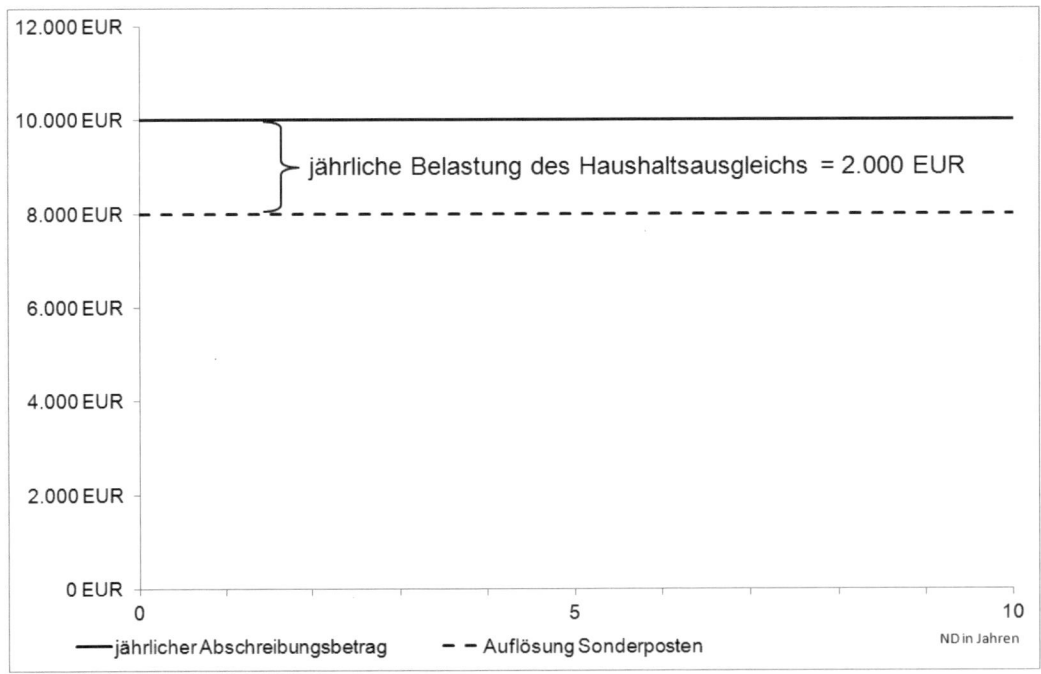

Abb. 68: Gegenüberstellung lineare Abschreibung/Auflösung Sonderposten

Der Restbuchwert des Lkw und die Höhe des auf der Passivseite der Vermögensrechnung auszuweisenden Sonderpostens entwickeln sich wie folgt: 614

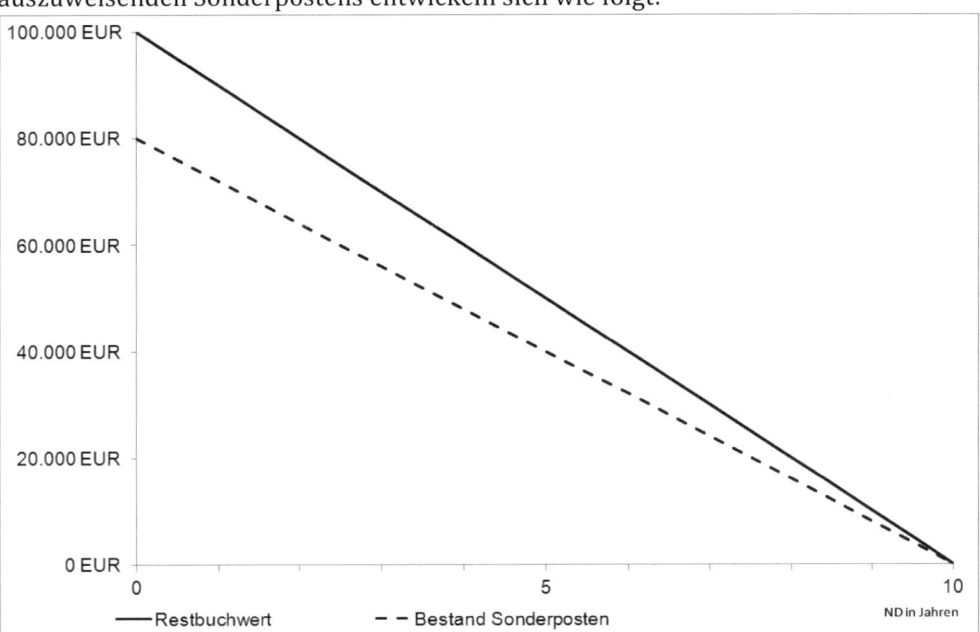

Abb. 69: Lineare Entwicklung Restbuchwert und Sonderposten

Beispiel

Die Stadt Elbstein erwirbt ein neues Fahrzeug mit Anschaffungskosten i.H.v. 615
100.000 EUR. Das Land Sachsen-Anhalt fördert die Anschaffung mit 70 v. H. Die betriebsgewöhnliche Nutzungsdauer beträgt zehn Jahre.

616

Finanzplan	Aktiv	Vermögensrechnung	Passiv	Ergebnisplan
	0 Immaterielles und Sach-anlagevermögen	**20 Eigenkapital**		
Finanzrechnung	0711 (S) Fahrzeug 100.000 EUR	**23 Sonderposten**	**Ergebnisrechnung**	
6831 (S) Einzahlung Zuweisung 70.000 EUR	0711 (H) Abschreibung Fahrzeug 10.000 EUR	2311 (H) Zuweisung 70.000 EUR	4531 (H) Ertrag Auflösung Zuweisung 7.000 EUR	
7831 (H) Auszahlung Fahrzeugkauf 100.000 EUR	**1 Umlaufvermögen** **18 liquide Mittel**	2311 (S) Auflösung Zuweisung 7.000 EUR		
	1811 (S) Einzahlung Zuweisung 70.000 EUR	**3 Verbindlichkeiten**	5711 (S) Aufwand Abschreibung Fahrzeug 10.000 EUR	
	1811 (H) Auszahlung Fahrzeugkauf 100.000 EUR			

Abb. 70: Anschaffung, Abschreibung, Sonderposten im Drei-Komponenten-System

617   Der buchhalterische Zusammenhang der Anschaffung oder Herstellung eines Vermögens-gegenstandes, der Abschreibung sowie der ertragswirksamen Auflösung des Sonder-postens im Drei-Komponenten-System wird anhand des vorherigen Beispiels deutlich.

2. Auflösung bei Leistungsabschreibung

618   Die Berechnung der Höhe des Auflösungsbetrags erfolgt wie bei der Leistungsab-schreibung auf der Basis des Gesamtleistungsvorrates und der jeweiligen Jahresleistung.

$$\text{jährlicher Auflösungsbetrag} = \frac{\text{Sonderposten} * \text{Jahresleistung}}{\text{Gesamtleistungsvorrat}}$$

Beispiel

619   Für die Anschaffung eines Lkw im Januar 2004 wurden 100.000 EUR ausgezahlt. Nach Herstellerangaben hat das Fahrzeug eine mögliche Gesamtkilometerleistung von 500.000 km. Das Land hat den Erwerb mit 80.000 EUR gefördert.

620   Im Jahr 2004 wurde eine Fahrleistung von 75.000 km ermittelt. Demnach ergibt sich der Abschreibungsbetrag für das Jahr 2004 wie folgt:

$$\text{Auflösungsbetrag 2004} = \frac{80.000 \text{ EUR} * 75.000 \text{ km}}{500.000 \text{ km}}$$

$$\text{Auflösungsbetrag 2004} = 12.000 \text{ EUR}$$

621   Wie auch bei der Leistungsabschreibung muss der Auflösungsbetrag in Abhängigkeit von der Fahrleistung jährlich neu ermittelt werden. Ausgehend von der im Fahrtenbuch des Lkw nachgewiesenen jährlichen Fahrleistung ergeben sich die in der Tabelle ausgewie-senen Auflösungsbeträge.

622

Jahr	Jahres-leistung in km	Jährlicher Auflösungs-betrag	Sopo am Ende des HH-Jahres	*Jährliche Abschreibung*	*Restbuchwert Lkw*
2004	75.000	12.000 EUR	68.000 EUR	*15.000 EUR*	*85.000 EUR*
2005	35.000	5.600 EUR	62.400 EUR	*7.000 EUR*	*78.000 EUR*
2006	40.000	6.400 EUR	56.000 EUR	*8.000 EUR*	*70.000 EUR*
2007	80.000	12.800 EUR	43.200 EUR	*16.000 EUR*	*54.000 EUR*
2008	20.000	3.200 EUR	40.000 EUR	*4.000 EUR*	*50.000 EUR*
2009	60.000	9.600 EUR	30.400 EUR	*12.000 EUR*	*38.000 EUR*
2010	15.000	2.400 EUR	28.000 EUR	*3.000 EUR*	*35.000 EUR*
2011	70.000	11.200 EUR	16.800 EUR	*14.000 EUR*	*21.000 EUR*
2012	55.000	8.800 EUR	8.000 EUR	*11.000 EUR*	*10.000 EUR*
2013	50.000	8.000 EUR	0 EUR	*9.999 EUR*	*1 EUR*

Abb. 71: Entwicklung Restbuchwert und Sonderposten - Leistungsabschreibung

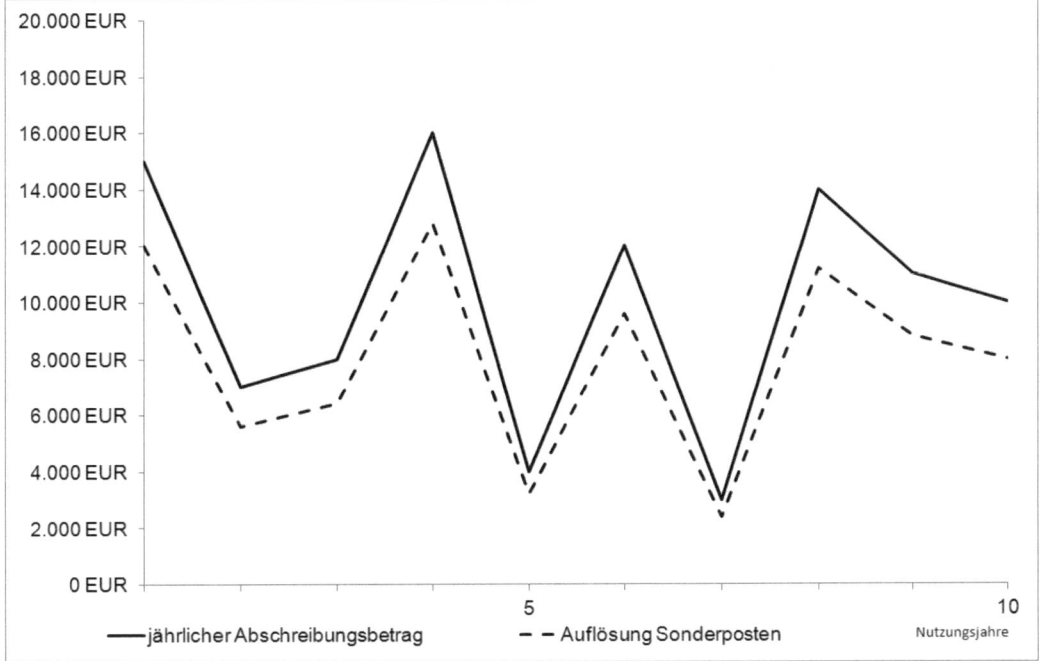

Abb. 72: Abschreibung/Auflösung Sonderposten - Leistungsabschreibung

Der Restbuchwert des Lkw und die Höhe des auf der Passivseite der Vermögensrechnung auszuweisenden Sonderpostens entwickeln sich wie folgt:

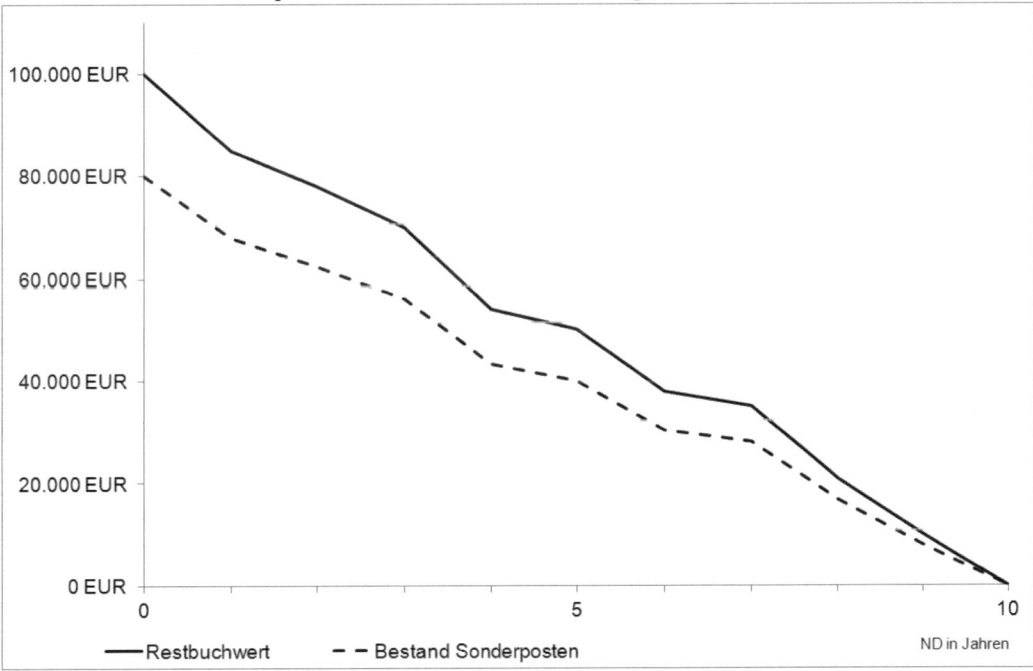

Abb. 73: Entwicklung Restbuchwert und Sonderposten - Leistungsabschreibung

3. Auflösung bei geringwertigen Vermögensgegenständen

625   Geringwertige Vermögensgegenstände (vgl. Pkt. L.IV.4) bis zu 150 EUR netto können als Aufwand des laufenden Jahres im Konto 5252 – Erwerb von beweglichen Vermögensgegenständen – erfasst werden. Soweit die Kommune für den Erwerb dieser Vermögensgegenstände Zuwendungen Dritter erhält, werden diese als Ertrag und die daraus resultierenden Einzahlungen als Einzahlung aus laufender Verwaltungtätigkeit behandelt. Der Kontenrahmenplan weist diesen Geschäftsvorfällen die Kontengruppen 414/614 –Zuweisungen und Zuschüsse für laufende Zwecke – zu.

626   Werden Zuwendungen für den Erwerb von geringwertigen Vermögensgegenständen bis 1.000 EUR netto (Sammelposten) an die Kommune ausgereicht, ist ein entsprechender Sonderposten auf der Passivseite der Bilanz (Konto 2311 – Sonderposten aus Zuwendungen) auszuweisen.

627   Dieser wird, analog den Abschreibungen auf die Vermögensgegenstände des Sammelpostens über fünf Jahre ertragswirksam aufgelöst. Wie auch bei den Abschreibungen gilt, scheidet ein Vermögensgegenstand aus dem Sammelposten aus, bleibt der Sonderposten unangetastet, und die ertragswirksame Auflösung erfolgt über die verbleibende fiktive Nutzungsdauer.

In diesem Fall ergibt sich die Berechnung des jährlichen Auflösungsbetrages wie folgt:

$$\text{jährlicher Auflösungsbetrag} = \frac{\text{Sonderposten}}{5 \text{ Jahre}}$$

Beispiel

628   Im Oktober wird ein Laptop erworben. An den Händler werden 900 EUR gezahlt. Das Land beteiligt sich im Rahmen einer Projektförderung mit 500 EUR am Erwerb des Laptops.

629   Wie die Abschreibung des Laptops fünf Jahre den Haushaltsausgleich belastet, wirkt die Auflösung des dazugehörigen Sonderpostens dem über diesen Zeitraum entgegen. Der jährliche Auflösungsbetrag ermittelt sich wie folgt:

$$\text{jährlicher Auflösungsbetrag} = \frac{500 \text{ EUR}}{5 \text{ Jahre}}$$

$$\text{jährlicher Auflösungsbetrag} = 100 \text{ EUR}$$

nachrichtlich:

$$\text{jährlicher Abschreibungsbetrag} = \frac{900 \text{ EUR}}{5 \text{ Jahre}}$$

$$\text{jährlicher Abschreibungsbetrag} = 180 \text{ EUR}$$

4. Auflösung bei außerplanmäßigen Abschreibungen

Liegen Gründe für eine außerplanmäßige Abschreibung nach § 40 Abs. 3 KomHVO vor, ist der Sonderposten ebenfalls anteilig aufzulösen. Damit wird die Wirkung der außerplanmäßigen Abschreibung (genauso wie bei der planmäßigen Abschreibung) in Höhe der anteiligen Finanzierung durch Dritte neutralisiert.   630

Die Notwendigkeit der Auflösung des Sonderpostens wird insbesondere deutlich, wenn der Vermögensgegenstand durch ein außerordentliches Ereignis (Diebstahl, Brand, Naturkatastrophe) aus dem Bestand der Kommune ausscheidet. Der mit diesem Vermögensgegenstand zusammenhängende Sonderposten muss vollständig aufgelöst werden.   631

Basis für die anteilige Auflösung des Sonderpostens ist das Verhältnis zwischen den Anschaffungs- oder Herstellungskosten des Vermögensgegenstandes und dem dazugehörigen Sonderposten zum Zeitpunkt der Anschaffung oder Herstellung. Betrugen die Anschaffungs- oder Herstellungskosten 100.000 EUR und die Zuweisungen des Landes für die Anschaffung des Vermögensgegenstandes 75.000 EUR, dann ergibt sich ein Anteil des Sonderpostens am Vermögensgegenstand in Höhe von 75 v.H.   632

Analog zur Abschreibung wird der um die außerplanmäßige Auflösung bereinigte Sonderposten gleichmäßig über die Restnutzungsdauer aufgelöst.   633

Entfällt der Grund für die außerplanmäßige Abschreibung darf nach § 40 Abs. 3 S. 2 KomHVO eine Zuschreibung erfolgen.   634

Beispiel

Für den Bau einer Kindertagesstätte hat die Kommune eine Landeszuweisung in Höhe von 800.000 EUR erhalten. Die Herstellungskosten betrugen 1.000.000 EUR. Die Nutzungsdauer wird auf 50 Jahre festgelegt. Nach zehn Jahren der Nutzung wird festgestellt, dass aufgrund mangelnder Unterhaltung des Gebäudes eine außerplanmäßige Abschreibung in Höhe von 20.000 EUR vorzunehmen ist.   635

Abschreibungen: 636

$$\text{jährlicher Abschreibungsbetrag} = \frac{1.000.000 \text{ EUR}}{50 \text{ Jahre}}$$

$$\text{jährlicher Abschreibungsbetrag} = 20.000 \text{ EUR}$$

Auflösung Sonderposten: 637

$$\text{jährlicher Auflösungsbetrag} = \frac{800.000 \text{ EUR}}{50 \text{ Jahre}}$$

$$\text{jährlicher Auflösungsbetrag} = 16.000 \text{ EUR}$$

638   Abschreibungen ab dem 11. Jahr:

$$\text{jährlicher Abschreibungsbetrag} = \frac{\text{Restbuchwert am Ende des 10. Jahres}}{\text{Restnutzungsdauer}}$$

$$\text{jährlicher Abschreibungsbetrag} = \frac{780.000 \text{ EUR}}{40 \text{ Jahre}}$$

jährlicher Abschreibungsbetrag = 19.500 EUR

639   Auflösungsbetrag ab dem 11. Jahr:

$$\text{jährlicher Auflösungsbetrag} = \frac{\text{Sonderposten am Ende des 10. Jahres}}{\text{Restnutzungsdauer}}$$

$$\text{jährlicher Abschreibungsbetrag} = \frac{624.000 \text{ EUR}}{40 \text{ Jahre}}$$

jährlicher Abschreibungsbetrag = 15.600 EUR

640

Jahr	Jährlicher Abschreibungs-betrag	Restbuchwert am Ende des Haushaltsjahres	Jährlicher Auflösungs-betrag Sonderposten	Bestand Sonderposten am Ende des Haushaltsjahres
1	20.000 EUR	980.000 EUR	16.000 EUR	784.000 EUR
2	20.000 EUR	960.000 EUR	16.000 EUR	768.000 EUR
...				
9	20.000 EUR	820.000 EUR	16.000 EUR	656.000 EUR
10	40.000 EUR	780.000 EUR	32.000 EUR	624.000 EUR
11	19.500 EUR	761.500 EUR	15.600 EUR	608.400 EUR
...				
49	19.500 EUR	19.500 EUR	15.600 EUR	15.600 EUR
50	19.500 EUR	0 EUR	15.600 EUR	0 EUR

Abb. 74: Außerplanmäßige Abschreibungen und Auflösung Sonderposten

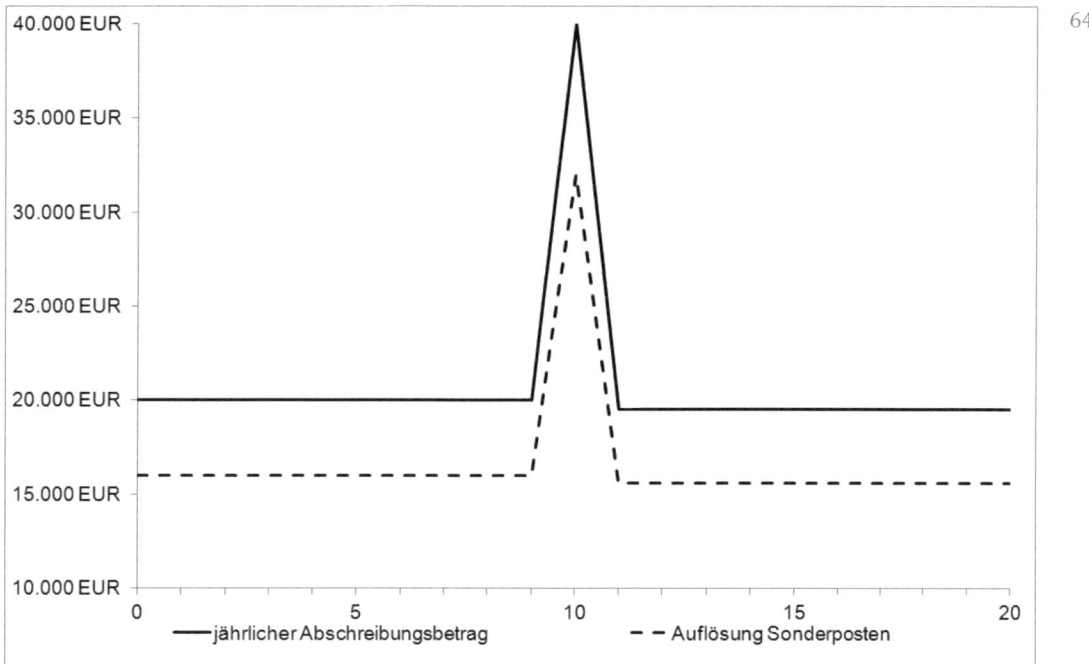

641

Abb. 75: Außerplanmäßige Abschreibungen und Auflösung Sonderposten

Der Restbuchwert des Gebäudes der Kindertagesstätte und die Höhe des auf der Passiv-   642
seite der Bilanz auszuweisenden Sonderpostens entwickeln sich wie folgt:

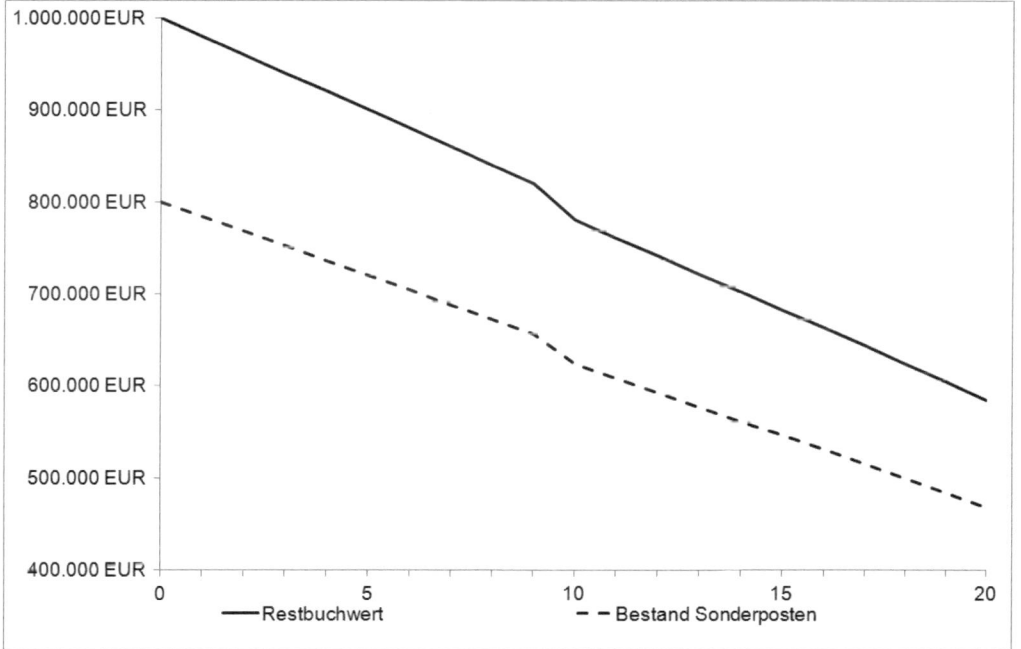

Abb. 76: Entwicklung Restbuchwert und Sonderposten - außerplanmäßig

5. Pauschale Auflösung von Sonderposten

643   Eine Ausnahme von der Bindung des Sonderpostens an einen Vermögensgegenstand des Anlagevermögens stellen die pauschalen Investitionszuweisungen dar. Als Beispiel sei die Investitionspauschale nach § 16 FAG LSA genannt. Diese Zuweisung dient der Stärkung der Eigenmittel der Kommune zur Durchführung von Infrastrukturmaßnahmen.

644   Gemäß § 34 Abs. 5 S. 3 KomHVO ist der Sonderposten linear mit einem Auflösungssatz von 5 v.H. (also über 20 Jahre) oder zu einem selbst ermittelten durchschnittlichen Wert ertragswirksam aufzulösen, soweit eine Zuordnung zu einem konkreten Vermögensgegenstand nicht oder nur mit einem unverhältnismäßig hohen Aufwand möglich ist.

645   Bei der Ermittlung des Auflösungssatzes kann die Abschreibungsquote I hilfreich sein.

646   Die Abschreibungsquote I wird wie folgt berechnet:

$$\text{Abschreibungsquote I} = \frac{\text{Abschreibungen auf das Sachanlagevermögen}}{\text{Sachanlagevermögen zum Jahresende}}$$

647   Der so ermittelte Wert spiegelt die durchschnittliche Nutzungsdauer des Sachanlagevermögens wider.

$$\text{durchschnittliche Nutzungsdauer} = \frac{1}{\text{Abschreibungsquote I}}$$

648   Liegt die Abschreibungsquote I bei 0,05 bedeutet dies, dass die durchschnittliche Nutzungsdauer des Sachanlagevermögens bei 20 Jahren liegt.

649   Die Verwendung dieser Kennzahl sichert, dass die Auflösung pauschaler Sonderposten die Ergebnisrechnung über den gleichen Zeitraum entlastet, über den die Abschreibungen auf das Sachanlagevermögen die Ergebnisrechnung belasten.

N. Rückstellungen

I. Grundlagen

Rückstellungen sind künftige Auszahlungsverpflichtungen einer Kommune, die aus (nicht zahlungswirksam gewordenen) Aufwendungen eines Haushaltsjahres resultieren. Hinsichtlich des Bestehens, der Höhe und/oder dem Zeitpunkt der Fälligkeit dieser Auszahlungsverpflichtung besteht Ungewissheit. Gleichwohl muss die Zahlungsverpflichtung eine hinreichende Wahrscheinlichkeit haben. Eine pauschale Bildung von Rückstellungen ist nicht zulässig. Nach § 111 Abs. 2 KVG LSA sind Rückstellungen in der erforderlichen Höhe zu bilden. Das bedeutet, dass im Rahmen der Inventur zum Jahresabschluss konkrete begründende Unterlagen für die Bildung bzw. Auflösung von Rückstellungen erstellt werden müssen.

650

In Abgrenzung zu einer konkreten Verbindlichkeit fehlt es den Rückstellungen einer rechtsverbindlichen Verbriefung. Es liegt keine Rechnung o.Ä. vor, aus denen die Zahlungsverpflichtung der Kommune hervorgeht.

651

Die Bildung von Rückstellungen bedeutet Aufwand in dem Haushaltsjahr, in der die Ursache, also der wirtschaftliche Grund (Verursachungsprinzip), für eine mögliche Zahlungsverpflichtung liegt (§ 35 Abs. 4 S. 1 KomHVO). Das Eigenkapital wird verbraucht, ohne dass eine Reduzierung der liquiden Mittel erfolgt. Rückstellungen sind somit Ausfluss des Grundsatzes der periodengerechten Zuordnung von Finanzvorfällen (§§ 9 Abs. 2 S. 1, § 37 Abs. 1 Nr. 3 KomHVO).

652

Die Rückstellungen können aus Verpflichtungen gegenüber Dritten, den eigenen aktiven bzw. ehemaligen Beschäftigten und auch aus Verpflichtungen gegen die Kommune selbst resultieren. Sie sind auf der Passivseite der Vermögensrechnung auszuweisen (§ 46 Abs. 4 Nr. 3 KomHVO). Die noch nicht erfüllte Auszahlungsverpflichtung wird damit in der Vermögensrechnung als Teil des Fremdkapitals ausgewiesen. Auch bei den Rückstellungen wird die Wertespeicherfunktion der Bilanz deutlich.

653

II. Bildung und Inanspruchnahme von Rückstellungen

Die Bildung von Rückstellungen erfolgt nach § 35 Abs. 4 S. 1 KomHVO über eine auszahlungslose Aufwandsbuchung.

654

Der allgemeine Buchungssatz zur Bildung der Rückstellung lautet:

655

	Soll	Haben
Konto der Kontenklasse 5 - Aufwendungen		
an Konto der Kontenbereiche 25 bis 28 - Rückstellungen		

Die Inanspruchnahme der Rückstellung erfolgt ergebnisneutral. Das heißt, sollte in einem späteren Haushaltsjahr die Verpflichtung der Kommune mittels einer Rechnung verbrieft werden, bewirkt diese keine Veränderung des Eigenkapitals. Voraussetzung ist, dass die Rückstellung der Höhe der Rechnung entspricht. In diesen Fällen wirkt die Auflösung der

656

657 Rückstellung ausschließlich auf die Finanzrechnung. Insgesamt sind die nachfolgenden Varianten zu unterscheiden.

658 **Variante 1 – Rückstellung = Rechnung**
Die Rückstellung entspricht der Höhe der Rechnung und wird über eine Auszahlung wie folgt ausgebucht. Das heißt, die Inanspruchnahme erfolgt ergebnisneutral (§ 35 Abs. 4 S. 2 KomHVO).

659

	Soll	Haben
Konto der Kontenbereiche 25 bis 28 - Rückstellungen		
an Konto der Kontenbereiche 70 bis 75 – Auszahlungen aus laufender Geschäftstätigkeit		
(1811 – Bank		...)

660 **Variante 2 - Rückstellung < Rechnung**
Der Rückstellungsbetrag ist geringer als die erhaltene Rechnung und reicht damit zur Begleichung der Zahlungsverpflichtung aus. Das aktuelle Haushaltsjahr wird folglich durch die Buchung eines Aufwandes für den Teil der Rechnung, welcher den zurückgestellten Betrag übersteigt, belastet.

661 Dies wird wie folgt gebucht:

	Soll	Haben
Konto der Kontenbereiche 25 bis 28 - Rückstellungen		
und Konto der Kontenklasse 5 - Aufwendungen		
an Konto der Kontenbereiche 70 bis 75 – Auszahlungen aus laufender Geschäftstätigkeit		
(1811 – Bank		...)

662 **Variante 3 - Rückstellung > Rechnung**
Trotz sorgfältiger Schätzung wurde bei der Bildung der Rückstellungen ein zu hoher Betrag in den Ergebnisrechnungen der Vorperioden aufwandswirksam berücksichtigt. Das heißt, das Eigenkapital wurde übermäßig belastet. Diese übermäßige Belastung muss nun durch einen Ertrag im laufenden Haushaltsjahr ausgeglichen werden.

663 Es ist wie nachfolgend dargestellt zu buchen:

	Soll	Haben
Konto der Kontenbereiche 25 bis 28 - Rückstellungen		
an Konto der Kontenbereiche 70 bis 75 – Auszahlungen aus laufender Geschäftstätigkeit		
(1811 – Bank		...)
und 4582 - Erträge aus der Auflösung oder Herabsetzung von Rückstellungen		

Variante 4 – Rückstellung ist nicht erforderlich   664

Es stellt sich heraus, dass die Kommune keine Zahlungsverpflichtung hat. Der Grund für die Bildung der Rückstellung ist entfallen und ist ertragswirksam aufzulösen (§ 35 Abs. 4 S. 3 KomHVO).

Der Buchungssatz lautet: 665

	Soll	Haben
Konto der Kontenbereiche 25 bis 28 - Rückstellungen		
an 4582 - Erträge aus der Auflösung oder Herabsetzung von Rückstellungen		

III. Rückstellungsgründe

Aufgrund der bei den Rückstellungen bestehenden Ungewissheiten ist sowohl die Bildung als auch deren Auflösung streng normiert. Insbesondere für private Unternehmen sind die Möglichkeiten zur Bildung von Rückstellungen stark eingeschränkt (vgl. § 249 HGB). Auch wenn die Gewinnbemessungsfunktion der Vermögensrechnung im öffentlichen Haushaltswesen keine Rolle spielt, ist die Bildung von Rückstellungen auf die Fälle des § 35 Abs. 1 KomHVO begrenzt.   666

Im Einzelnen sind dies: 667

1. Pensionsverpflichtungen nach beamtenrechtlichen Vorschriften sowie Beihilfeverpflichtungen für Versorgungsempfänger

Nach § 35 Abs. 1 S. 1 Nr. 1, 2 KomHVO ist die Bildung von Pensionsrückstellungen für aktive Beamte und Versorgungsempfänger (ehemalige Beamte und deren Hinterbliebene) vorgesehen. Von dieser Verpflichtung sind nach § 35 Abs. 1 S. 3 KomHVO die Kommunen des Landes Sachsen-Anhalt befreit, da sie Pflichtmitglied im Kommunalen Versorgungsverband (KVSA) sind.   668

Von dieser Befreiung sind Pensionsrückstellungen für Beamte auf Zeit (Hauptverwaltungsbeamte und Beigeordnete), soweit der KVSA nur 50 v.H. der Ruhestandsbezüge übernimmt, ausgenommen. Nach § 19 der Satzung des KVSA ist dies der Fall, wenn der Beamte auf Zeit weniger als zwölf Jahre sein Wahlamt bekleidet hat. Die Berechnung der jeweils zu bildenden Rückstellungen übernimmt der KVSA.   669

2. Rekultivierung und Nachsorge von Abfalldeponien

Durch die Bildung einer Rückstellung zur Rekultivierung und Nachsorge von Abfalldeponien (§ 35 Abs. 1 S. 1 Nr. 3 KomHVO) wird die derzeitige Generation verursachungsgerecht mit Aufwendungen belastet. Zukünftige Generationen können auf diese Rückstellung zurückgreifen und die entsprechenden Maßnahmen durchführen.   670

3. Sanierung von Altlasten

671 Durch die Bildung dieser Rückstellung nach (§ 35 Abs. 1 S. 1 Nr. 4 KomHVO) werden entsprechende Belastungen (Schadstoffe, Chemikalien, Munition usw.) von Grundstücken abgebildet. Maßgeblich für die Rückstellungsbildung ist nicht nur die bloße Feststellung von Altlasten, sondern auch ein konkreter Sanierungswille. Liegt dieser nicht vor, ist das Grundstück außerplanmäßig abzuschreiben (vgl. Pkt. L.V).

4. Im Haushaltsjahr unterlassene Aufwendungen für Instandhaltung, die im folgenden Jahr nachgeholt werden

672 Die Bildung einer Rückstellung für unterlassene Instandhaltung (§ 35 Abs. 1 S. 1 Nr. 5 KomHVO) erfordert einen konkreten Instandhaltungsplan bzw. eine im Haushaltsjahr geplante erforderliche Unterhaltungsmaßnahme an Gebäuden bzw. am Infrastrukturvermögen (Straßen, Brücken usw.). Ausgehend davon kann im Falle der Nichtdurchführung von Instandhaltungsmaßnahmen eine Rückstellung gebildet werden, soweit die Maßnahme im folgenden Haushaltsjahr nachgeholt wird. Der Aufwand wird dadurch dem Haushaltsjahr zugeordnet, in der die wirtschaftliche Ursache (unterlassene Instandhaltung) liegt. Wird die Instandhaltungsmaßnahme auch im nächsten Haushaltsjahr nicht durchgeführt, ist die Rückstellung ertragswirksam aufzulösen (§ 35 Abs. 4 S. 4 KomHVO). Dadurch wird die übermäßige Belastung der Ergebnisrechnung des Vorjahres neutralisiert.

673 In Folge der Auflösung der Rückstellung ist spätestens zur Inventur im Rahmen des Jahresabschlusses zu überprüfen, ob die unterlassene Instandhaltung zu einer dauerhaften Wertminderung beim betreffenden Vermögensgegenstand führt. Ist dies der Fall, gebietet das Vorsichtsprinzip nach § 37 Nr. 2 KomHVO eine außerplanmäßige Abschreibung in Höhe der voraussichtlichen Wertminderung bzw. eine Verkürzung der Restnutzungsdauer (vgl. Pkt. L.V).

674 Die Nachholung der Instandhaltungsmaßnahme wurde bewusst auf ein Jahr begrenzt. Andernfalls würden die Werteverhältnisse in der Vermögensrechnung verzerrt. Während auf der Aktivseite das Anlagevermögen so dargestellt wird, wie es bei einer planmäßigen Unterhaltung der Fall wäre, wird auf der Passivseite eine nicht gerechtfertigte Rückstellung ausgewiesen.

5. Sonstige Rückstellungen

675 Zu den sonstigen Rückstellungen nach § 35 Abs. 1 S. 1 Nr. 6 KomHVO zählen:

5.1 Verdienstzahlungen in der Freistellungsphase im Rahmen der Altersteilzeit, abzugeltender Urlaubsanspruch aufgrund längerfristiger Erkrankung und ähnliche Maßnahmen

676 In der Praxis kommt hierbei der Rückstellung für Altersteilzeit eine besondere Bedeutung zu.

Altersteilzeit soll älteren Beschäftigten einen gleitenden Übergang vom Erwerbsleben in die Altersrente ermöglichen. Daneben wird jüngeren Fachkräften der Einstieg in das Berufsleben erleichtert. 677

Für einen gewissen Zeitraum, dessen Höchstdauer auf der Grundlage von tariflichen bzw. gesetzlichen Regelungen variiert, wird die regelmäßige wöchentliche Arbeitszeit i.d.R. um 50 v.H. reduziert. Bei einer regelmäßigen wöchentlichen Arbeitszeit von 40 Stunden verringert sich diese im Rahmen eines Altersteilzeitvertrags auf 20 Wochenstunden. In dem Maß der Kürzung der Arbeitszeit wird auch die Bruttovergütung reduziert. 678

Als Anreiz erhält der Beschäftigte einen Aufstockungsbetrag von mindestens 20 v.H. auf der Basis der Bruttovergütung vor Beginn der Altersteilzeit. 679

Die buchhalterische Behandlung von Altersteilzeit wird durch den Erlass des MI LSA - Rückstellungen für Altersteilzeit- vom 28.08.2009 geregelt. Demnach sind zwei Modelle zu unterscheiden. Bei beiden Modellen wird zu Beginn der Altersteilzeit der sogenannte Aufstockungsbetrag, der Abfindungscharakter trägt, in voller Höhe einer Rückstellung zugeführt. 680

Teilzeitmodell
Der Beschäftigte verkürzt seine Arbeitszeit über den gesamten Zeitraum des Alters- teilzeitvertrags. Die Vergütungsbestandteile sind einerseits die Bezüge des Beschäftigten entsprechend seiner Arbeitszeit und die monatliche Auszahlung des Aufstockungsbetrags unter Abschmelzung der aus dem Aufstockungsbetrag gebildeten Rückstellung. 681

Blockmodell
Das Blockmodell unterscheidet die Arbeits- und die Freizeitphase. Der Beschäftigte be- hält während der Arbeitsphase seine ursprüngliche Arbeitszeit bei. Die nicht ausgezahlte Vergütung zzgl. der Arbeitgeberanteile zur Sozialversicherung werden einer Rückstellung zugeführt. Die Vergütungsbestandteile sind die hälftigen dem Beschäftigten zustehenden Bezüge (die andere Hälfte wird der Rückstellung zugeführt) und die monatliche Aus- zahlung des Aufstockungsbetrags unter Abschmelzung der entsprechenden Rückstellung. 682

Während der Freizeitphase erhält der Beschäftigt die während der Arbeitsphase an- gesammelten nicht ausgezahlten Bezüge und den Aufstockungsbetrag. Die Höhe der Rückstellungen wird während der Arbeitsphase einerseits durch die Auszahlung des Aufstockungsbetrags abgeschmolzen und andererseits durch die nicht ausgezahlten Be- züge erhöht. In der Freizeitphase erfolgt dann die vollständige Abschmelzung der Rück- stellung. 683

Bei der Bildung der Rückstellung sind die Verhältnisse zum Zeitpunkt des Beginns der Altersteilzeit maßgeblich. Das heißt, es erfolgt keine Abzinsung, mögliche Tarifstei- gerungen und biometrische Abschläge für die Sterblichkeit der Beschäftigten sind nicht zu berücksichtigen.

684

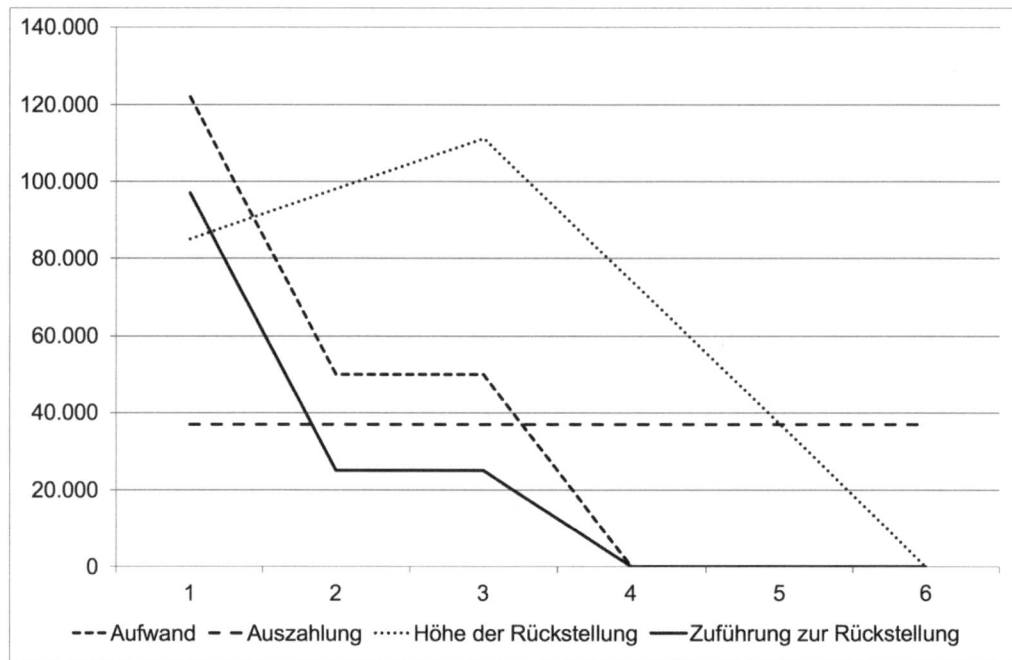

Abb. 77: Entwicklung der Rückstellung für Altersteilzeit – Blockmodell

5.2 Ungewisse Verbindlichkeiten im Rahmen des Finanzausgleichs und aus Steuer- und Sonderabgabenverhältnissen

685 Als Beispiel soll hier die von kreisangehörigen Gemeinden an die Landkreise abzuführende Kreisumlage dienen. Die Kreisumlage dient der Finanzierung der Aufgaben des übertragenen Wirkungskreises, die durch den Landkreis für die Einwohner der kreisangehörigen Gemeinden erfüllt werden (z.B. Sozial- und Jugendhilfe, KFZ-Zulassung und Führerscheinwesen).

686 Nach § 19 FAG LSA bemisst sich die Kreisumlage u.a. nach der Steuerkraft (also den Einzahlungen aus Grund- und Gewerbesteuern) der Gemeinde. Soweit der Gemeinde im Haushaltsjahr erhöhte Steuern zufließen (z.B. aus Gewerbesteuern durch die Nachveranlagung eines Unternehmens), sollte die Gemeinde im Rahmen des Jahresabschlusses eine entsprechende Rückstellung in Höhe der zur erwartenden Steigerung der Kreisumlage bilden. Der Aufwand wird verursachungsgerecht in dem Haushaltsjahr der Entstehung (wirtschaftlicher Grund) ausgewiesen. Die Auszahlung der erhöhten Kreisumlage erfolgt dann ergebnisneutral.

5.3 Drohende Verpflichtungen aus anhängigen Gerichtsverfahren

687 Aus verschiedenen Gründen kann das kommunale Handeln einer gerichtlichen Überprüfung unterzogen werden. Die jeweiligen Verfahren können sich über mehrere Jahre erstreckten. Zur verursachungsgerechten Zuordnung der Risiken (z.B. Schadensersatzzahlungen, Verdienstausfall usw.) sind entsprechende Rückstellungen zu bilden.

5.4 Drohende Verluste aus schwebenden Geschäften und laufenden Verfahren

Die Kommune muss Fördermittel des Landes innerhalb von zwei Monaten nach deren Auszahlung verwenden (Pkt. 7.2 VV-LHO LSA zu § 44 LHO LSA). 688

Für den Zeitraum der nicht fristgerechten Verwendung der Fördermittel hat die Kommune Zinsen in Höhe von fünf Prozentpunkten über dem jeweiligen Basiszinssatz nach § 247 BGB zu zahlen (Pkt. 8.6 VV-LHO LSA zu § 44 LHO LSA). Unter Beachtung des Verursachungsprinzips hat die Kommune im Rahmen des Jahresabschlusses eine entsprechende Rückstellung in Höhe der künftig zu erwartenden Zinszahlungen zu bilden. 689

5.5 Sonstige Verpflichtungen ggü. Dritten oder aufgrund von Rechtsvorschriften, die vor dem Bilanzstichtag wirtschaftlich begründet wurden und dem Grunde oder der Höhe nach noch nicht genau bekannt sind, sofern der zu leistende Betrag wesentlich ist

Als Auffangnorm erweitert § 35 Abs. 1 S. 1 Nr. 6e KomHVO die grundsätzlich abschließende Aufzählung der Rückstellungstatbestände. Daher können auch andere in § 35 Abs. 1 KomHVO nicht ausdrücklich aufgeführte Geschäftsvorfälle zur Bildung einer Rückstellung führen. 690

Die Bildung der Rückstellung ist nur zulässig, wenn die spätere Auszahlungsverpflichtung gegenüber Dritten für die kommunale Haushaltsführung von wesentlicher Bedeutung ist. Im Rahmen der kommunalen Selbstverwaltung kann die Kommune die Grenze ab welchem Betrag diese Voraussetzung erfüllt ist, selbst festlegen. 691

Eine solche Rückstellung kann für langfristige Investitionsmaßnahmen in Betracht kommen. Sollte der Vermögensgegenstand zum Jahresende bereits in Betrieb genommen werden, muss der Jahresabschluss des betreffenden Jahres anteilige Abschreibungen berücksichtigen. Ist die Schlussrechnung erst im nächsten Jahr zu erwarten, kann dies zu einer Rückstellungsbildung führen. Der Vermögensgegenstand ist im Rahmen des Jahresabschlusses mit annähernd der vollen Höhe aktiviert, soweit eine Betriebsbereitschaft gegeben ist. Infolgedessen können die Abschreibungen auch in der annähernd richtigen Höhe berechnet werden. 692

Beispiel für die Bildung und Inanspruchnahme von Rückstellungen

Bei einem Schulgebäude (Restbuchwert 900.000 EUR) war im Jahr 2017 die Renovierung der Fassade vorgesehen. Das wirtschaftlichste Angebot wurde mittels eines Ausschreibungsverfahrens ermittelt. Die Auftragsvergabe mit einem Volumen von 100.000 EUR erfolgte erst im November. Aufgrund des zeitig einsetzenden Winters konnten die Renovierungsarbeiten im laufenden Haushaltsjahr nicht begonnen werden. 693

694 Bildung der Rückstellung im Jahr 2017

	Soll	Haben
5211 – Aufwendungen zur Unterhaltung der Grundstücke und baulichen Anlagen	100.000 EUR	
an 2711 – Rückstellungen für unterlassene Instandhaltung		100.000 EUR

695

5211 Aufwendungen zur Unterhaltung ...		2711 Rückstellungen für unterl. Instand.	
Soll	**Haben**	**Soll**	**Haben**
2711 100.000			AB 0
			5211 100.000

Alternative I

696 Die im Jahr 2018 nachgeholten Renovierungsarbeiten werden 20 v.H. teurer.

697 Inanspruchnahme der Rückstellung im Jahr 2018

	Soll	Haben
2711 – Rückstellungen für unterlassene Instandhaltung	100.000 EUR	
und 5211 – Aufwendungen zur Unterhaltung der Grundstücke und baulichen Anlagen	20.000 EUR	
an 7211 – Auszahlungen zur Unterhaltung der Grundstücke und baulichen Anlagen		120.000 EUR
(1811 - Bank		120.000 EUR)

698

5211 Aufwendungen zur Unterhaltung ...		2711 Rückstellungen für unterl. Instand.	
Soll	**Haben**	**Soll**	**Haben**
7211 20.000		7211 100.000	AB 100.000

7211 Auszahlungen zur Unterhaltung ...	
Soll	**Haben**
	2711 u. 5211 120.000

Alternative II

699 Die im Jahr 2018 nachgeholten Renovierungsarbeiten kosten 10.000 EUR weniger.

Inanspruchnahme der Rückstellung in 2018

	Soll	Haben
2711 – Rückstellungen für unterlassene Instandhaltung	100.000 EUR	
an 7211 – Auszahlungen zur Unterhaltung der Grundstücke und baulichen Anlagen		90.000 EUR
(1811 - Bank		90.000 EUR)
und 4582 - Erträge aus der Auflösung oder Herabsetzung von Rückstellungen		10.000 EUR

```
           4582                              2711
    Erträge aus der Auflösung...   Rückstellungen für unter. Instand...
Soll              Haben        Soll                         Haben
       2711       10.000   7211 u.            AB            100.000
                           4582    100.000


           7211
    Auszahlungen zur Unterhaltung...
Soll              Haben
       2711       90.000
```

Alternative III

Die Renovierungsarbeiten werden aufgrund eines Vergabefehlers im folgenden Jahr nicht durchgeführt. Dies führt zu einer dauerhaften Wertminderung am Schulgebäude in Höhe von 100.000 EUR.

Auflösung der Rückstellung in 2018

	Soll	Haben
2711 – Rückstellungen für unterlassene Instandhaltung	100.000 EUR	
an 4582 - Erträge aus der Auflösung oder Herabsetzung von Rückstellungen		100.000 EUR

```
           4582                              2711
    Erträge aus der Auflösung ...  Rückstellungen für unterl. Instand.
Soll              Haben        Soll                         Haben
       2711      100.000   4582       100.000   AB          100.000
```

705 außerplanmäßige Abschreibung im Jahr 2018

	Soll	Haben
5711 – Abschreibungen (außerplanmäßig) auf immaterielle Vermögensgegenstände und Sachanlagen	100.000 EUR	
an 0321 - Gebäude und Aufbauten auf bebauten Grundstücken		100.000 EUR

706

	0321				5711		
	Gebäude und Aufbauten ...				**Abschreibungen (außerplanmäßig) ...**		
Soll			**Haben**	**Soll**			**Haben**
AB	900.000	5711	100.000	0321	100.000		
		SB	800.000				

707 Das Beispiel verdeutlicht, dass die außerplanmäßige Abschreibung im Jahr der ertrags-wirksamen Auflösung der nicht mehr benötigten Rückstellung ergebnisneutral erfolgt.

O. Rechnungsabgrenzung

I. Grundlagen

Zur korrekten Ermittlung des Ergebnisses der kommunalen Haushaltswirtschaft sind Erträge und Aufwendungen dem maßgeblichen Haushaltsjahr zuzuordnen. Betreffen die Geschäftsvorfälle mehrere Rechnungsperioden, sind sie entsprechend abzugrenzen. Ausgangspunkt dafür bildet der bereits zur Haushaltsplanung anzuwendende Grundsatz der periodengerechten Zuordnung von Finanzvorfällen (§ 9 Abs. 2 S. 1 KomHVO) sowie der Grundsatz der Periodengerechtigkeit (§ 37 Abs. 1 Nr. 3 KomHVO). Entsprechend dem darin verankerten Verursachungsprinzip sind die Erträge und Aufwendungen unabhängig vom Zeitpunkt der Zahlung dem Haushaltsjahr zuzuordnen, in dem die wirtschaftliche Verursachung liegt. Die zu betrachtende Rechnungsperiode stellt das Haushaltsjahr dar. Dieses entspricht dem Kalenderjahr (§ 100 Abs. 4, 5 KVG LSA). Der maßgebliche Abschlussstichtag ist somit der 31.12. des Haushaltsjahres. | 708

In Abhängigkeit davon, ob der Geschäftsvorfall auf die Zukunft oder auf die Vergangenheit ausgerichtet ist, sind zwei Formen der Rechnungsabgrenzung zu unterscheiden. | 709

In welchem Jahr erfolgt die Einnahme/Ausgabe?				710
im alten Haushaltsjahr		im neuen Haushaltsjahr		
Ertrag/Aufwand im neuen Haushaltsjahr		Ertrag/Aufwand im alten Haushaltsjahr		
= Zahlung im Voraus		= nachträgliche Zahlung		
transitorische Rechnungsabgrenzung		**antizipative Rechnungsabgrenzung**		
Kommune zahlt an Dritten	Dritter zahlt an Kommune	Kommune zahlt an Dritten	Dritter zahlt an Kommune	
aktiver RAP	passiver RAP	sonstige Verbindlichkeit	sonstige Forderung	

Abb. 78: Unterschied transitorische/antizipative Rechnungsabgrenzung

711

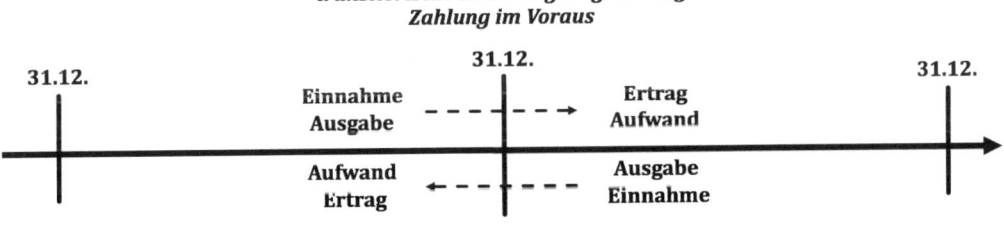

Abb. 79: Unterschied transitorische/antizipative Rechnungsabgrenzung

II. Antizipative Rechnungsabgrenzung

712 Durch die antizipative Rechnungsabgrenzung werden Erträge und Aufwendungen vor dem Abschlussstichtag abgebildet, welche jedoch erst im folgenden Haushaltsjahr zu Einnahmen bzw. Ausgaben führen. Das heißt, die Zahlung erfolgt nachträglich. Diese Geschäftsvorfälle sind in der Vermögensrechnung als sonstige Forderungen bzw. sonstige Verbindlichkeiten auszuweisen.

Beispiel

713 Der Pächter eines unbebauten Grundstücks zahlt entsprechend den im Pachtvertrag vereinbarten Konditionen im Januar 2018 die Pacht des Jahres 2017 i.H.v. 10.000 EUR. Dieser Pachtertrag ist dem Haushaltsjahr 2017 zuzurechnen, obwohl die Zahlung erst nach dem Abschlussstichtag erfolgt.

714 Die Geschäftsbuchhaltung bucht im Jahr 2017 wie folgt:

	Soll	Haben
1791 – Sonstige Vermögensgegenstände (Forderungen)	10.000 EUR	
an 4411 – Erträge aus Mieten und Pachten		10.000 EUR

715

1791			**4411**	
sonstige VG (Forderungen)			**Erträge aus Mieten und Pachten**	
Soll		Haben Soll		Haben
AB	...		1791	10.000
4411	10.000			

716 Bei Zahlungseingang im Jahr 2018 bucht die Gemeindekasse:

	Soll	Haben
6411 – Einzahlungen aus Mieten und Pachten	10.000 EUR	
(1811 – Bank	10.000EUR)	
an 1791 – Sonstige Vermögensgegenstände (Forderungen)		10.000 EUR

717

1791			**6411**	
sonstige VG (Forderungen)			**Einzahlungen aus Mieten und Pachten**	
Soll		Haben Soll		Haben
AB	10.000	6411 10.000 1791	10.000	

718 Im Januar 2018 stellt ein Bildungsinstitut eine Rechnung i.H.v. 2.000 EUR für eine Weiterbildung von Mitarbeitern des Einwohnermeldeamtes, die im Dezember 2017 durchgeführt worden ist.

Die Geschäftsbuchhaltung bucht im Jahr 2017 wie folgt:

	Soll	Haben
5261 – besondere Aufwendungen für Beschäftigte	2.000 EUR	
an 3799 – andere sonstige Verbindlichkeiten		2.000 EUR

3799				**5261**	
andere sonstige Verbindlichkeiten				**besondere Aufwendungen für …**	
Soll		**Haben**	**Soll**		**Haben**
	AB	…	3799	2.000	
	5261	2.000			

Bei Zahlung im Jahr 2018 bucht die Gemeindekasse:

	Soll	Haben
3799 – andere sonstige Verbindlichkeiten	2.000 EUR	
an 7261 – besondere zahlungswirksame Aufwendungen für Beschäftigte		2.000 EUR
(1811 – Bank		2.000 EUR)

3799				**7261**	
andere sonstige Verbindlichkeiten				**besondere zahlungswirksame Aufw.**	
Soll		**Haben**	**Soll**		**Haben**
7261	2.000	AB	2.000	3799	2.000

Gemäß § 120 Abs. 1 S. 1 KVG LSA ist der Jahresabschluss bis zum 30.04. des Folgejahres aufzustellen (vgl. Pkt. F). Im neuen Haushaltsjahr sind insoweit Buchungen von Erträgen und Aufwendungen, deren wirtschaftliche Verursachung vor dem Abschlussstichtag liegt, zeitlich begrenzt. Aufgrund der umfangreichen und zeitintensiven Jahresabschlussarbeiten wird in der Praxis dieser zeitliche Rahmen i.d.R. bis Ende Februar verkürzt.

III. Transitorische Rechnungsabgrenzung

Die Geschäftsvorfälle, die einer transitorischen Rechnungsabgrenzung unterliegen (§ 42 Abs. 1, 2 KomHVO), sind (zumindest teilweise) auf die Zukunft ausgerichtet. Die zu buchenden Erträge bzw. Aufwendungen betreffen (ganz oder teilweise) die nachfolgenden Haushaltsjahre. Das heißt, die Zahlungen erfolgen im Voraus. Hierbei ist nach aktiven und passiven Rechnungsabgrenzungsposten zu unterscheiden. Diese Posten dienen für die jeweiligen Buchungen als Gegenkonten (Durchleitungskonten/ Transitkonten). Sie nehmen die gezahlten Beträge für den Zeitraum auf, bis im neuen Haushaltsjahr eine Verbuchung als Ertrag bzw. Aufwand möglich ist.

Nach dem Wortlaut des § 42 Abs. 1, 2 KomHVO besteht zur Bildung der aktiven und passiven Rechnungsabgrenzungsposten keine Wahlmöglichkeit. Der Landesrechnungshof Sachsen-Anhalt empfiehlt (vgl. Pkt. 2.6 der beratenden Äußerung 12/2014), hinsichtlich der Bildung dieser Rechnungsabgrenzungsposten entsprechende Ausnahmen. Dies gilt für wiederkehrende Beträge in ähnlicher Höhe (z.B. KFZ-Steuern, Softwarepflege) oder bei einmaligen geringfügigen Ausgaben, wenn sie in künftigen Haushaltsjahren das Ergebnis unwesentlich berühren.

1. Aktive Rechnungsabgrenzungsposten

726 Nach § 42 Abs. 1 S. 1 KomHVO sind vor dem Abschlussstichtag geleistete Ausgaben als Rechnungsabgrenzungsposten auf der Aktivseite der Vermögensrechnung auszuweisen, soweit sie Aufwendungen für Folgejahre bedeuten.

Beispiel

727 Ende Oktober 2017 muss die Stadt Elbstein die Miete des 1. Quartals 2018 i.H.v. 10.000 EUR für ein angemietetes Verwaltungsgebäude zahlen. Dieser Mietaufwand ist dem Haushaltsjahr 2018 zuzurechnen, obwohl die Zahlung bereits im laufenden Jahr 2017 erfolgt.

728 Die Geschäftsbuchhaltung bucht im Jahr 2017 wie folgt:

	Soll	Haben
5231 – Aufwendungen für Mieten und Pachten	10.000 EUR	
an 3511 – Verbindlichkeiten aus LuL		10.000 EUR

729 Bei Zahlung im Jahr 2017 bucht die Gemeindekasse:

	Soll	Haben
3511 – Verbindlichkeiten aus LuL	10.000 EUR	
an 7231 – Auszahlungen für Mieten und Pachten		10.000 EUR
(1811 – Bank		10.000 EUR)

730

3511 Verbindlichkeiten aus LuL				**5231** Aufwendungen für Mieten und Pachten		
Soll		Haben		Soll		Haben
7231	10.000	AB	...	3511	10.000	
		5231	10.000			

7231
Auszahlungen für Mieten und Pachten

Soll		Haben	
		3511	10.000

731 Zur Bildung des aktiven Rechnungsabgrenzungspostens bucht die Geschäftsbuchhaltung im Jahr 2017 wie folgt:

	Soll	Haben
1911 – RAP von Forderungen aus Zahlungsleistungen	10.000 EUR	
an 5231 – Aufwendungen für Mieten und Pachten		10.000 EUR

Der Aufwand, der erst im Jahr 2018 verursacht wird, wurde dadurch im Jahr 2017 neutralisiert.

732

5231 Aufwendungen für Mieten und Pachten			1911 RAP von Forderungen aus ...		
Soll		Haben	Soll		Haben
3511	10.000	1911 10.000	AB	...	
			5231	10.000	

733

Zur Auflösung des aktiven Rechnungsabgrenzungspostens und Zuordnung des Aufwandes im Jahr 2018 bucht die Geschäftsbuchhaltung wie folgt:

734

	Soll	Haben
5231 – Aufwendungen für Mieten und Pachten	10.000 EUR	
an 1911 – RAP von Forderungen aus Zahlungsleistungen		10.000 EUR

5231 Aufwendungen für Mieten und Pachten			1911 RAP von Forderungen aus ...		
Soll		Haben	Soll		Haben
1911	10.000		AB	10.000	5231 10.000

735

2. Passive Rechnungsabgrenzungsposten

Gemäß § 42 Abs. 2 KomHVO sind vor dem Abschlussstichtag erhaltene Einnahmen, die Erträge für nachfolgende Haushaltsjahre bedeuten, als Rechnungsabgrenzungsposten auf der Passivseite der Vermögensrechnung auszuweisen.

736

Beispiel
Der Pächter eines unbebauten Grundstücks zahlt entsprechend den im Pachtvertrag vereinbarten Konditionen im Oktober 2017 die Pacht des Jahres 2018 i.H.v. 10.000 EUR. Dieser Pachtertrag ist dem Haushaltsjahr 2018 zuzurechnen, obwohl die Zahlung bereits im laufenden Jahr 2017 erfolgt.

737

Die Geschäftsbuchhaltung bucht im Jahr 2017 wie folgt:

738

	Soll	Haben
1721 – Sonstige privatrechtliche Forderungen	10.000 EUR	
an 4411 – Erträge aus Mieten und Pachten		10.000 EUR

Bei Zahlung im Jahr 2017 bucht die Gemeindekasse:

739

	Soll	Haben
6411 – Einzahlungen aus Mieten und Pachten	10.000 EUR	
(1811 – Bank	10.000 EUR)	
an 1721 – Sonstige privatrechtliche Forderungen		10.000 EUR

740

1721				4411		
sonstige privatrechtliche Forderungen				**Erträge aus Mieten und Pachten**		
Soll		Haben		Soll		Haben
AB	...	6411	10.000		1721	10.000
4411	10.000					

6411	
Auszahlungen für Mieten u. Pachten	
Soll	Haben
1721	10.000

741 Zur Bildung des passiven Rechnungsabgrenzungspostens bucht die Geschäftsbuchhaltung im Jahr 2017 wie folgt:

	Soll	Haben
4411 – Erträge aus Mieten und Pachten	10.000 EUR	
an 3911 – RAP von Verbindlichkeiten aus Zahlungsleistungen		10.000 EUR

Der Ertrag, der erst im Jahr 2018 verursacht wird, wurde dadurch im Jahr 2017 neutralisiert.

742

4411				3911		
Erträge aus Mieten und Pachten				**RAP von Verbindlichkeiten aus ...**		
Soll		Haben		Soll		Haben
3911	10.000	1721	10.000		AB	...
					4411	10.000

743 Zur Auflösung des passiven Rechnungsabgrenzungspostens und Zuordnung des Ertrags im Jahr 2018 bucht die Geschäftsbuchhaltung wie folgt:

	Soll	Haben
3911 – RAP von Verbindlichkeiten aus Zahlungsleistungen	10.000 EUR	
an 4411 – Erträge aus Mieten und Pachten		10.000 EUR

744

4411				3911		
Erträge aus Mieten und Pachten				**RAP von Verbindlichkeiten aus ...**		
Soll		Haben		Soll		Haben
	3911	10.000	4411	10.000	AB	10.000

745 Bei der transitorischen Rechnungsabgrenzung ist es denkbar, dass die Erträge und Aufwendungen anteilig abzugrenzen sind. Der Betrag ist dann entsprechend aufzuteilen.

Beispiel

Im Oktober 2017 geht die Rechnung für die Gebäudeversicherung des Rathauses i.H.v. 12.000 EUR ein. Im November zahlt die Stadtkasse fristgerecht den Rechnungsbetrag an das Versicherungsunternehmen. Die Versicherung betrifft den Zeitraum von November 2017 bis Oktober 2018.

746

Die Geschäftsbuchhaltung bucht im Jahr 2017 wie folgt:

747

	Soll	Haben
5241 – Bewirtschaftung der Grundstücke und baulichen Anlagen	12.000 EUR	
an 3511 – Verbindlichkeiten aus LuL		12.000 EUR

Bei Zahlung im Jahr 2017 bucht die Gemeindekasse:

748

	Soll	Haben
3511 – Verbindlichkeiten aus LuL	12.000 EUR	
an 7241 – Auszahlungen für die Bewirtschaftung der Grundstücke und baulichen Anlagen		12.000 EUR
(1811 – Bank		12.000 EUR)

749

	3511 **Verbindlichkeiten aus LuL**		
Soll		**Haben**	
7241	12.000	AB	...
		5241	12.000

	5241 **Bewirtschaftung der Grundstücke**	
Soll		**Haben**
3511	12.000	

	7241 **Auszahlungen für Mieten und Pachten**	
Soll		**Haben**
	3511	12.000

Der Zahlbetrag betrifft Aufwendungen sowohl für das Jahr 2017 als auch für das Jahr 2018. Die anteiligen Aufwendungen i.H.v. 10.000 EUR für das Jahr 2018 sind über einen aktiven Rechnungsabgrenzungsposten in das Jahr 2018 abzugrenzen.

750

Die Geschäftsbuchhaltung bucht im Jahr 2017 wie folgt:

751

	Soll	Haben
1911 – RAP von Forderungen aus Zahlungsleistungen	10.000 EUR	
an 5241 – Bewirtschaftung der Grundstücke und baulichen Anlagen		10.000 EUR

Diese Buchung neutralisiert im Jahr 2017 den anteiligen Aufwand des Jahres 2018. Gleichzeitig wird der Bestand an aktiven Rechnungsabgrenzungsposten entsprechend erhöht.

752

5241 Bewirtschaftung der Grundstücke ...			1911 RAP von Forderungen aus ...		
Soll		Haben	Soll		Haben
3511	12.000	1911 10.000	AB	...	
			5241	10.000	

753   Die Geschäftsbuchhaltung bucht im Jahr 2018 wie folgt:

	Soll	Haben
5241 – Bewirtschaftung der Grundstücke und baulichen Anlagen	10.000 EUR	
an 1911 – RAP von Forderungen aus Zahlungsleistungen		10.000 EUR

754

5241 Bewirtschaftung der Grundstücke...			1911 RAP von Forderungen aus ...		
Soll		Haben	Soll		Haben
1911	10.000		AB	10.000	5241 10.000

755   In der Praxis wird in Abhängigkeit von der jeweiligen Haushaltssoftware der Kommune die transitorische Rechnungsabgrenzung bereits bei der Buchung des Geschäftsvorfalls vorgenommen. Dabei kann der Geschäftsvorfall zeitgleich wie oben beschrieben oder als zusammengesetzter Buchungssatz gebucht werden.

756

	Soll	Haben
5241 – Bewirtschaftung der Grundstücke und baulichen Anlagen	2.000 EUR	
und 1911 - RAP von Forderungen aus Zahlungsleistungen	10.000 EUR	
an 3511 – Verbindlichkeiten aus LuL		12.000 EUR

757

5241 Bewirtschaftung der Grundstücke ...			1911 RAP von Forderungen aus ...		
Soll		Haben	Soll		Haben
3511	2.000		AB	...	
			3511	10.000	

3511 Verbindlichkeiten aus LuL		
Soll		Haben
	AB	...
	5241	2.000
	1911	10.000

P. Aktivierte Eigenleistungen

Aktivierte Eigenleistungen sind Aufwendungen (z.B. für Material oder die Vergütungen der Beschäftigten) einer Kommune, die zur Herstellung, Erweiterung oder wesentlichen Verbesserung eines Vermögensgegenstandes führen. Sie stellen gleichzeitig einen Ertrag in der Ergebnisrechnung dar (§ 2 Abs. 1 Nr. 1h KomHVO) und erhöhen dadurch den Wert des Vermögensgegenstandes. In Höhe der aktivierten Eigenleistungen werden die entstandenen Aufwendungen des laufenden Haushaltsjahres neutralisiert. Im Rahmen der Abschreibungen des Vermögensgegenstandes (vgl. Pkt. L) wird dieser Aufwand über die betriebsgewöhnliche Nutzungsdauer verteilt. Eine Belastung des Haushaltsausgleichs erfolgt somit anteilig und zeitversetzt in den folgenden Haushaltsjahren (§ 98 Abs. 3 KVG LSA). 758

Der Buchungssatz lautet: 759

	Soll	Haben
Konto der Kontenklasse 0 - Anlagevermögen		
an 4711 – Aktivierte Eigenleistungen		

Die Zusammensetzung und Höhe der aktivierten Eigenleistungen wird durch die in § 38 Abs. 3, 4 KomHVO definierten Herstellungskosten bestimmt (vgl. Pkt. G.II.2.3). 760

Durch das Aktivierungsverbot (§ 34 Abs. 4 KomHVO) für selbst geschaffene immaterielle Vermögensgegenstände des Anlagevermögens (z.B. eine selbst programmierte Software) ist die Ermittlung von Herstellungskosten und damit auch der Ansatz aktivierter Eigenleistungen ausgeschlossen. 761

Beispiel
Die Beschäftigten des Bauhofs der Stadt Elbstein errichten eine Garage für den städtischen Fuhrpark. Für die Herstellung der Garage wurde Material aus dem Materiallager im Wert von 100.000 EUR verbraucht und mittels Entnahmescheinen dokumentiert. Über eine Zeitaufschreibung der Beschäftigten des Bauhofes und eine Zuarbeit des Personalamtes wurden Fertigungseinzelkosten i.H.v. 25.000 EUR ermittelt. Für die Elektroinstallation in der Garage wurde eine Fremdfirma beauftragt. Die Rechnung betrug 10.000 EUR. Auf die Ermittlung von Abschreibungen und Fremdkapitalzinsen wird aufgrund des hohen Arbeitsaufwandes zur Ermittlung der Kosten verzichtet. Die Zuschlagssätze wurden in der Kosten- und Leistungsrechnung für die Materialgemeinkosten mit 20 v.H. und für die Fertigungsgemeinkosten mit 80 v.H. ermittelt. Die Nutzungsdauer der Garage wird durch die Anlagenbuchhaltung auf 50 Jahre festgesetzt. 762

Die Herstellungskosten setzen sich wie folgt zusammen: 763

	Materialeinzelkosten	100.000 EUR
+	Materialgemeinkosten	20.000 EUR
+	Fertigungseinzelkosten	25.000 EUR
+	Fertigungsgemeinkosten	20.000 EUR
+	Sonderkosten der Fertigung	10.000 EUR
=	**Herstellungskosten**	**175.000 EUR**

764 Die Buchung der aktivierten Eigenleistungen ist wie folgt vorzunehmen:

	Soll	Haben
0321 – Gebäude und Aufbauten auf bebauten Grundstücken	175.000 EUR	
an 4711 – Aktivierte Eigenleistungen		175.000 EUR

765

0321				**4711**	
Gebäude u. Aufbauten auf bebauten ...				**Aktivierte Eigenleistungen**	
Soll		**Haben**	**Soll**		**Haben**
AB	...			0321	175.000
4711	175.000				

766 Die ermittelten Herstellungskosten bewirken einerseits die Erhöhung des Anlagevermögens des Fuhrparks und andererseits eine Verringerung des in der Teilergebnisrechnung ausgewiesenen Fehlbetrags des laufenden Haushaltsjahres. Durch die jährliche Abschreibung des Vermögensgegenstandes werden die Herstellungskosten über die entsprechende Nutzungsdauer aufwandswirksam.

767

Teilergebnisrechnung - Bauhof			
		Ertrags- und Aufwandsarten	**Rechnungs-ergebnis**
4	+	öffentlich-rechtliche Leistungsentgelte	3.250 EUR
5	+	privatrechtliche Leistungsentgelte Kostenerstattungen und Kostenumlagen	6.250 EUR
8	+	aktivierte Eigenleistungen + Bestandsveränderungen	175.000 EUR
9	=	**Ordentliche Erträge**	**184.500 EUR**
10		Personalaufwendungen	254.321 EUR
12	+	Aufwendungen für Sach- und Dienstleistungen	245.698 EUR
14	+	sonstige ordentliche Aufwendungen	7.480 EUR
16	+	bilanzielle Abschreibungen	126.789 EUR
17	=	**Ordentliche Aufwendungen**	**634.288 EUR**
18	=	**Ordentliches Ergebnis**	**./. 449.788 EUR**
19		außerordentliche Erträge	
20	-	außerordentliche Aufwendungen	
21	=	**Außerordentliches Ergebnis**	
22	=	**Ergebnis vor Berücksichtigung der internen Leistungsbeziehung**	**./. 449.788 EUR**
25	=	**Ergebnis**	**./. 449.788 EUR**

Abb. 80: Wirkung der aktivierten Eigenleistungen im Teilergebnisplan

Q. Personalbuchhaltung

I. Grundlagen

Die Personalaufwendungen/-auszahlungen stellen in den Kommunen die betragsmäßig   768
größte Aufwands-/Auszahlungsart dar. Diese umfassen bis zu 30 v.H. der Gesamt-
aufwendungen/-auszahlungen. Zahlreiche gesetzliche und tarifvertragliche Regelungen
sind bei der Vergütungsabrechnung für die Beschäftigten und Beamten der Kommune zu
beachten.

Die jeweiligen Auszahlungen sind zu unterschiedlichen Zeitpunkten fällig. Die Besoldung   769
ist am Ende des Monats für den Folgemonat an den Beamten auszuzahlen (§ 3 Abs. 4
LBesG LSA). Für tariflich Beschäftigte ist in Abhängigkeit von den hausinternen Regelungen das Entgelt zur Mitte bzw. zum Ende des Monats jeweils für den laufenden Monat
fällig (§ 24 TVöD-V). Die Sozialversicherungsbeiträge sind am drittletzten Bankarbeitstag
des Monats für den laufenden Monat und die Steuern am 10. des Folgemonats an das
Finanzamt zu zahlen. Die Buchungen von Personalaufwendungen und -auszahlungen
gehören daher zu den komplexesten Vorgängen in der Finanz-buchhaltung.

Die korrekte Berechnung der Bezüge ist abhängig von den persönlichen Verhältnissen   770
des Beschäftigten bzw. des Beamten. Daher ist es erforderlich, für jeden Mitarbeiter ein
eigenes Abrechnungskonto zu führen, das diese Verhältnisse berücksichtigt. Im Regelfall
bedient sich die Kommune eines entsprechenden Vorverfahrens. Die Personalbuchhaltung gehört daher zur Nebenbuchhaltung. Die Ergebnisse werden i.d.R. zusammengefasst und in einer monatlichen Summe produktweise in der Ergebnis- und Finanzrechnung gebucht.

II. Abgrenzung Beamte/Beschäftigte

Zur korrekten Abbildung der Geschäftsvorfälle in der Personalbuchhaltung ist zwischen   771
Beamten und Beschäftigten zu unterscheiden.

772

	Beamte		Beschäftigte
	Besoldung (Brutto)		Entgelt (Brutto)
	Steuern		**Steuern**
./.	Lohnsteuer	./.	Lohnsteuer
./.	Solidaritätszuschlag	./.	Solidaritätszuschlag
./.	Kirchensteuer	./.	Kirchensteuer
			AN-Anteil Sozialversicherung
		./.	Krankenversicherung
		./.	Rentenversicherung
		./.	Arbeitslosenversicherung
		./.	Pflegeversicherung
=	**Besoldung (Netto)**	=	**Entgelt (Netto)**

Abb. 81: Unterscheidung Beamte/Beschäftigte

III. Steuerrechtliche Bestandteile der Besoldung / des Entgelts

773   Sämtliche steuerrechtlichen Verpflichtungen betreffen die Beamten bzw. den Beschäftigten und sind Bestandteil der Bruttobesoldung bzw. des Bruttoentgelts. Die Kommune ist verpflichtet, die Steuern zum 10. des jeweiligen Folgemonats an das Finanzamt abzuführen. Der abzuführende Betrag setzt sich aus folgenden Bestandteilen zusammen:

1. Lohnsteuer

774   Die Lohnsteuer ist eine Sonderform der Einkommensteuer. Auf Basis der jeweiligen Bruttovergütung wird die Lohnsteuer nach § 32a EStG berechnet. Übersteigt die jährliche Bruttovergütung den aktuellen Grundfreibetrag von 9.000 EUR, bemisst sich die Einkommensteuer nach einem komplexen progressiven Berechnungsverfahren, das den Anteil der auf das Einkommen abzuführenden Steuer von 14 v.H. (Eingangssteuersatz) auf bis zu 45 v.H. (Spitzensteuersatz - bei einem Jahreseinkommen ab 260.533 EUR) steigen lässt.

2. Solidaritätszuschlag

775   Auf Basis der ermittelten Lohnsteuer wird ein Solidaritätszuschlag i.H.v. 5,5 v.H. der Lohnsteuer erhoben.

3. Kirchensteuer

776   In Abhängigkeit von der Religionszugehörigkeit sind 9 v.H. der Lohnsteuer als Kirchensteuer abzuführen.

4. Kindergeld

778   Für das erste und zweite Kind wird jeweils ein Kindergeld von 194 EUR, für das dritte Kind 200 EUR und bei jedem weiteren Kind 225 EUR gezahlt. Das auszuzahlende Kindergeld wird im Regelfall von den an das Finanzamt abzuführenden Steuern abgezogen.

IV. Beamte

1. Besoldung

779   Die Besoldung für die Beamten der Kommune richtet sich nach dem Besoldungsgesetz des Landes Sachsen-Anhalt (LBesG LSA).

780   Die Bestandteile sind die Grundbesoldung, eine Stellenzulage, ein Familienzuschlag, Jahressonderzahlungen und vermögenswirksame Leistungen. Das Nettoeinkommen des Beamten resultiert aus der Bruttobesoldung abzüglich der Steuern zuzüglich des Kindergeldes.

Beispiel

Ein Beamter in der Besoldungsgruppe A8 Stufe 4, verheiratet, kein Kind hat eine Brutto-besoldung von 2.906,27 EUR, die Steuerklasse IV und gehört einer Religion an.

781

		in EUR
	Besoldung (brutto)	2.906,27
./.	Lohnsteuer	496,50
./.	Solidaritätszuschlag	27,30
./.	Kirchensteuer	44,68
=	**Besoldung (netto) = Auszahlungsbetrag**	**2.337,79**

Die Geschäftsbuchhaltung bucht wie folgt:

782

	Soll	Haben
5011 – Dienstaufwendungen für Beamte	2.906,27 EUR	
an 3791 – sonstige Verbindlichkeiten gegen die Steuerverwaltung		568,48 EUR
und 3793 – sonstige Verbindlichkeiten gegenüber Mitarbeitern...		2.337,79 EUR

783

5011
Dienstaufwendungen für Beamte

Soll		Haben
3791 u. 3793	2.906,27	

3791
sonst. Vbk gegenüber der Steuerverw.

Soll		Haben	
		AB	...
		5011	568,48

3793
sonst. Vbk. gegenüber Mitarbeitern

Soll		Haben	
		AB	...
		5011	2.337,79

Handelt es sich um die Besoldung für den Monat Januar, welche nach dem Alimentations-prinzip bereits im Dezember des Vorjahres an den Beamten zu zahlen ist, muss ein aktiver Rechnungsabgrenzungsposten gebucht werden.

784

785

	Soll	Haben
1911 – RAP auf Forderungen aus Zahlungs-leistungen	2.906,27 EUR	
an 5011 – Dienstaufwendungen für Beamte		2.906,27 EUR

786

5011
Dienstaufwendungen für Beamte

Soll		Haben	
3791 u. 3793	2.906,27	1911	2.906,27

1911
RAP Forderungen aus Zahlungsleist.

Soll		Haben	
AB	...		
5011	2.906,27		

787 Die Gemeindekasse bucht mit Fälligkeit zum Ende des Monats:

	Soll	Haben
3793 – sonstige Verbindlichkeiten gegenüber Mitarbeitern...	2.337,79 EUR	
an 7011 – Dienstauszahlungen für Beamte		2.337,79 EUR
(1811 – Bank		2.337,79 EUR)

788 Zum 10. des Folgemonats überweist die Gemeindekasse die fälligen Steuern an das Finanzamt:

	Soll	Haben
3791 – sonstige Verbindlichkeiten gegen die Steuerverwaltung	568,48 EUR	
an 7011 – Dienstauszahlungen für Beamte		568,48 EUR
(1811 – Bank		568,48 EUR)

789

7011				**3791**		
Dienstaufwendungen für Beamte				**sonst. Vbk gegenüber der Steuerverw.**		
Soll		Haben	Soll		Haben	
	3793	2.337,79	7011	568,48	AB	...
	3791	568,48			5011	568,48

3793		
sonst. Vbk. gegenüber Mitarbeitern		
Soll		Haben
7011	2.337,79	AB ...
		5011 2.337,79

2. Pensionszahlungen

790 Nach Ausscheiden aus dem aktiven Dienst hat der Beamte in Abhängigkeit von seiner anrechnungsfähigen Dienstzeit Anspruch auf Pensionszahlungen. Die Pflicht der Zahlung trägt der Dienstherr. Dafür sollte die Kommune während der aktiven Zeit des Beamten Rückstellungen bilden. In Sachsen-Anhalt ist dies durch § 35 Abs. 1 Nr. 1, S. 3 KomHVO ausdrücklich ausgeschlossen, da alle Kommunen (Gebietskörperschaften des öffentlichen Rechts) Pflichtmitglieder im Kommunalen Versorgungsverband Sachsen-Anhalt (KVSA) sind. Die Kommunen bedienen sich des KVSA zur Abwicklung ihrer Pensionsverpflichtungen. Insoweit fungiert der KVSA als Pensionskasse der Kommunen.

791 Die Finanzierung der Pension erfolgt im Umlageverfahren. Der KVSA erhebt von seinen Mitgliedern eine Umlage in Abhängigkeit der Beamtenstellen der Kommune. Derzeit beträgt der Umlagesatz 44 v.H. der Bemessungsgrundlage. Die Bemessungsgrundlage wiederum ergibt sich im Wesentlichen aus jährlichen ruhegehaltsfähigen Bezügen der Beamten.

Beispiel

Die Stadt Elbstein muss im Jahr 2018 aufgrund der Beamtenstellen eine Umlage an den KVSA in Höhe von 125.000 EUR zahlen.

792

Die Geschäftsbuchhaltung bucht:

793

	Soll	Haben
5021 – Beiträge zur Versorgungskasse für Beamte	125.000 EUR	
an 3792 – sonstige Verbindlichkeiten aus Sozialversicherungsleistungen		125.000 EUR

Zur Fälligkeit bucht die Gemeindekasse:

794

	Soll	Haben
3792 – sonstige Verbindlichkeiten aus Sozialversicherungsleistungen	125.000 EUR	
an 7021 – Beiträge zur Versorgungskasse für Beamte		125.000 EUR
(1811 – Bank		125.000 EUR)

795

5021 **Beiträge Versorgungskasse Beamte**			3792 **sonst. Vbk. Sozialversicherungsleist.**		
Soll		**Haben**	**Soll**		**Haben**
3792	125.000		7021	125.000	AB ...
					5021 125.000

7021 **Beiträge Versorgungskasse Beamte**		
Soll		**Haben**
	3792	125.000

3. Beihilfe

Soweit der Beamte medizinische Leistungen in Anspruch nimmt, ist der Dienstherr verpflichtet, dem Beamten eine Beihilfe zu gewähren. In Abhängigkeit von den persönlichen Verhältnissen des Beamten muss die Kommune zwischen 50 v.H. und 70 v.H. (für Beamte der Feuerwehr 100 v.H. im Rahmen der Heilfürsorge) der beihilfefähigen medizinischen Leistungen tragen. Im Regelfall versichert sich der Beamte für die verbleibenden Kosten (zwischen 50 v.H. und 30 v.H.) bei einer privaten Krankenversicherung. Der KVSA übernimmt im Auftrag der jeweiligen Kommune die Abrechnung der Beihilfeleistungen. Dieser rechnet die an den Beamten gezahlte Beihilfe gegenüber der Kommune ab.

796

Beispiel

Der KVSA hat für die Beamten der Stadt Elbstein Beihilfen in Höhe von 25.000 EUR gezahlt und stellt dies in Rechnung.

797

798   Die Geschäftsbuchhaltung bucht:

	Soll	Haben
5041 – Beihilfen und Unterstützungsleistungen für Beschäftigte	25.000 EUR	
an 3792 – sonstige Verbindlichkeiten aus Sozialversicherungsleistungen		25.000 EUR

799   Zur Fälligkeit bucht die Gemeindekasse:

	Soll	Haben
3792 – sonstige Verbindlichkeiten aus Sozial-versicherungsleistungen	25.000 EUR	
an 7041 – Beihilfen und Unterstützungs-leistungen für Beschäftigte		25.000 EUR
(1811 – Bank		25.000 EUR)

800

5041
Beihilfe u. Unterstützungsleistungen ...

Soll		Haben
3792	25.000	

3792
sonst. Vbk Sozialversicherungsleist.

Soll		Haben	
7041	25.000	AB	...
		5041	25.000

7041
Beihilfe u. Unterstützungsleistungen ...

Soll		Haben
	3792	25.000

4. Pflegeversicherung

801   Die Pflegeversicherung ist eine Pflichtversicherung, die vom Beamten im Rahmen einer privaten Versicherung zu tragen ist. Den Kommunen entstehen daraus keine Aufwendungen bzw. Auszahlungen.

V. Beschäftigte

802   Die Tarifvertragsparteien des öffentlichen Dienstes haben einen entsprechenden Tarifvertrag (TVöD) vereinbart. Auf dessen Basis erfolgt die Vergütung der tariflich Beschäftigten. Die Vergütung setzt sich aus dem monatlichen Entgelt, Jahressonderzahlungen und vermögenswirksamen Leistungen zusammen.

803   Das Nettoeinkommen berechnet sich aus dem Bruttoeinkommen abzüglich der Steuern sowie des Arbeitnehmeranteils zur Sozialversicherung zuzüglich des Kindergeldes.

804   Die Beiträge zur Sozialversicherung beziehen sich auf die Bruttovergütung und setzen sich wie folgt zusammen:

Versicherung	Beitragssatz in v.H.	AN-Anteil in v.H.	AG-Anteil in v.H.
Rentenversicherung	18,60	9,30	9,30
Arbeitslosenversicherung	3,00	1,50	1,50
Pflegeversicherung	2,55*	1,275	1,275
Krankenversicherung	14,60	7,30**	7,30
Zusatzbeitrag ZVK	4,80	2,40	2,40
Umlage ZVK	1,50		1,50

* Für kinderlose Versicherte ab dem vollendeten 22. Lebensjahr wird ein Zusatzbeitrag von 0,25 v.H. erhoben.

** Ggf. zuzüglich eines Zusatzbeitrages der jeweiligen Krankenkasse.

Beispiel

Ein tariflich Beschäftigter in der EG 8 Stufe 4 hat eine Bruttovergütung von 3.044,26 EUR, die Steuerklasse IV, kein Kind und gehört einer Religion an. Der Zusatzbeitrag Krankenkasse beträgt 0,9 v.H.

Die Nettovergütung errechnet sich wie folgt:

		in EUR	
	Grundgehalt	3.044,26	
./.	Lohnsteuer	419,83	
./.	Solidaritätszuschlag	23,09	5,5 v.H. Lohnsteuer
./.	Kirchensteuer	37,78	9,0 v.H. Lohnsteuer
./.	AN-Anteil Krankenversicherung	243,55	7,3 + 0,9 v.H. brutto
./.	AN-Anteil Rentenversicherung	276,22	9,3 v.H. brutto
./.	AN-Anteil Pflegeversicherung	45,29	1,275 + 0,25 v.H. brutto
./.	AN-Anteil Arbeitslosenversicherung	44,55	1,5 v.H. brutto
./.	AN-Anteil ZVK (Zusatzbeitrag)	73,06	2,4 v.H. brutto
=	**Entgelt (netto) = Auszahlungsbetrag**	**1.880,89**	

Die Kommune hat aus der obigen Bruttovergütung noch folgenden Aufwand:

	in EUR	
AG-Anteil Krankenversicherung	216,82	7,3 v.H. brutto
AG-Anteil Rentenversicherung	276,22	9,3 v.H. brutto
AG-Anteil Pflegeversicherung	37,87	1,275 v.H. brutto
AG-Anteil Arbeitslosenversicherung	44,55	1,5 v.H. brutto
AG-Anteil ZVK (Zusatzbeitrag)	73,06	2,4 v.H. brutto
AG-Anteil ZVK (Umlage)	45,66	1,5 v.H. brutto
Gesamt AG-Anteil	**694,18**	

Der Gesamtaufwand für die Kommune beträgt 3.738,44 EUR. Der Beschäftigte erhält 1.880,89 EUR, an das Finanzamt sind 480,70 EUR und an die Sozialversicherungsträger (einschließlich der ZVK) 1.376,85 EUR zu zahlen. Unter Berücksichtigung der Kontierung zerfällt der Gesamtaufwand in folgende Konten:

5012 - Dienstaufwendungen an Arbeitnehmer	3.044,26 EUR
5022 - Beiträge zur Versorgungskasse für Arbeitnehmer	118,72 EUR
5032 - Beiträge zur gesetzlichen Sozialversicherung aus Dienstaufwendungen für Arbeitnehmer	575,46 EUR

810 Die Geschäftsbuchhaltung bucht:

	Soll	Haben
5012 - Dienstaufwendungen für Arbeitnehmer	3.044,26 EUR	
und 5022 - Beiträge zur Versorgungskasse für Arbeitnehmer	118,72 EUR	
und 5032 - Beiträge zur gesetzlichen Sozialversicherung aus Dienstaufwendungen für Arbeitnehmer	575,46 EUR	
an 3791 – sonstige Verbindlichkeiten gegenüber der Steuerverwaltung		480,70 EUR
und 3792 - sonstige Verbindlichkeiten aus Sozialversicherungsleistungen		1.376,85 EUR
und 3793 - sonstige Verbindlichkeiten gegenüber Mitarbeitern...		1.880,89 EUR

811

5012
Dienstaufwendungen Arbeitnehmer

Soll		Haben
3791	480,70	
3792	682,67	
3793	1.880,89	

5022
Beiträge Versorgungskasse Arbeitn.

Soll		Haben
3792	118,72	

5032
Beiträge gesetzl. Sozialvers.

Soll		Haben
3792	575,46	

3791
sonst. Vbk. gegenüber der Steuerverw.

Soll		Haben
	AB	...
	5012	480,70

3792
sonst. Vbk. Sozialversicherung

Soll		Haben
	AB	...
	5012	682,67
	5022	118,72
	5032	575,46

3793
sonst. Vbk. gegenüber Mitarbeitern

Soll		Haben
	AB	...
	5012	1.880,89

812 Die Vergütung wird zur Mitte des Monats an die Mitarbeiter überwiesen. Die Gemeindekasse bucht:

	Soll	Haben
3793 – sonstige Verbindlichkeiten gegenüber Mitarbeitern ...	1.880,89 EUR	
an 7012 – Dienstauszahlungen an Arbeitnehmer		1.880,89 EUR
(1811 – Bank		1.880,89 EUR)

Die Zahlung an die Sozialleistungsträger ist am drittletzten Bankarbeitstag des Monats fällig. Die Gemeindekasse bucht:

	Soll	Haben
3792 - sonstige Verbindlichkeiten aus Sozialversicherungsleistungen	1.376,85 EUR	
an 7012 - Dienstauszahlungen an Arbeitnehmer		682,67 EUR
und 7022 - Beiträge zur Versorgungskasse für Arbeitnehmer		118,72 EUR
und 7032 - Beiträge zur gesetzlichen Sozialversicherung aus Dienstaufwendungen für Arbeitnehmer		575,46 EUR
(1811 – Bank		1.376,85 EUR)

Die Zahlung an das Finanzamt erfolgt mit Fälligkeit am 10. im Folgemonat:

	Soll	Haben
3791 - sonstige Verbindlichkeiten gegenüber der Steuerverwaltung	480,70 EUR	
an 7012 - Dienstauszahlungen an Arbeitnehmer		480,70 EUR
(1811 – Bank		480,70 EUR)

7012
Dienstauszahlungen Arbeitnehmer

Soll		Haben
	3793	1.880,89
	3792	682,67
	3791	480,70

7022
Beiträge Versorgungskasse Arbeit.

Soll		Haben
	3792	118,72

7032
Beiträge gesetzl. Sozialvers.

Soll		Haben
	3792	575,46

3791
sonst. Vbk. gegenüber der Steuerverw.

Soll		Haben	
7012	480,70	AB	...
		5012	480,70

3792
sonst. Vbk. Sozialversicherung

Soll		Haben	
7012	682,67	AB	...
7022	118,72	5012	682,67
7032	575,46	5022	118,72
		5032	575,46

3793
sonst. Vbk. gegenüber Mitarbeiter

Soll		Haben	
7012	1.880,89	AB	...
		5012	1.880,89

VI. Sonstige Beschäftigte

816 Als sonstige Beschäftigte seien beispielhaft Honorarkräfte, geringfügig Beschäftigte, Praktikanten und Auszubildende genannt. Hier gelten besondere Vorschriften hinsichtlich der steuer- und sozialversicherungsrechtlichen Behandlung der entsprechenden Bezüge.

Beispiel

817 Eine Honorarkraft der städtischen Musikschule rechnet geleistete Stunden in Höhe von 1.000 EUR beim Personalamt ab. Die Geschäftsbuchhaltung bucht wie folgt:

	Soll	Haben
5019 - Dienstaufwendungen für sonstige Beschäftigte	1.000 EUR	
an 3793 - sonstige Verbindlichkeiten gegenüber Mitarbeitern ...		1.000 EUR

818 Die Gemeindekasse bucht:

	Soll	Haben
3793 - sonstige Verbindlichkeiten gegenüber Mitarbeitern ...	1.000 EUR	
an 7019 - Dienstauszahlungen für sonstige Beschäftigte		1.000 EUR
(1811 – Bank		1.000 EUR)

819

5019 Dienstaufw. sonst. Beschäftigte			3793 sonst. Vbk. gegenüber Mitarbeitern			
Soll		Haben	Soll			Haben
3793	1.000		7019	1.000	AB	...
					5019	1.000

7019 Dienstausz. sonst. Beschäftigte		
Soll		Haben
	3793	1.000

VII. Versorgungsaufwendungen/-auszahlungen

820 Die Versorgungsaufwendungen/-auszahlungen (Kontenbereiche 51/71) dürften in der kommunalen Buchführung eher von untergeordneter Bedeutung sein. Dies liegt insbesondere an der Pflichtmitgliedschaft der kommunalen Gebietskörperschaften im KVSA. Der KVSA erfüllt im Auftrag der Kommunen die Abwicklung der mit den Versorgungsaufwendungen/-auszahlungen zusammenhängenden Aufgaben. Folglich wird dieser Bereich nicht näher behandelt.

R. Durchlaufende Finanzmittel

Bei durchlaufenden Finanzmitteln (§ 14 Nr. 1 KomHVO) handelt es sich um Zahlungs- 821
vorgänge, die die Gemeindekasse im Namen Dritter registriert bzw. die noch nicht im
Haushalt verbucht werden können.

Durchlaufende Gelder werden unterschieden in Verwahrungen und Vorschüsse. Hierfür 822
ist ein entsprechendes Verwahr- und Vorschussbuch zu führen (§ 30 Abs. 1 S. 1
GemKVO).

I. Verwahrungen

Verwahrungen stellen Zahlungseingänge dar, die der Kommune nicht zustehen und an 823
einen Dritten weitergeleitet werden müssen bzw. bei denen in der Gemeindekasse keine
Einzahlungsanordnung der Geschäftsbuchhaltung vorliegt (unbekannte Einzahlungen).
Sie kommen insbesondere bei Amtshilfeersuchen, der Rückzahlung von Sozialleistungen
die dem Land Sachsen-Anhalt zustehen (z.B. Wohngeld, Hilfen zur Pflege), sowie der Verwaltung fremder Grundstücke zur Anwendung.

Bis zur Zuordnung zu einem sachlich korrekten Konto bzw. Weiterleitung an einen 824
Dritten entsteht mit Eingang der Zahlung eine Verbindlichkeit.

Die Gemeindekasse bucht: 825

	Soll	Haben
6991 – durchlaufende Posten		
(1811 - Bank	)	
an 3799 – andere sonstige Verbindlichkeiten		

826

3799		6991	
andere sonstige Verbindlichkeiten		**durchlaufende Posten**	
Soll	Haben	Soll	Haben
	AB	... 3799	
	6991		

Das Verwahrkonto 3799 weist mit dieser Buchung eine um den Einzahlungsbetrag 827
höhere Verbindlichkeit aus.

Die Gemeindekasse zahlt den erhaltenen Betrag an den Dritten aus bzw. bucht diesen 828
aufgrund einer Einzahlungsanordnung auf ein sachlich korrektes Konto um:

	Soll	Haben
3799 – andere sonstige Verbindlichkeiten		
an 7991 – durchlaufende Posten		
(1811 - Bank		)

829

3799		7991	
andere sonstige Verbindlichkeiten		**durchlaufende Posten**	
Soll	Haben	Soll	Haben
7991	AB	... 3799	3799
	6991		

830 Mit der Auszahlung an einen Dritten bzw. der sachlichen Zuordnung durch eine Einzahlungsanordnung wird die Verbindlichkeit im Verwahrkonto ausgeglichen.

Beispiel

831 Im Rahmen der Amtshilfe ergreift das städtische Forderungsmanagement Vollstreckungsmaßnahmen gegen den Schuldner des Mitteldeutschen Rundfunks. Die buchhalterische Abbildung der (nicht städtischen) Forderung in Höhe von 100 EUR erfolgt wie nachfolgend dargestellt.

832

	Soll	Haben
3799 – andere sonstige Verbindlichkeiten	100 EUR	
an 3799 – andere sonstige Verbindlichkeiten		100 EUR

833

3799			
andere sonstige Verbindlichkeiten			
Soll		Haben	
3799	100	AB	...
		3799	100

834 Diese Buchung erzeugt einen offenen Posten (Forderung) im Personenkonto des Schuldners.

Alternative A

835 Sind die Beitreibungsmaßnahmen des städtischen Forderungsmanagements erfolgreich, verzeichnet die Gemeindekasse einen Zahlungseingang i.H.v. 100 EUR. Dieser wird als Einzahlung auf dem Verwahrkonto und dem dazugehörigen Einzahlungskonto gebucht:

	Soll	Haben
6991 – durchlaufende Posten	100 EUR	
(1811 - Bank	100 EUR)	
an 3799 - andere sonstige Verbindlichkeiten		100 EUR

836

3799			6991	
andere sonstige Verbindlichkeiten			**durchlaufende Posten**	
Soll		Haben	Soll	Haben
		AB ...	3799 100	
3799	100	3799 100		
		6991 100		

837 Nunmehr wird eine Verbindlichkeit gegenüber dem Mitteldeutschen Rundfunk ausgewiesen.

Im Anschluss wird die für den Mitteldeutschen Rundfunk beigetriebene Forderung durch Gemeindekasse ausgezahlt: 838

	Soll	Haben
3799 – andere sonstige Verbindlichkeiten	100 EUR	
an 7991 – durchlaufende Posten		100 EUR
(1811 – Bank		100 EUR)

839

	3799 **andere sonstige Verbindlichkeiten**			**7991** **durchlaufende Posten**	
Soll		**Haben**	**Soll**		**Haben**
		AB ...		3799	100
3799	100	3799 100			
7991	100	6991 100			

Alternative B

Die Beitreibungsmaßnahmen sind erfolglos. Der offene Posten im Personenkonto wird über eine Buchung im Verwahrkonto ausgebucht.   840

	Soll	Haben
3799 – andere sonstige Verbindlichkeiten	./. 100 EUR	
an 3799 – andere sonstige Verbindlichkeiten		./. 100 EUR

841

3799
andere sonstige Verbindlichkeiten

Soll		Haben	
		AB	...
3799	100	3799	100
3799	./. 100	3799	./. 100

II. Vorschüsse

Hierbei handelt es sich um Zahlungsausgänge, die die Kommune im Namen von Dritten ausgezahlt hat und durch Dritte ausgeglichen werden müssen bzw. bei denen der Gemeindekasse keine Auszahlungsanordnung der Geschäftsbuchhaltung vorliegt (unbekannte Auszahlungen). Vorschüsse fallen insbesondere für Reisekosten, zur Auffüllung von Handvorschüssen oder Wechselgeldvorschüssen sowie bei Überzahlungen von Vergütungen an.   842

Mit dem Zahlungsausgang entsteht eine Forderung gegenüber dem Dritten bzw. bis zur Zuordnung zu einem sachlich korrekten Konto.   843

Die Gemeindekasse bucht: 844

	Soll	Haben
1791 – sonstige Vermögensgegenstände		
an 7991 - durchlaufende Posten		
(1811 - Bank		)

845

1791		7991	
sonstige Vermögensgegenstände		durchlaufende Posten	
Soll	**Haben**	**Soll**	**Haben**
AB ...			1791
7991			

846 Das Vorschusskonto 1791 weist mit dieser Buchung eine um den Auszahlungsbetrag höhere Forderung aus.

847 Begleicht der Dritte die Forderung bzw. ist diese aufgrund einer Zahlungsanordnung einem sachlich korrekten Konto zuzuordnen, bucht die Gemeindekasse:

	Soll	Haben
6991 – durchlaufende Posten		
(1811 - Bank	)	
an 1791 - sonstige Vermögensgegenstände		

848

1791		6991	
sonstige Vermögensgegenstände		durchlaufende Posten	
Soll	**Haben**	**Soll**	**Haben**
AB ...		1791	
7991	6991		

849 Mit der Einzahlung des Dritten bzw. der sachlichen Zuordnung der Auszahlung wird die Forderung im Vorschusskonto ausgeglichen.

Beispiel

850 Ein städtischer Mitarbeiter beabsichtigt, auf eine mehrtägige Dienstreise zu fahren. Für die zu erwartenden Übernachtungskosten erhält er einen Vorschuss von seinem Arbeitgeber i.H.v. 200 EUR.

851 Die Geschäftsbuchhaltung bucht:

	Soll	Haben
1791 – sonstige Vermögensgegenstände	200 EUR	
an 1791 - sonstige Vermögensgegenstände		200 EUR

852

1791	
sonstige Vermögensgegenstände	
Soll	**Haben**
AB ...	
1791 200	1791 200

853 Diese Buchung erzeugt einen offenen Posten (Forderung) im Personenkonto des städtischen Mitarbeiters.

854 Die Gemeindekasse bucht die Auszahlung des Vorschusses an den Mitarbeiter:

855

	Soll	Haben
1791 - sonstige Vermögensgegenstände	200 EUR	
an 7991 - durchlaufende Posten		200 EUR
(1811 - Bank		200 EUR)

856

1791 sonstige Vermögensgegenstände				7991 durchlaufende Posten			
Soll		Haben	Soll			Haben	
AB	...				1791	200	
1791	200	1791	200				
7991	200						

Nach Beendigung der Dienstreise rechnet der Mitarbeiter die Übernachtungskosten ab. 857 Der Vorschuss wird durch die Gemeindekasse mit einer Auszahlungsanordnung der Geschäftsbuchhaltung verrechnet. Die Gemeindekasse bucht im Vorschusskonto:

	Soll	Haben
6991 - durchlaufende Posten	200 EUR	
(1811 - Bank	200 EUR)	
an 1791 – sonstige Vermögensgegenstände		200 EUR

858

1791 sonstige Vermögensgegenstände				6991 durchlaufende Posten			
Soll		Haben	Soll			Haben	
AB	...			1791	200		
1791	200	1791	200				
7991	200	6991	200				

S. Umsatzsteuer

I. Grundlagen

859 Umgangssprachlich wird die Umsatzsteuer auch als Mehrwertsteuer bezeichnet. Steuer-rechtlich weisen beide Begriffe keinen relevanten Unterschied auf. Durch den Gesetzge-ber wird die Bezeichnung Mehrwertsteuer nicht genutzt.

860 Nach § 4 KStG sind juristische Personen des öffentlichen Rechts mit ihren Betrieben ge-werblicher Art (BgA) steuerpflichtig. Kommunen sind demnach auch Unternehmer im Sinne von § 2 UStG und unterliegen den umsatzsteuerrechtlichen Regelungen.

861 Dabei spielt es keine Rolle, in welcher Rechtsform die Kommune die Unternehmereigen-schaft ausübt. Folgende Rechtsformen sind denkbar:

1. Regiebetrieb (als Produkt im städtischen Haushalt)
2. Eigenbetrieb (organisatorische Abspaltung vom städtischen Haushalt ohne eigene Rechtspersönlichkeit)
3. Anstalt des öffentlichen Rechts (mit oder ohne eigene Rechtspersönlichkeit)
4. Eigengesellschaft (mit eigener Rechtspersönlichkeit)

862 Ein Betrieb gewerblicher Art sind nach § 4 Abs. 1 KStG alle Einrichtungen, die einer nach-haltigen wirtschaftlichen Tätigkeit zur Erzielung von Einnahmen außerhalb der Land- und Forstwirtschaft dienen und die sich innerhalb der Gesamtbetätigung der juristischen Person wirtschaftlich herausheben. Davon werden die Hoheitsbetriebe, die überwiegend der Ausübung der öffentlichen Gewalt dienen, ausgeschlossen (§ 4 Abs. 5 KStG i.V.m. § 2b Abs. 1 UStG).

863 Zur Unterscheidung zwischen einem Hoheitsbetrieb und einem Betrieb gewerblicher Art seien folgende Beispiele genannt:

Hoheitsbetrieb	Betrieb gewerblicher Art
Schulen	Bäder und Schwimmhallen
Sozialhilfe	Sport- und Freizeitanlagen
Jugendhilfe	Abwasserentsorgung
Einwohnermeldewesen	Wasserversorgung
Ordnungswesen	Abfallentsorgung
Personalverwaltung	Vermietung von Gebäuden
Verwaltungsleitung	Solaranlagen
Steuer- und Finanzverwaltung	Vermessungsleistung

Abb. 82: Vergleich Hoheitsbetriebe und Betriebe gewerblicher Art

864 Durch die Neuregelung des Umsatzsteuergesetzes (Einführung § 2b UStG) wurden mit Wirkung vom 1. Januar 2016 die Bereiche, für die die Kommune als Unternehmer im Sinne des Umsatzsteuergesetzes behandelt wird, ausgeweitet. Die Umsatzsteuer erlangt in den Kommunen dadurch erhebliche Bedeutung.

II. System der Umsatzsteuer

1. Umsatzsteuer

Die Umsatzsteuer macht in etwa ein Viertel der Steuereinnahmen aus und ist nach der   865
Lohnsteuer die wichtigste Einnahmequelle der Bundesrepublik Deutschland.

Unternehmen müssen für den Geldwert ihrer Leistungen und Lieferungen an andere   866
Unternehmen und Privatpersonen, also ihren Umsatz, eine Steuer an das zuständige
Finanzamt abführen. Dieser Umsatz wird als Netto bezeichnet.

Die Höhe der abzuführenden Umsatzsteuer richtet sich nach den Regelungen des Umsatz-   867
steuergesetzes. Der regelmäßige Steuersatz beträgt derzeit 19 v.H. (§ 12 Abs. 1 UStG). Der
ermäßigte Steuersatz (z.B. für Trinkwasser, Druckerzeugnisse und Lebensmittel) beläuft
sich gegenwärtig auf 7 v.H. (§ 12 Abs. 2 UStG).

Die an das Finanzamt abzuführende Umsatzsteuer wird wie folgt ermittelt: 868

$$\text{Umsatzsteuer} = \text{Umsatz (netto)} * \text{Steuersatz}$$

Beispiel
Die Stadtwerke liefern Strom im Wert von 1.000 EUR und Trinkwasser im Wert von   869
500 EUR an einen privaten Haushalt.

Stromlieferung (Umsatzsteuersatz 19 v.H.)   870

$$1.000\,\text{EUR} * \frac{19}{100} = 190\,\text{EUR}$$

Lieferung von Trinkwasser (Umsatzsteuersatz 7 v.H.)   871

$$500\,\text{EUR} * \frac{7}{100} = 35\,\text{EUR}$$

Die Stadtwerke müssen an das zuständige Finanzamt insgesamt 225 EUR (190 EUR +   872
35 EUR) abführen.

Die Umsatzsteuer wird dem Nettoumsatz hinzugerechnet. Der auf diese Weise ermittelte   873
Bruttobetrag wird dem Kunden in Rechnung gestellt. Der Rechnungsbetrag ermittelt sich
wie folgt:

$$\text{Rechnungsbetrag (brutto)} = \text{Netto} * (1 + \text{Steuersatz})$$

Beispiel
Die Rechnungsbeträge aus obigem Beispiel, die dem Kunden in Rechnung gestellt wer-   874
den, berechnen sich wie folgt:

875   Rechnungsbetrag für Stromlieferung

$$1.000 \text{ EUR} \times \left(1 + \frac{19}{100}\right) = 1.190 \text{ EUR}$$

876   Rechnungsbetrag für die Lieferung von Trinkwasser

$$500 \text{ EUR} \times \left(1 + \frac{7}{100}\right) = 535 \text{ EUR}$$

877   Der Kunde muss insgesamt 1.725 EUR (1.190 EUR + 535 EUR) an die Stadtwerke zahlen.

2. Vorsteuer

878   Nimmt ein Unternehmen zur Erzielung seiner Umsätze Leistungen anderer Unternehmen in Anspruch (Vorleistungen), kann die auf diese Vorleistungen gezahlte Umsatzsteuer als sogenannte Vorsteuer von der Umsatzsteuerzahllast abgezogen werden. Im Fall, dass die Vorsteuer höher ist als die Umsatzsteuer, erstattet das Finanzamt diese Differenz. Das kann insbesondere bei Investitionen der Unternehmen zutreffen.

879   Die Umsatzsteuerzahllast des Unternehmens ermittelt sich wie folgt:

Zahllast = Umsatzsteuer ./. Vorsteuer

Beispiel

880   Für die Erzeugung des Stroms mittels einer Gasturbine haben die Stadtwerke Gas im Wert von 500 EUR verbraucht. Die darauf entfallene Vorsteuer betrug 95 EUR. Die Umsatzsteuerzahllast ermittelt sich wie folgt:

190 EUR USt. Stromlieferung ./. 95 EUR = 95 EUR

881   Einschließlich der Umsatzsteuer aus der Trinkwasserlieferung müssen die Stadtwerke 130 EUR (95 EUR + 35 EUR USt. Trinkwasser) für den betrachtenden Zeitraum an das Finanzamt abführen.

III. Umsatzsteuervoranmeldung

882   Die Unternehmen sind verpflichtet, die umsatzsteuerrelevanten Vorgänge monatlich an das Finanzamt zu melden und die daraus resultierenden Umsatzsteuern abzuführen. Kleinere Unternehmen können auf Antrag ihre Umsatzsteuervoranmeldung quartalsweise fertigen.

883   Grundsätzlich wird die Umsatzsteuer nach vereinbarten Entgelten berechnet. Demnach ist die Umsatzsteuer an das Finanzamt im Folgemonat, nachdem der Umsatz erzielt wurde, also die Leistung durch das Unternehmen erbracht wurde, abzuführen. Das gilt unabhängig vom tatsächlichen Zahlungseingang.

Zur Sicherung der Liquidität kleiner Unternehmen können diese auf Antrag die Umsatzsteuer nach vereinnahmten Entgelten abführen. Im Gegensatz zur grundsätzlichen Regelung wird die Umsatzsteuer erst im Folgemonat des Zahlungseingangs fällig. 884

IV. BgAs, die nur anteilig vorsteuerabzugsberechtigt sind

Bei Betrieben gewerblicher Art, die zum Teil hoheitliche Aufgaben wahrnehmen (Misch-BgA), wird anhand des Nutzungsverhältnisses bzw. im Verhältnis der Erträge der Grad der tatsächlichen wirtschaftlichen Nutzung ermittelt. In diesem Verhältnis ist die Kommune berechtigt, Vorsteuer geltend zu machen. 885

Beispiel
Das städtische Schwimmbad dient auch der hoheitlichen Aufgabe Schulschwimmen. Anhand der Nutzungsstunden (Schulschwimmen und sonstige Besucher) wurde ein Anteil von 15 v.H. für hoheitliche Aufgaben ermittelt. Daraus resultiert, dass nur 85 v.H. der Vorsteuern geltend gemacht werden können. 886

V. Korrekturen nach § 15a UStG

Im Rahmen einer Investition bei Misch-BgAs ist vielfach unklar, in welchem Umfang die tatsächliche wirtschaftliche Nutzung, die zu einer Vorsteuerabzugsberechtigung führt, stattfindet. Insbesondere bei der Errichtung neuer Betriebe gewerblicher Art ist eine Einschätzung der späteren wirtschaftlichen Nutzung erforderlich. Der eingeschätzte Anteil sollte mit dem Finanzamt abgestimmt werden, da größere Investitionen zu hohen Vorsteuererstattungen führen. 887

Im Rahmen des Jahresabschlusses und der damit verbundenen Umsatzsteuererklärung wird für das abgelaufene Haushaltsjahr das Maß der tatsächlichen wirtschaftlichen Nutzung anhand von entsprechenden Kennzahlen ermittelt. Soweit eine Abweichung zwischen der im Rahmen der Investition eingeschätzten wirtschaftlichen Nutzung und den tatsächlichen Verhältnissen ermittelt wurde, ist der Unterschiedsbetrag an das Finanzamt abzuführen bzw. wird dieser vom Finanzamt erstattet. 888

Der Korrekturzeitraum nach § 15a Abs. 1 UStG beträgt für immobiles Vermögen zehn Jahre und für anderes Vermögen fünf Jahre. 889

Das Korrekturverfahren richtet sich nach § 15a Abs. 5 UStG und ist wie folgt durchzuführen: 890

a) Der bei der Investition angefallene Vorsteuerbetrag wird durch den Korrekturzeitraum (fünf bzw. zehn Jahre) geteilt. 891

b) Dieser wird mit dem bei der Investition geschätzten Grad der wirtschaftlichen Nutzung multipliziert. 892

c) Des Weiteren wird der unter a) ermittelte Betrag mit dem tatsächlichen Grad der wirtschaftlichen Nutzung des abgelaufenen Haushaltsjahres multipliziert. 893

894   d)   Der Unterschiedsbetrag zwischen b) und c) führt zu einer Zahlung an das Finanzamt bzw. einem Erstattungsanspruch gegenüber dem Finanzamt.

895   Diese Korrekturen müssen als Aufwand bzw. Ertrag im Jahr der Korrektur in der Ergebnisrechnung ausgewiesen werden.

Beispiel

896   In den Rechnungen zur Errichtung des städtischen Schwimmbads waren Vorsteuerbeträge in Höhe von 500.000 EUR enthalten. Zum Zeitpunkt der Investition ging die Stadt von einer wirtschaftlichen Nutzung in Höhe 75 v.H. aus.
Der Korrekturzeitraum beträgt zehn Jahre.

Alternative A

897   Die tatsächliche wirtschaftliche Nutzung betrug im abgelaufenen Haushaltsjahr 70 v.H.

a) 500.000 EUR / 10 = 50.000 EUR
b) 50.000 EUR * 75 v.H. = 37.500 EUR
c) 50.000 EUR * 70 v.H. = 35.000 EUR
d) 37.500 EUR ./. 35.000 EUR = 2.500 EUR

898   Die Stadt hat an das Finanzamt 2.500 EUR zu zahlen.

Alternative B

899   Die tatsächliche wirtschaftliche Nutzung betrug im abgelaufenen Haushaltsjahr 80 v.H.

a) 500.000 EUR / 10 = 50.000 EUR
b) 50.000 EUR * 75 v.H. = 37.500 EUR
c) 50.000 EUR * 80 v.H. = 40.000 EUR
d) 37.500 EUR ./. 40.000 EUR = ./. 2.500 EUR

900   Die Stadt hat gegenüber dem Finanzamt einen Erstattungsanspruch in Höhe von 2.500 EUR.

VI. Umsatzsteuererklärung

901   Die jährliche Umsatzsteuererklärung ist bis zum 31.05. eines jeden Jahres für das Vorjahr an das zuständige Finanzamt zu leiten. Soweit die Kommune durch einen Steuerberater vertreten wird, gelten längere Fristen.

902   Im Rahmen der jährlichen Umsatzsteuererklärung werden u.a. die Korrekturen nach § 15a UStG vorgenommen und die anteilige wirtschaftliche Nutzung der Misch-BgA ermittelt.

903   Von der so ermittelten Zahllast werden die im Rahmen der monatlichen Voranmeldungen an das Finanzamt abgeführten Beträge abgezogen.

VII. Buchhalterische Behandlung der Umsatz-/Vorsteuer

1. Umsatzsteuer

Umsatzsteuerpflichtige Buchungen werden zerlegt in die Nettoerträge und die Umsatzsteuer. Die auf die Nettoerträge bzw. die Veräußerung von Vermögen des BgA abzuführende Umsatzsteuer stellt eine Verbindlichkeit gegenüber dem Finanzamt dar.

904

Die Geschäftsbuchhaltung bucht:

905

	Soll	Haben
1711 - Forderungen aus LuL	Bruttobetrag	
an 3791 - sonstige Verbindlichkeiten gegen die Steuerverwaltung		Umsatzsteuer
und 4*** - Ertragskonto		Nettobetrag

Die Gemeindekasse bucht:

906

	Soll	Haben
6*** - Einzahlung von Erträgen	Nettobetrag	
und 6521 - Erstattung von Steuern	Umsatzsteuer	
(1811 - Bank	...)	
an 1711 - Forderungen aus LuL		Bruttobetrag

907

1711
Forderungen aus LuL

Soll		Haben
AB	...	6*** u.
3791 u.		6521 Brutto
4*** Brutto		

3791
sonstige Vbk gegen Steuerverwaltung

Soll		Haben
	AB	...
	1711	USt.

4*
Ertragskonto

Soll		Haben
	1711	Netto

6*
Einzahlungskonto

Soll		Haben
1711 u. Netto		

6521
Erstattung von Steuern

Soll		Haben
1711 USt.		

2. Vorsteuer

908 Bei Aufwendungen und Investitionen für Bereiche mit Vorsteuerabzugsberechtigung entsteht mit Buchung der Rechnung eine Forderung gegen das Finanzamt aus Vorsteuer. Bei dem Aufwandskonto bzw. aktiven Bestandskonto wird der Nettobetrag gebucht.

909 Die Geschäftsbuchhaltung bucht:

	Soll	Haben
5*** - Aufwand	Nettobetrag	
und 1791 - sonstige Vermögensgegenstände (Forderungen)	Vorsteuer	
an 3511 - Verbindlichkeiten aus LuL		Bruttobetrag

910 Die Gemeindekasse bucht:

	Soll	Haben
3511 - Verbindlichkeiten aus LuL	Bruttobetrag	
an 7*** - Auszahlung aus Aufwendungen		Nettobetrag
und 7441 - Steuern, Versicherungen, Schadensfälle		Vorsteuer
(1811 - Bank		...)

911

1791				3511		
sonst. VG (Forderungen)				**Vbk aus LuL**		
Soll		Haben	Soll			Haben
AB	...		7*** u.	AB		...
3511	VSt.		7441 Brutto	5*** u.		
				1791		Brutto

5***				7***		
Aufwandskonto				**Auszahlungskonto**		
Soll		Haben	Soll			Haben
3511	Netto				3511	Netto

7441		
Steuern, Versicherungen, Schadensf.		
Soll		Haben
	3511	VSt.

VIII.　Ermittlung der Zahllast im Folgemonat

Im Rahmen der Umsatzsteuervoranmeldung ist die aus den umsatzsteuerpflichtigen Vorgängen des Vormonats ermittelte Umsatzsteuer mit der Vorsteuer aus den Vorleistungen anderer Unternehmen zu saldieren. Übersteigt die monatliche Umsatzsteuer die Vorsteuer entsteht eine Zahllast an das Finanzamt. Im anderen Fall besteht ein Erstattungsanspruch gegen das Finanzamt. Der Ausgleich erfolgt durch Buchungen zwischen den Forderungs- (1791) und Verbindlichkeitskonten gegen die Steuerverwaltung (3791). 912

Die Geschäftsbuchhaltung bucht: 913

	Soll	Haben
3791 - sonstige Verbindlichkeiten gegen die Steuerverwaltung	Umsatzsteuer	
an 1791 - sonstige Vermögensgegenstände (Forderungen)		Vorsteuer

Die Gemeindekasse bucht im Falle einer Zahllast (Umsatzsteuer > Vorsteuer): 914

	Soll	Haben
3791 - sonstige Verbindlichkeiten gegen die Steuerverwaltung	Umsatzsteuer ./. Vorsteuer	
an 7441 - Steuern, Versicherungen, Schadensfälle		Umsatzsteuer ./. Vorsteuer
(1811 - Bank		...)

915

1791				**3791**			
sonst. VG (Forderungen)				**sonst. Vbk. gegen Steuerverwaltung**			
Soll			**Haben**	**Soll**			**Haben**
AB		...	3791　VSt.	1791	USt.	AB	...
				7441	USt. ./. VSt.		

7441		
Steuern, Versicherung, Schadensfälle		
Soll		**Haben**
	3791	USt. ./. VSt.

Die Gemeindekasse bucht im Falle eines Erstattungsanspruchs (Vorsteuer > Umsatzsteuer): 916

	Soll	Haben
6521 - Erstattung von Steuern	Vorsteuer ./. Umsatzsteuer	
(1811 - Bank	...)	
an 1791 - sonstige Vermögensgegenstände (Forderungen)		Vorsteuer ./. Umsatzsteuer

917

1791
sonst. VG (Forderungen)

Soll		Haben
AB	...	3791 VSt.
		6521 VSt. ./. USt.

3791
sonst. Vbk. gegen Steuerverwaltung

Soll		Haben
1791 USt.	AB	...

6521
Erstattung von Steuern

Soll	Haben
1791 VSt. ./. USt.	

Beispiel

918 Das städtische Schwimmbad verzeichnete in einem Monat Eintrittsgelder in Höhe von 11.900 EUR (brutto). Die Vorleistungen anderer Unternehmen betrugen im gleichen Zeitraum 10.710 EUR (brutto). Die Bruttobeträge enthalten jeweils 19 v.H. Umsatzsteuer.

919 Die Geschäftsbuchhaltung bucht:

	Soll	Haben
1711 – privatrechtliche Forderungen aus LuL	11.900 EUR	
an 3791 - sonstige Verbindlichkeiten gegen die Steuerverwaltung		1.900 EUR
und 4461 - Erträge aus Eintrittsgeldern		10.000 EUR

920

	Soll	Haben
5*** - Aufwand	9.000 EUR	
und 1791 - sonstige Vermögensgegenstände (Forderungen)	1.710 EUR	
an 3511 - Verbindlichkeiten aus LuL		10.710 EUR

921

1711
privatrechtl. Forderungen aus LuL

Soll		Haben
AB	...	
3791 u.		
4461	11.900	

3791
sonst. Vbk. gegen Steuerverwaltung

Soll		Haben
	AB	...
	1711	1.900

4461
Erträge aus Eintrittsgeldern

Soll	Haben	
	1711	10.000

5*
Aufwandskonto

Soll		Haben
3511	9.000	

1791 sonst. VG (Forderungen)				3511 Verbindlichkeiten aus LuL	
Soll		Haben	Soll		Haben
AB	...			AB	...
3511	1.710			5*** u.	
				1791	10.710

Ermittlung der Zahllast:

	Soll	Haben
3791 - sonstige Verbindlichkeiten gegen die Steuerverwaltung	1.710 EUR	
an 1791 - sonstige Vermögensgegenstände (Forderungen)		1.710 EUR

1791 privatrechtl. Forderungen aus LuL				3791 sonst. Vbk. gegen Steuerverwaltung	
Soll		Haben	Soll		Haben
AB	...	3791 1.710	1791 1.710	AB	...
3511	1.710			1711	1.900

Daraus ergibt sich folgende Verbindlichkeit gegenüber dem Finanzamt:

	Umsatzsteuer	1.900 EUR
./.	Vorsteuer	1.710 EUR
=	Zahllast	190 EUR

Die Gemeindekasse bucht:

	Soll	Haben
6461 - Einzahlung aus Eintrittsgeldern	10.000 EUR	
und 6521 - Erstattung von Steuern	1.900 EUR	
(1811 - Bank	11.900 EUR)	
an 1711 - Forderungen aus LuL		11.900 EUR

	Soll	Haben
3511 - Verbindlichkeiten aus LuL	10.710 EUR	
an 7*** - Auszahlung aus Aufwendungen		9.000 EUR
und 7441 - Steuern, Versicherungen, Schadensfälle		1.710 EUR
(1811 - Bank		10.710 EUR)

	Soll	Haben
3791 - sonstige Verbindlichkeiten gegen die Steuerverwaltung	190 EUR	
an 7441 - Steuern, Versicherungen, Schadensfälle		190 EUR
(1811 - Bank		190 EUR)

929

1711
privatrechtl. Forderungen aus LuL

Soll			Haben
AB	...	6461 u.	
3791 u.		6521	11.900
4461	11.900		

3791
sonst. Vbk. gegen Steuerverwaltung

Soll			Haben
1791	1.710	AB	...
7441	190	1711	1.900

1791
sonst. VG (Forderungen)

Soll			Haben
AB	...	3791	1.710
3511	1.710		

3511
Verbindlichkeiten aus LuL

Soll			Haben
7*** u.		AB	...
7441	10.710	5*** u.	
		1791	10.710

6461
Einzahlungen aus Eintrittsgelder

Soll			Haben
1711	10.000		

7*
Auszahlungskonto

Soll			Haben
		3511	9.000

6521
Erstattung von Steuern

Soll			Haben
1711	1.900		

7441
Steuern, Versicherung, Schadensfälle

Soll			Haben
		3511	1.710
		3791	190

IX. Innergemeinschaftlicher Erwerb

930 Unabhängig davon, ob die Kommune vorsteuerabzugsberechtigt ist, muss für Lieferungen und Leistungen, die die Kommune aus der EU-Zone in Empfang nimmt, die darauf in Deutschland fällige Umsatzsteuer an das zuständige Finanzamt abgeführt werden. Dazu erfolgt bei der Rechnung aus dem EU-Ausland kein Ausweis der in diesem Land geltenden Umsatzsteuer. Die in Rechnung gestellten Beträge werden also netto ausgewiesen.

931 Soweit diese Umsatzsteuer auf Investitionen bzw. Aufwendungen für eine Aufgabe der Kommune ohne Vorsteuerabzugsberechtigung entfällt, muss diese der Investition bzw. dem Aufwand zugerechnet werden.

932 Bei den Leistungen für die Betriebe gewerblicher Art kann die Kommune diese Steuer als Vorsteuer geltend machen, sodass die Investition bzw. der Aufwand in der Buchführung Netto ausgewiesen wird.

Beispiel

Alternative A - ohne Vorsteuerabzug

Die Stadt Elbstein baut ein Museum. Im Ergebnis eines Wettbewerbs wurde ein spa‑ 933
nisches Architekturbüro mit der Planung des Museums betraut. Die Stadt erhält eine
Rechnung für Planungsleistungen in Höhe von 100.000 EUR. Die spanische Rechnung
enthält keine Umsatzsteuer (der Mehrwertsteuersatz beträgt in Spanien 21 v.H.). Die
Stadt Elbstein muss 19.000 EUR Umsatzsteuer (19 v.H. der Rechnungssumme) an das
örtlich zuständige Finanzamt abführen. Ein Vorsteuerabzug entfällt für den Bau des
Museums.

Die Geschäftsbuchhaltung bucht: 934

	Soll	Haben
0961 - Anlagen im Bau: Hochbaumaßnahmen	100.000 EUR	
an 3511 - Verbindlichkeiten aus LuL		100.000 EUR

Die Gemeindekasse bucht: 935

	Soll	Haben
3511 - Verbindlichkeiten aus LuL	100.000 EUR	
an 7851 - Auszahlungen für Hochbaumaßnahmen		100.000 EUR
(1811 - Bank		100.000 EUR)

Die an das Finanzamt abzuführende Umsatzsteuer ist, wie das Honorar des Architekten, 936
den Herstellungskosten zuzurechnen.

Die Geschäftsbuchhaltung bucht: 937

	Soll	Haben
0961 - Anlagen im Bau: Hochbaumaßnahmen	19.000 EUR	
an 3791 – sonstige Verbindlichkeiten gegen die Steuerverwaltung		19.000 EUR

Die Gemeindekasse bucht: 938

	Soll	Haben
3791 - sonstige Verbindlichkeiten gegen die Steuerverwaltung	19.000 EUR	
an 7851 - Auszahlungen für Hochbaumaßnahmen		19.000 EUR
(1811 - Bank		19.000 EUR)

939

0961 Anlagen im Bau: Hochbaumaßnahme		3511 Verbindlichkeiten aus LuL	
Soll	Haben	Soll	Haben
AB ...		7851 100.000	AB ...
3511 100.000			0961 100.000
3791 19.000			

940

7851			3791	
Auszahlungen Hochbaumaßnahme			**sonst. VbK gegen Steuerverwaltung**	
Soll	**Haben**	**Soll**		**Haben**
3511 100.000		7851 19.000	AB	...
3791 19.000			0961	19.000

Variante B - mit Vorsteuerabzug

941 Die Stadt Elbstein baut eine neue Schwimmhalle. Ein Teil der Leistung wird durch polnische Bauunternehmen erbracht. Die Stadt erhält eine Rechnung für Bauleistungen in Höhe von 1.000.000 EUR. Die polnische Rechnung enthält keine Umsatzsteuer (der Mehrwertsteuersatz beträgt in Polen 23 v.H.). Die Stadt Elbstein muss 190.000 EUR Umsatzsteuer (19 v.H. der Rechnungssumme) an das örtliche zuständige Finanzamt abführen. Gleichzeitig kann die Stadt Elbstein einen Vorsteuerabzug in Höhe von 190.000 EUR geltend machen.

942 Die Geschäftsbuchhaltung bucht:

	Soll	Haben
0961 - Anlagen im Bau: Hochbaumaßnahmen	1.000.000 EUR	
an 3511 - Verbindlichkeiten aus LuL		1.000.000 EUR

943

	Soll	Haben
1791 - sonstige Vermögensgegenstände (Forderungen)	190.000 EUR	
an 3791 - sonstige Verbindlichkeiten gegen die Steuerverwaltung		190.000 EUR

944 Die Gemeindekasse bucht:

	Soll	Haben
3511 - Verbindlichkeiten aus LuL	1.000.000 EUR	
an 7851 - Auszahlungen für Hochbaumaßnahmen		1.000.000 EUR
(1811 - Bank		1.000.000 EUR)

945

	Soll	Haben
6521 – Erstattung von Steuern	190.000 EUR	
(1811 - Bank	190.000 EUR)	
an 1791 - sonstige Vermögensgegenstände (Forderungen)		190.000 EUR

946

	Soll	Haben
3791 - sonstige Verbindlichkeiten gegen die Steuerverwaltung	190.000 EUR	
an 7441 - Steuern, Versicherungen, Schadensfälle		190.000 EUR
(1811 - Bank		190.000 EUR)

0961		3511	
Anlagen im Bau: Hochbaumaßnahme		**Verbindlichkeiten aus LuL**	
Soll	Haben	Soll	Haben
AB ...		7851 1.000.000	AB ...
3511 1.000.000			0961 1.000.000

1791		3791	
sonst. VG (Forderungen)		**sonst. VbK gegen Steuerverwaltung**	
Soll	Haben	Soll	Haben
AB ...	6521 190.000	7441 190.000	AB ...
3791 190.000			1791 190.000

7851		6521	
Auszahlungen Hochbaumaßnahmen		**Erstattung von Steuern**	
Soll	Haben	Soll	Haben
	3511 1.000.000	1791 190.000	

7441	
Steuern, Versicherung, Schadensfälle	
Soll	Haben
	3791 190.000

X. Prüfungen durch das Finanzamt bzw. Korrekturen nach § 15a UstG

Umsatzsteuerprüfungen durch das Finanzamt betreffen immer vergangene Zeiträume. Unter Beachtung von § 120 Abs. 1 KVG LSA ist der Jahresabschluss innerhalb von vier Monaten also bis zum 30.04. des Folgejahres aufzustellen. Daraus folgt, dass die aus der Prüfung resultierenden Korrekturen nicht mehr in dem Zeitraum verbucht werden können, für den sie festgestellt wurden. Gleiches gilt für Korrekturen nach § 15a UStG.

Infolgedessen müssen Nachzahlungen als Aufwand und Erstattungen als Ertrag im laufenden Haushaltsjahr verbucht werden.

Die Geschäftsbuchhaltung bucht bei einer Erstattung vom Finanzamt:

	Soll	Haben
1791 - sonstige Vermögensgegenstände (Forderungen)		
an 4521 - Erstattung von Steuern		

951 Bei einer Zahllast:

	Soll	Haben
5441 - Aufwendungen aus Steuern ...		
an 3791 - sonstige Verbindlichkeiten gegen die Steuerverwaltung		

952 Die Gemeindekasse bucht bei einer Erstattung vom Finanzamt:

	Soll	Haben
6521 - Einzahlungen aus Erstattungen von Steuern		
an 1791 - sonstige Vermögensgegenstände (Forderungen)		

953 Bei einer Zahllast:

	Soll	Haben
3791 - sonstige Verbindlichkeiten gegen die Steuerverwaltung		
an 7441 - Auszahlungen aus Steuern, ...		

T. Materialwirtschaft/Lagerbuchhaltung

I. Grundlagen

954 Zur Erfüllung ihrer Aufgaben benötigen Kommunen eine Vielzahl von Materialien. Obwohl das Vorratsvermögen in der Vermögensrechnung wertmäßig eine untergeordnete Rolle spielt, ist die buchhalterische Behandlung der Beschaffung sowie des Verbrauchs aufgrund der unterschiedlichen Arten von hoher Komplexität geprägt.

955 Der Kontenrahmenplan des Landes Sachsen-Anhalt unterscheidet die folgenden Arten von Vorräten:

956

Konto	Bezeichnung
1511	**Rohstoffe** sind alle Grundstoffe, die als wesentlicher Bestandteil oder Hauptbestandteil in das Erzeugnis eingehen (z.B. Metalle, Holz)
1521	**Hilfsstoffe** gehen ebenso wie Rohstoffe unmittelbar in das Produkt ein und stellen indes nur einen untergeordneten Bestandteil dar (z.B. Schrauben, Leim, Farbe)
1531	**Betriebsstoffe** gehen nicht in das Erzeugnis ein, unterstützen aber den Produktions- bzw. Verwaltungsablauf. Sie werden im Produktions- bzw. Verwaltungsprozess verbraucht (z.B. Brenn- und Schmierstoffe).
1541	**Waren** sind gekaufte Vermögensgegenstände des Vorratsvermögens, die ohne wesentliche Be- oder Verarbeitung vollständig abgabe- und verkaufsfähig sind.

Abb. 83: Arten von Vorräten

Da das Vorratsvermögen den unterschiedlichen Zwecken der kommunalen Aufgabener- 957
füllung dient, betrifft der Verbrauch des Vorratsvermögens auch die unterschiedlichsten
Aufwandsarten. So ist z.B. der Verbrauch von Benzin der Fahrzeughaltung (Konten 5251/
7251), der Verbrauch von Heizöl der Bewirtschaftung von Grundstücken und baulichen
Anlagen (Konten 5241/7241), der Verbrauch von Kopierpapier dem Bürobedarf (Konten
5431/7431), der Verbrauch von Zement und Kies in Abhängigkeit von der Verwendung
entweder der Unterhaltung von Grundstücken und baulichen Anlagen (Konten 5211/
7211) bzw. wenn es für investive Maßnahmen eingesetzt wird, dem Konto 5281/7281 –
Aufwendungen/Auszahlungen für den Verbrauch von Vorräten – zuzuordnen.

Grundsätzlich sind zwei Arten der buchhalterischen Behandlung von Vorratsvermögen 958
denkbar:

II. Aufwandsorientiertes Verfahren

Bei einer Behandlung der Beschaffung von Vorrat als laufender Aufwand gilt dieser zum 959
Zeitpunkt des Erwerbs als verbraucht. Die eingehende Rechnung wird durch die Geschäftsbuchhaltung sofort als Aufwand in der Ergebnisrechnung gebucht. Eine Buchung
auf einem Bestandskonto unterbleibt.

Die Geschäftsbuchhaltung bucht: 960

	Soll	Haben
5... - Aufwandskonto		
an 3511 - Verbindlichkeiten aus LuL		

Bei Fälligkeit bucht die Gemeindekasse: 961

	Soll	Haben
3511 - Verbindlichkeiten aus LuL		
an 7... - Auszahlungskonto		

Durch diese Methode erübrigt sich eine aufwendige Materialbuchhaltung. Eine mengen- 962
mäßige Erfassung des Vorratsvermögens ist nicht erforderlich, da die jeweiligen Rechnungsbeträge als Äquivalent des Verbrauchs gebucht werden. Durch die fehlende Nach-
weisfunktion einer Bestandsbuchhaltung, können entstehende Verluste durch Schwund
(Diebstahl usw.) nicht nachvollzogen werden. Weiterhin sind die am Jahresende tatsächlich noch vorhandenen Vorräte weder mengen- noch wertmäßig bekannt.

Beispiel
Die Beschaffungsabteilung erwirbt einen Monatsvorrat an Kopierpapier. Die Rechnung in 963
Höhe von 2.500 EUR geht ein.

Die Geschäftsbuchhaltung bucht: 964

	Soll	Haben
5431 - Geschäftsaufwendungen	2.500 EUR	
an 3511 - Verbindlichkeiten aus LuL		2.500 EUR

965 Bei Fälligkeit bucht die Gemeindekasse:

	Soll	Haben
3511 - Verbindlichkeiten aus LuL	2.500 EUR	
an 7431 - Geschäftsauszahlungen		2.500 EUR
(1811 – Bank		2.500 EUR)

966

5431		
Geschäftsaufwendungen		
Soll		**Haben**
3511	2.500	

3511		
Verbindlichkeiten aus LuL		
Soll		**Haben**
7431	2.500	AB
		5431 2.500

7431		
Geschäftsauszahlungen		
Soll		**Haben**
		3511 2.500

III. Bestandsorientiertes Verfahren

1. Abgrenzung zum aufwandsorientierten Verfahren

967 Bei dieser Variante wird der Erwerb und der Verbrauch des Vorratsvermögens zeitlich getrennt voneinander erfasst. Dazu ist es erforderlich, dass der Erwerb des Vorratsvermögens auf einem Bestandskonto des Kontenbereichs 15 – Vorräte – erfasst wird. Es ist damit Teil des Umlaufvermögens (§ 46 Abs. 3 Nr. 2a KomHVO).

968 Die Geschäftsbuchhaltung bucht:

	Soll	Haben
15.. - Bestandskonto Vorräte		
an 3511 - Verbindlichkeiten aus LuL		

969 Bei Fälligkeit bucht die Gemeindekasse:

	Soll	Haben
3511 – Verbindlichkeiten aus LuL		
an 7... - Auszahlungskonto		

971 Der Verbrauch des Vorrates wird im Gegensatz zur Behandlung als laufender Aufwand (vgl. Pkt. II) nicht pauschal unterstellt, sondern anhand verschiedener Methoden erfasst und ermittelt. Der ermittelte Verbrauch verringert den Buchbestand des Vorrats und führt folglich zu einem Aufwand in der Ergebnisrechnung.

Die Geschäftsbuchhaltung bucht:

972

	Soll	Haben
5... - Aufwandskonto		
an 15... - Bestandskonto Vorräte		

2. Ermittlung des Verbrauchs von Vorräten

Zur Ermittlung des Vorratsverbrauchs sind zwei unterschiedliche Methoden denkbar.

973

2.1 Fortschreibungsmethode (direkte Methode)

Die Ermittlung des Verbrauchs von Vorräten erfolgt bei der Fortschreibungsmethode direkt bei jeder Entnahme aus dem Lager. Das heißt, der laufende Verbrauch wird nach Datum und Art des Vorrats mengenmäßig erfasst und durch Materialanforderungen bzw. Materialentnahmescheinen nachgewiesen.

974

Diese Variante bietet den Vorteil, dass der Verbrauch von Vorratsvermögen konkret ermittelt wird. Daneben wird eine genaue mengen- und wertmäßige Zuordnung des Verbrauchs von Vorratsvermögen zu den einzelnen Organisationseinheiten/Produkten ermöglicht.

975

Zur Durchführung dieser Methode ist eine Material- / Lagerbuchhaltung erforderlich. Nach § 33 Abs. 7 KomHVO gelten Vorräte als verbraucht, sobald diese vom Lager abgegeben wurden. Die Ermittlung des wertmäßigen Verbrauchs sowie die Buchung des daraus resultierenden Aufwandes ist daher nicht zwingend an den Jahresabschluss gebunden, sondern kann ein fortlaufender Prozess sein. Vielmehr ist es Aufgabe der Inventur des Vorratsvermögens im Rahmen der Jahresabschlussarbeiten mögliche Differenzen (z.B. durch Schwund) zwischen dem Buchbestand und dem tatsächlichen Bestand des Vorratsvermögens festzustellen. Die Unterschiede zwischen Buch- und tatsächlichem Bestand sind ergebniswirksam zu korrigieren.

976

Beispiel

Im Souvenirshop der Touristeninformation werden u.a. Modellflugzeuge verkauft. Am Jahresanfang war ein Bestand von 120 Flugzeugen mit einem Wert von 2.400 EUR vorhanden. Im Laufe des Jahres wurden weitere 300 Flugzeuge zu einem Einzelpreis von 20 EUR erworben.

977

Die Geschäftsbuchhaltung bucht die Beschaffung bei Rechnungseingang als Bestandserhöhung auf dem entsprechenden Bestandskonto wie folgt:

978

Die Geschäftsbuchhaltung bucht:

979

	Soll	Haben
1541- Waren	6.000 EUR	
an 3511 – Verbindlichkeiten aus LuL		6.000 EUR

980   Die Gemeindekasse bucht zur Fälligkeit:

	Soll	Haben
3511 – Verbindlichkeiten aus LuL	6.000 EUR	
an 7281 – Auszahlungen für den Erwerb von Vorräten		6.000 EUR
(1811 - Bank		6.000 EUR)

981

1541			**3511**		
Waren			**Verbindlichkeiten aus LuL**		
Soll		**Haben**	**Soll**		**Haben**
AB	2.400		7281	6.000	AB
3511	6.000				1541 6.000

7281		
Auszahlungen Erwerb Vorräte		
Soll		**Haben**
	3511	6.000

982   Aus den Tagesabschlüssen des Souvenirshops geht hervor, dass insgesamt 380 Modell-flugzeuge zu einem Einzelpreis von 40 EUR verkauft wurden. Die Geschäftsbuchhaltung bucht die Veräußerungen auf dem entsprechenden Forderungskonto:

983

	Soll	Haben
1711- Forderungen aus LuL	15.200 EUR	
an 4421 – Erträge aus Verkauf von Vorräten		15.200 EUR

Die Gemeindekasse bucht zur Fälligkeit:

984

	Soll	Haben
6421 - Einzahlungen aus Verkauf von Vorräten	15.200 EUR	
(1831 – Kassenbestand	15.200 EUR)	
an 1711 - Forderungen aus LuL		15.200 EUR

985

1711			**4421**		
Forderungen aus LuL			**Erträge Verkauf von Vorräten**		
Soll		**Haben**	**Soll**		**Haben**
AB		6421 15.200		1711	15.200
4421	15.200				

6421		
Einzahlungen Verkauf von Vorräten		
Soll		**Haben**
1711	15.200	

Des Weiteren muss der Warenabgang 380 Flugzeuge zu einem einzelnen Beschaffungspreis von 20 EUR (insgesamt 7.600 EUR) gebucht werden.

	Soll	Haben
5281- Aufwendungen für Verbrauch Vorräte	7.600 EUR	
an 1541 – Waren		7.600 EUR

	1541 Waren				5281 Aufwendungen Verbrauch Vorräte		
Soll			Haben	Soll			Haben
AB	2.400	5281	7.600	1541	7.600		
3511	6.000						

Im Rahmen der Inventur wurde ein tatsächlicher Bestand von 35 Flugzeugen festgestellt. Damit fällt der tatsächliche Bestand um fünf Flugzeuge geringer als der Buchbestand aus (120 Anfangsbestand zzgl. 300 Zugänge abzgl. 380 Abgänge = 40 Buchbestand). Dieser Schwund ist ebenfalls aus dem Warenbestand in Höhe des Beschaffungswertes (5 * 20 EUR = 100 EUR) auszubuchen, um den buchmäßigen Schlussbestand an Modellflugzeugen zu ermitteln.

	Soll	Haben
5473 – Wertminderungen beim Umlaufvermögen	100 EUR	
an 1541 – Waren		100 EUR

	1541 Waren				5473 Wertminderungen Umlaufvermögen		
Soll			Haben	Soll			Haben
AB	2.400	5281	7.600	1541	100		
3511	6.000	5473	100				
		SB	700				
	8.400		8.400				

189

992 **Auszug Ergebnisrechnung Souvenirshop**

	Ertrags- und Aufwandsarten	Ergebnis des Haushaltsjahres
5	+ privatrechtliche Leistungsentgelte, Kostenerstattungen und Kostenumlagen	15.200
	4421 Erträge aus dem Verkauf von Vorräten	*15.200*
9	= ordentliche Erträge	15.200
12	+ Aufwendungen für Sach- und Dienstleistungen	7.600
	5281 Aufwendungen für den Verbrauch von Vorräten	*7.600*
14	+ sonstige ordentliche Aufwendungen	100
	5473 Wertminderungen beim Umlaufvermögen	*100*
17	= ordentliche Aufwendungen	7.700
18	= ordentliches Ergebnis	7.500
22	= Jahresergebnis	7.500

993 **Auszug Finanzrechnung Souvenirshop**

	Einzahlungs- und Auszahlungsarten	Ergebnis des Haushaltsjahres
5	+ privatrechtliche Leistungsentgelte, Kostenerstattungen und Kostenumlagen	15.200
	6421 Einzahlungen aus dem Verkauf von Vorräten	*15.200*
8	= Einzahlungen aus laufender Verwaltungstätigkeit	15.200
11	+ Auszahlungen für Sach- und Dienstleistungen	6.000
	7281 Auszahlungen für den Verbrauch von Vorräten	*6.000*
15	= Auszahlungen aus laufender Verwaltungstätigkeit	6.000
16	= Saldo aus laufender Verwaltungstätigkeit	9.200
38	= Bestand an Finanzmitteln am Ende des Haushaltsjahres	9.200

2.2 Inventurmethode (indirekte Methode)

994 Bei der Inventurmethode wird der Verbrauch von Vorräten indirekt im Rahmen der Inventur ermittelt. Dabei werden die Zugänge unmittelbar auf dem Bestandskonto gebucht. Zum Jahresabschluss wird der Endbestand des Vorrates ermittelt und bewertet. Das heißt, der Verbrauch wird nicht laufend erfasst, sondern mit folgender Formel festgestellt:

$$\text{Verbrauch} = \text{Anfangsbestand} + \text{Zugänge} ./. \text{Endbestand lt. Inventur}$$

995 Bei diesem Verfahren ist eine aufwendige Material- und Lagerbuchhaltung nicht erforderlich. Eine genaue mengen- und wertmäßige Zuordnung des Verbrauchs von Vorratsvermögen zu den einzelnen Organisationseinheiten/Produkten ist nicht möglich.

Beispiel

996 Die Beschaffungsabteilung verzeichnete im laufenden Haushaltsjahr Zugänge an Kopierpapier in einer Gesamthöhe von 12.000 EUR. Zu Beginn des Haushaltsjahres wies die

kommunale Vermögensrechnung einen Bestand an Kopierpapier von 1.000 EUR aus. Durch die Inventur wurde am Ende des Haushaltsjahres ein Bestand von 500 EUR ermittelt. Der Verbrauch berechnet sich wie folgt:

Verbrauch = 1.000 EUR + 12.000 EUR ./. 500 EUR
Verbrauch (Aufwand) = 12.500 EUR

Die Geschäftsbuchhaltung bucht die Beschaffung zum jeweiligen Rechnungseingang:

	Soll	Haben
1511 – Rohstoffe/Fertigungsmaterial	12.000 EUR	
an 3511 – Verbindlichkeiten aus LuL		12.000 EUR

Die Gemeindekasse bucht zur Fälligkeit:

	Soll	Haben
3511 – Verbindlichkeiten aus LuL	12.000 EUR	
an 7431 – Geschäftsauszahlungen		12.000 EUR
(1811 - Bank		12.000 EUR)

1511 **3511**
Rohstoffe/Fertigungsmaterial **Verbindlichkeiten aus LuL**

Soll		Haben	Soll		Haben	
AB	1.000		7431	12.000	AB	
3511	12.000				1511	12.000

7431
Geschäftsauszahlungen

Soll		Haben	
		3511	12.000

Im Rahmen des Jahresabschlusses bucht die Geschäftsbuchhaltung:

	Soll	Haben
5431 – Geschäftsaufwendungen	12.500 EUR	
an 1511 – Rohstoffe/Fertigungsmaterial		12.500 EUR

1511 **5431**
Rohstoffe/Fertigungsmaterial **Geschäftsaufwendungen**

Soll		Haben		Soll		Haben
AB	1.000	5431	12.500	1511	12.500	
3511	12.000	SB	500			
	13.000		13.000			

3. Bewertung des Verbrauchs von Vorräten

1003 Um den ermittelten Verbrauch von Vorräten wertmäßig in der Buchhaltung zu erfassen, ist dieser zu bewerten. Problematisch ist dabei, dass innerhalb eines Haushaltsjahres ggf. mehrere Beschaffungsvorgänge für ein und dasselbe Vorratsgut realisiert werden. Die Beschaffungen verschmelzen i.d.R. mit den vorhandenen Beständen (z.B. Benzin, Streusalz, Heizöl). Daher muss die Kommune im Rahmen der Grundsätze ordnungsmäßiger Buchführung Regelungen zur Erfassung und Bewertung des Verbrauchs von Vorratsvermögen (vgl. Pkt. C) treffen. Die entsprechenden Rahmenbedingungen gibt § 39 KomHVO vor. Demnach können die Kommunen die zuerst oder zuletzt angeschafften Vorräte als zuerst oder in einer sonstigen bestimmten Folge als verbraucht unterstellen. Insoweit hat die Kommune weitgehenden Spielraum in der Wahl der nachfolgenden Methoden zur Verbrauchsfolgebewertung.

3.1 FiFo-Methode (First in, First out)

1004 Diese Form der Verbrauchsfolgebewertung geht davon aus, dass das zuerst beschaffte Vorratsvermögen zuerst verbraucht wird.

Beispiel

1005 Der städtische Bauhof lagert für seine Baumaßnahmen zur Unterhaltung der städtischen Gebäude Zement in einem Silo. Der gekaufte Zement wird von oben eingefüllt, während die Entnahme von unten erfolgt. Folgende Beschaffungsvorgänge wurden im laufenden Jahr registriert:

1006

Beschaffungsdatum	Menge in t	Preis in EUR
15.02.	5	950
30.04.	20	3.000
12.08.	15	2.400
24.10.	10	1.700
Gesamt	**50**	**8.050**

1007 Die Geschäftsbuchhaltung bucht:

	Soll	Haben
1511 – Rohstoffe/Fertigungsmaterial	950 EUR 3.000 EUR 2.400 EUR 1.700 EUR	
an 3511 – Verbindlichkeiten aus LuL		950 EUR 3.000 EUR 2.400 EUR 1.700 EUR

Die Gemeindekasse bucht zur Fälligkeit: 1008

	Soll	Haben
3511 – Verbindlichkeiten aus LuL	950 EUR	
	3.000 EUR	
	2.400 EUR	
	1.700 EUR	
an 7211 – Auszahlungen für die Unterhaltung von Grundstücken und baulichen Anlagen		950 EUR
		3.000 EUR
		2.400 EUR
		1.700 EUR
(1811 - Bank		8.050 EUR)

1009

1511 Rohstoffe/Fertigungsmaterial			3511 Verbindlichkeiten aus LuL		
Soll		**Haben**	**Soll**		**Haben**
AB			7211	950	AB
3511	950		7211	3.000	1511 950
3511	3.000		7211	2.400	1511 3.000
3511	2.400		7211	1.700	1511 2.400
3511	1.700				1511 1.700

7211 Unterhaltung der Grundstücke		
Soll		**Haben**
	3511	950
	3511	3.000
	3511	2.400
	3511	1.700

Im Rahmen der Jahresabschlussarbeiten wurde anhand von Wiegescheinen eine Ent- 1010
nahme von 45 t Zement (Verbrauch) ermittelt. Der wertmäßige Verbrauch von Zement
wird nach der FiFo-Methode wie folgt berechnet:

Beschaffungs-datum	Menge in t	Preis in EUR	Verbrauch in t	Verbrauch in EUR	1011
15.02.	5	950	5	950	
30.04.	20	3.000	20	3.000	
12.08.	15	2.400	15	2.400	
24.10.	10	1.700	5	850	
Gesamt	**50**	**8.050**	**45**	**7.200**	

Die Geschäftsbuchhaltung bucht: 1012

	Soll	Haben
5211- Unterhaltung der Grundstücke und baulichen Anlagen	7.200	
an 1511 – Rohstoffe/Fertigungsmaterial		7.200

1013

1511 Rohstoffe/Fertigungsmaterial				5211 Unterhaltung der Grundstücke		
Soll		**Haben**	**Soll**			**Haben**
AB		5211	7.200	1511	7.200	
3511	950					
3511	3.000					
3511	2.400					
3511	1.700					

3.2 LiFo-Methode (Last in, First out)

1014 Diese Form der Verbrauchsfiktion geht davon aus, dass das zuletzt beschaffte Vorratsvermögen zuerst verbraucht wird. Das Buchungsverfahren ändert sich im Vergleich zur FiFo-Methode nicht.

Beispiel

1015 Der städtische Bauhof lagert zur Unterhaltung der städtischen Gebäude Kies auf einer Halde. Der neu beschaffte Kies wird auf die Halde geschüttet. Das benötigte Material wird von oben entnommen.

1016

Beschaffungsdatum	**Menge in t**	**Preis in EUR**
10.01	50	950
20.04	200	3.000
15.07.	150	2.400
21.09.	100	1.700
Gesamt	**500**	**8.050**

1017 Im Rahmen der Jahresabschlussarbeiten wurde anhand von Wiegescheinen eine Entnahme von 450 t Kies (Verbrauch) ermittelt. Der wertmäßige Verbrauch von Zement wird nach der LiFo-Methode wie folgt berechnet:

1018

Beschaffungsdatum	**Menge in t**	**Preis in EUR**	**Verbrauch in t**	**Verbrauch in EUR**
10.01.	50	950		
20.04.	200	3.000	200	3.000
15.07.	150	2.400	150	2.400
21.09.	100	1.700	100	1.700
Gesamt	**500**	**8.050**	**450**	**7.100**

3.3 Durchschnittswertmethode

1019 Bei dieser Methode wird aus den Beschaffungen des Jahres der gewogene durchschnittliche Wert pro Mengeneinheit des Vorratsvermögens ermittelt und mit dem tatsächlichen Verbrauch multipliziert. Das Buchungsverfahren ändert sich im Vergleich zur vorhergehenden Methode nicht.

Beispiel

Das städtische Rathaus wird mit Heizöl beheizt. Folgende Käufe von Heizöl wurden im laufenden Jahr registriert: 1020

Beschaffungs-datum	Menge in l	Preis in EUR	Preis je l in EUR
18.01.	2.000	1.800	0,90
23.02.	1.500	1.275	0,85
01.04.	2.000	1.520	0,76
14.10.	4.000	2.720	0,68
Gesamt	**9.500**	**7.315**	**⌀ 0,77**

Insgesamt wurden 8.000 l Heizöl im laufenden Jahr verbraucht.   1021

$$\text{Verbrauch} = 8.000\,l * 0,77\,\text{EUR/l}$$
$$\text{Verbrauch (Aufwand)} = 6.160\,\text{EUR}$$

Insgesamt kann die Buchung von Vorratsvermögen wie folgt abgegrenzt werden: 1022

Buchung des Vorratsvermögens	
aufwandsorientiertes Verfahren	**bestandsorientiertes Verfahren**
Erwerb	
Buchung sofort als Aufwand	Buchung als Bestandserhöhung in einem Bestandskonto des Kontenbereichs 15 – Vorräte
Buchung durch die Geschäftsbuchhaltung/Gemeindekasse	
Aufwandskonto an Verbindlichkeiten aus LuL	15... – Vorräte an Verbindlichkeiten aus LuL
Verbindlichkeiten aus LuL an Auszahlungskonto	Verbindlichkeiten aus LuL an Auszahlungskonto
Jahresabschlussarbeiten	
weder eine Inventur noch Bestandsbuchungen sind erforderlich, da bereits als Aufwand gebucht	mengen- und wertmäßige Erfassung sowie Buchung des Verbrauchs im Rahmen der Inventur
	Aufwandskonto an 15... - Vorräte
Anwendung	
geringwertiges Vorratsvermögen wie z.B. Papier, Büro- und Heftklammern, Schreibgeräte	Hochwertiges Vorratsvermögen wie z.B. Toner, Rechenmaschinen bzw. Waren, die zur Veräußerung bestimmt sind (insbesondere bei Betrieben gewerblicher Art)

Abb. 84: Buchung von Vorratsvermögen

U. Simulation eines Haushaltsjahres

1023 Nachfolgend wird der Haushaltskreislauf (vgl. Pkt. D) mit seinen drei Phasen Haushaltsplanung, Haushaltsdurchführung und Jahresabschluss anhand von über 70 Geschäftsvorfällen vereinfacht simuliert.

I. Haushaltsplanung

1024 Ende des Jahres 2017 ist die Stadt Elbstein mit den abschließenden Planungen für die Erstellung der Haushaltssatzung 2018 beschäftigt. Die Beschlussfassung der Haushaltssatzung durch die Vertretung ist am 06.11.2017 vorgesehen.

1025 Die unter Punkt IV dargestellten Geschäftsvorfälle sind noch in die Haushaltsplanung einzuarbeiten. Ordnen Sie diese dem Ergebnis- und/oder Finanzplan unter Angabe der Zuordnungsvorschriften sowie des Haushaltsansatzes zu. Nennen Sie die betroffenen Produkte und Konten.

1026 Erstellen Sie im Anschluss den Ergebnis- und Finanzplan (vgl. Pkt. V und VI) sowie die Haushaltssatzung (vgl. Pkt. VII).

II. Haushaltsdurchführung

1027 Nach Beschlussfassung der Haushaltssatzung durch die Vertretung am 06.11.2017 wurde diese der zuständigen Kommunalaufsichtsbehörde vorgelegt. Diese erteilte mit Datum vom 29.11.2017 die erforderliche Genehmigung. Die öffentliche Bekanntmachung der Haushaltssatzung im Amtsblatt mit anschließender öffentlicher Auslegung des Haushaltsplanes im Bürgerbüro erfolgte am 06.12.2017.

1028 Erstellen Sie das Eröffnungsbilanzkonto zum 01.01.2018, und buchen Sie die Geschäftsvorfälle unter Punkt IV im Zeit- und Sachbuch unter Angabe der betroffenen Konten. Nennen Sie die Buchungssätze.

III. Jahresabschluss

1029 Nach Ablauf des 31.12.2018 werden durch die Finanzbuchhaltung (Geschäfts- und Anlagenbuchhaltung sowie Zahlungsabwicklung) die Abschlussbuchungen (siehe Geschäftsvorfälle 67 bis 76) zur Vorbereitung des Jahresabschlusses vorgenommen.

1030 Bilden Sie die erforderlichen Buchungssätze, und nehmen Sie die notwendigen Abschlussbuchungen vor. Erstellen Sie das Schlussbilanzkonto.

1031 Abschließend erstellen Sie die Ergebnisrechnung (vgl. Pkt. IX), die Finanzrechnung (siehe Pkt. X) sowie die Vermögensrechnung (vgl. Pkt. XI).

IV. Geschäftsvorfälle

1. Nach Eröffnung des Haushaltsjahres durch die Finanzbuchhaltung und Zahlungsabwicklung und den damit verbundenen Vorträgen auf den Bestandskonten, erfolgt mit Datum vom 07.01. die Buchungsfreigabe für die Fachbereiche. 1032

2. Am 09.01. überweist die Stadtkasse die noch im vergangenen Jahr angeordnete Rechnung der Stromkosten für den Weihnachtsmarkt i.H.v. 700 EUR. 1033

3. Die Stadt Elbstein setzt am 10.01. die Grundsteuer B für das gesamte Haushaltsjahr per Bescheid gegenüber den Steuerpflichtigen i.H.v. 480.000 EUR fest. 1034

4. Der Elbsteiner SV 1909 mietet für die jährlichen Hauptversammlungen den Ratssaal der Stadt. Der Mietvertrag wird am 12.01. für die kommenden drei Jahre geschlossen. Die jährliche Miete i.H.v. 1.000 EUR ist jeweils zum 01.07. fällig. 1035

5. Am 01.02. wird durch einen Bürger ein fälliges und bereits im vergangenen Jahr festgesetztes Bußgeld i.H.v. 250 EUR aufgrund eines Verstoßes gegen das Waffengesetz überwiesen. 1036

6. Die Stadt Elbstein schließt am 10.02. einen Kaufvertrag für einen neuen Kopierer ab. Der Kaufpreis beträgt 10.000 EUR. Die Zahlung ist am 05.04. fällig. Entsprechend der Festlegung der Anlagenbuchhaltung beträgt die Nutzungsdauer fünf Jahre. 1037

7. Zur Verbesserung der Straßenreinigung ist der Erwerb einer neuen Straßenreinigungsmaschine vorgesehen. Der Zuschlag erfolgt am 10.02. auf das wirtschaftlichste Angebot. Der Kaufpreis beträgt 119.000 EUR. An Überführungskosten fallen weitere 1.000 EUR an. 1038

8. Das Land Sachsen-Anhalt sagt eine Zuwendung i.H.v. 20 v.H. der Anschaffungskosten des neuen Straßenreinigungsfahrzeuges zu (siehe Geschäftsvorfall 7). Der Zuwendungsbescheid geht am 12.02. ein. 1039

9. Zur Fälligkeit 15.02. zahlen die Steuerpflichtigen der Grundsteuer B, insgesamt 120.000 EUR, per Banküberweisung (siehe Geschäftsvorfall 3). 1040

10. Die zentrale Beschaffungsstelle löst am 01.03. einen Auftrag zur Lieferung von 50 Druckertonern aus. Der Bestellpreis beläuft sich auf 3.000 EUR. 1041

11. Am 01.03. wird der Kaufpreis für das neue Straßenreinigungsfahrzeug überwiesen (Geschäftsvorfall 7). 1042

12. Der Zuwendungsbetrag für das neue Straßenreinigungsfahrzeug geht am 04.03. auf dem städtischen Bankkonto ein (siehe Geschäftsvorfall 8). 1043

13. Die Firma Bürobedarf Schludrig GmbH liefert am 07.03. die bestellten Druckertoner (siehe Geschäftsvorfall 10) Der Rechnungsbetrag beläuft sich auf 3.000 EUR und ist 1044

zahlbar innerhalb von 7 Tagen unter Abzug von 3 v.H. Skonto. Die Druckertoner werden in einem separaten Materiallager der IT-Abteilung aufbewahrt und bei Bedarf verteilt.

1045   14. Am 09.03. werden 15 Drucktoner aus dem Materiallager der IT-Abteilung entnommen und an die Fachämter verteilt.

1046   15. Am 10.03. wird die Rechnung für die Lieferung der Druckertoner an die Firma Büro-bedarf Schludrig GmbH durch Banküberweisung beglichen (siehe Geschäftsvorfall 13).

1047   16. Die Zahlung des Kaufpreises für den Kopierer erfolgt vereinbarungsgemäß am 05.04. per Banküberweisung (siehe Geschäftsvorfall 6). An diesem Tag erfolgt auch die Übergabe und Inbetriebnahme.

1048   17. Das neue Straßenreinigungsfahrzeug wird am 05.04. geliefert und in Betrieb genommen (siehe Geschäftsvorfälle 7 und 11).

1049   18. Der Fachbereich Zentrale Dienste veräußert am 10.04. insgesamt zehn Dienst-fahrräder für 100 EUR. Die einzelnen Fahrräder sind bereits abgeschrieben und werden jeweils nur noch mit einem Erinnerungswert in der Anlagenbuchhaltung ge-führt. Die Zahlung wird bar abgewickelt.

1050   19. Für die Unterhaltung der wissenschaftlichen Bibliothek erhält die Stadt Elbstein am 15.04. einen Zuwendungsbescheid vom Land i.H.v. 5.000 EUR.

1051   20. Die Vergabe der Bauleistungen zum grundhaften Ausbau einer neuen Anliegerstraße erfolgt am 20.04. Die Baukosten belaufen sich auf 500.000 EUR.

1052   21. Das Land Sachsen-Anhalt fördert den Bau der neuen Anliegerstraße mit 10 v.H. Der Zuwendungsbescheid geht am 21.04. ein (siehe Geschäftsvorfall 20).

1053   22. Zur Fälligkeit 15.05. zahlen die Steuerpflichtigen der Grundsteuer B insgesamt 118.000 EUR per Banküberweisung. Der restliche Betrag i.H.v. 2.000 EUR wird in bar in die Gemeindekasse eingezahlt (siehe Geschäftsvorfall 3).

1054   23. Die Zuwendung vom Land für die Unterhaltung der wissenschaftlichen Bibliothek wird am 20.05. dem städtischen Bankkonto gutgeschrieben (siehe Geschäftsvorfall 19).

1055   24. Aufgrund des hohen Krankenstandes im vergangenen Jahr konnten die geplanten Unterhaltungsmaßnahmen für das Rathausgebäude nicht durchgeführt werden. Dafür wurde eine Rückstellung i.H.v. 50.000 EUR gebildet. Am 25.05. werden nunmehr die Instandhaltungsmaßnahmen beauftragt. Das Angebot der Firma Schusselig und Part-ner GmbH beläuft sich auf 48.000 EUR.

1056   25. Am 01.06. werden für das anstehende Schuljahr die erforderlichen Unterrichtsmittel (Kreide, Stifte, Papier, Bastelmaterial usw.) für die Grundschulen i.H.v. 1.500 EUR bestellt.

26. Die bestellten Unterrichtsmittel werden am 15.06. geliefert. Im Lieferumfang ist auch die Rechnung enthalten (siehe Geschäftsvorfall 25). 1057

27. Die Rechnung für die Unterrichtsmittel wird am 21.06. überwiesen (siehe Geschäftsvorfall 26). 1058

28. Die Kosten für Telefon und Internet für den Verwaltungsbetrieb i.H.v. 6.100 EUR werden am 25.06. in Rechnung gestellt. 1059

29. Vereinbarungsgemäß überweist der Elbsteiner SV 1909 die Miete am 01.07. i.H.v. 1.000 EUR (siehe Geschäftsvorfall 4). 1060

30. Für das kommende Schuljahr wird für die Sekundarschule eine neue mobile Basketballanlage für 1.800 EUR erworben. Der Kaufvertrag wird am 01.07. geschlossen. Die Zahlung ist in 30 Tagen fällig. Bei Zahlung innerhalb von fünf Tagen kann die Stadt einen Skonto von 3 v.H. vom Kaufpreis abziehen. 1061

31. Am 03.07 wird der Kaufpreis für die neue mobile Basketballanlage überwiesen (siehe Geschäftsvorfall 30). 1062

32. Die Stadt Elbstein überweist am 03.07. die Kreisumlage i.H.v. 150.000 EUR an den Landkreis Rittersburgen. 1063

33. Nach Durchführung der Instandhaltungsmaßnahmen am Rathausgebäude, liegt mit Datum vom 05.07. die Rechnung der Firma Schusselig und Partner GmbH i.H.v. 48.000 EUR vor (siehe Geschäftsvorfall 24). Die Rechnung ist in vier Wochen fällig. 1064

34. Am 07.07. wird der Rechnungsbetrag für Telefon und Internet an den Anbieter überwiesen (siehe Geschäftsvorfall 28) 1065

35. Am 10.07. erwirbt die IT-Abteilung einen Beamer für 700 EUR brutto durch Barzahlung. 1066

36. Die Rechnung für die Instandhaltung des Rathausgebäudes wird am 01.08. durch Banküberweisung beglichen (siehe Geschäftsvorfall 33). 1067

37. Durch einen Brand am 10.08. wird der Vorrat an Streusalz für den kommenden Winter im Wert von 3.000 EUR unbrauchbar. 1068

38. Zur Fälligkeit 15.08. zahlen die Steuerpflichtigen der Grundsteuer B insgesamt 120.000 EUR per Banküberweisung (siehe Geschäftsvorfall 3). 1069

39. Der Sekretärin der Grundschule werden am 15.08. Auslagen i.H.v. 25 EUR für Beschaffungen für das Schulfest in Bar erstattet. 1070

40. Für die Feierlichkeiten zum 100-jährigen Bestehen des Elbsteiner Tanzvereins e.V. wird ein Zuschuss i.H.v. 500 EUR am 20.08. durch per Bescheid bewilligt. 1071

1072 41. Die Stadt Elbstein veräußert mit Kaufvertrag vom 01.09. ein Wiesengrundstück an Familie Müller. Diese beabsichtigt, entsprechend dem vorliegenden B-Plan die Errichtung eines Einfamilienhauses. Als Kaufpreis wurden 60.000 EUR vereinbart. Die Anlagenbuchhaltung führt das Grundstück mit einem Wert von 65.000 EUR. Die Kaufpreiszahlung soll innerhalb der kommenden acht Wochen erfolgen.

1073 42. Am 10.09. wird der Zuschuss an den Elbsteiner Tanzverein e.V. überwiesen (siehe Geschäftsvorfall 40).

1074 43. Das Studieninstitut für kommunale Verwaltung Sachsen-Anhalt e.V. führt ab Oktober einen neuen Beschäftigtenlehrgang II durch. Der Lehrgang dauert zwei Jahre. Die Stadt Elbstein meldet zu diesem Lehrgang drei Mitarbeiter an. Die Lehrgangskosten je Teilnehmer i.H.v. 2.400 EUR werden am 15.09. vorab an das Studieninstitut überwiesen.

1075 44. Für den im kommenden Jahr geplanten Neubau des Feuerwehrgebäudes wird ein unbebautes Grundstück erworben. Der Kaufvertrag wird am 20.09. geschlossen. Der Kaufpreis beträgt 150.000 EUR.

1076 45. Der Erwerb des Grundstückes wird vollständig durch einen Kredit von der Deutschen Bank finanziert (siehe Geschäftsvorfall 44). Der Kreditbetrag wird am 25.09. dem städtischen Bankkonto gutgeschrieben.

1077 46. Am 05.10. erhält die Stadt Elbstein den Bescheid für die Kfz-Steuer der Fahrzeuge des städtischen Fuhrparks. Der Betrag für die kommenden zwölf Monate beläuft sich auf 6.000 EUR und ist am 15.10. zur Zahlung fällig.

1078 47. Der Kaufpreis für das unbebaute Grundstück wird am 05.10. an den Verkäufer überwiesen (siehe Geschäftsvorfall 44).

1079 48. Am 05.10. überweist Familie Müller den Kaufpreis für das Grundstück (siehe Geschäftsvorfall 41).

1080 49. Entsprechend dem vorliegenden Steuerbescheid wird am 15.10. die Kfz-Steuer i.H.v. 6.000 EUR an das Finanzamt überwiesen (siehe Geschäftsvorfall 46).

1081 50. Für den Hochwasserschutz ist die Beschaffung eines mobilen Deichsystems erforderlich. Die Vergabe erfolgt am 15.10. Der Kaufpreis beträgt 80.000 EUR. Die Lieferung und Zahlung erfolgen zu Beginn des kommenden Jahres.

1082 51. Die Leiterin der Gemeindekasse erhöht am 18.10. den Liquiditätskredit bei der Deutschen Bank von 2.600.000 EUR auf 3.000.000 EUR (zulässiger Höchstbetrag 5.000.000 EUR).

1083 52. Dem städtischen Wahlleiter wird zur Auszahlung der Pauschale an ehrenamtliche Wahlhelfer für die Landtagswahl ein Handvorschuss i.H.v. 2.000 EUR am 20.10. ausgezahlt. Am 21.10. zahlt der Wahlleiter die Ehrenamtspauschale an die ehrenamtlich Tätigen aus. Am 22.10. wird der Handvorschuss in der Stadtkasse zurückgerechnet.

53. Zur Fälligkeit 15.11. zahlen die Steuerpflichtigen der Grundsteuer B insgesamt 100.000 EUR per Banküberweisung (siehe Geschäftsvorfall 3). 1084

54. Die Rechnung über die Baukosten für die Anliegerstraße geht am 19.11. ein und wird noch am gleichen Tag überwiesen (siehe Geschäftsvorfall 20). 1085

55. Die Anliegerstraße wird am 20.11. für den Verkehr freigegeben (siehe Geschäftsvorfall 20 und 54). 1086

56. Die Zuweisung zum grundhaften Ausbau der Anliegerstraße vom Land wird am 25.11. dem städtischen Bankkonto gutgeschrieben (siehe Geschäftsvorfall 21). 1087

57. Der grundhafte Ausbau der Anliegerstraße (siehe Geschäftsvorfall 20) ist straßenausbaubeitragspflichtig. Die Anlieger tragen 70 v.H. der Herstellungskosten. Die Beitragsbescheide werden am 30.11. versandt. Die Straßenausbaubeiträge sind am 30.01. des Folgejahres fällig. 1088

58. Die nicht gezahlte Grundsteuer B i.H.v. 20.000 EUR (siehe Geschäftsvorfall 53) wird am 01.12. gemahnt und an die Vollstreckungsbehörde zur zwangsweisen Beitreibung übergeben. Dabei sind Mahngebühren i.H.v. 50 EUR und Säumniszuschläge i.H.v. 500 EUR entstanden. 1089

59. Am 05.12. sind zwei Etagenkopierer defekt und werden noch am gleichen Tag durch die Firma „Schöne Kopien GmbH" repariert. 1090

60. Die bereits vor zehn Jahren entstandenen Gewerbesteuerforderungen der Stadt Elbstein gegenüber dem Unternehmen Pfeiffer und Söhne GmbH i.H.v. 7.500 EUR sind mangels Vollstreckungsmaßnahmen verjährt. Die unbefristete Niederschlagung wird am 05.12. gebucht. 1091

61. Für den alljährlichen Neujahrsempfang des Oberbürgermeisters der Stadt Elbstein am 07.01. des kommenden Jahres wird am 05.12. ein Vertrag mit dem Elbsteiner Theater für die Nutzung des Theatersaales geschlossen. Die vereinbarte Miete ist zwei Wochen nach der Veranstaltung fällig. 1092

62. Die Brauhaus GmbH überweist am 05.12. die Sondernutzungsgebühr i.H.v. 800 EUR für die kommenden vier Monate auf das städtische Bankkonto. 1093

63. Die Deutsche Bank zieht am 10.12. die Zinsen für den Liquiditätskredit i.H.v. 3.000 EUR per Lastschrift vom städtischen Bankkonto ein. 1094

64. Die Finanzbuchhaltung gibt den übrigen Fachbereichen am 18.12. den Kassenschluss bekannt. 1095

1096 65. Am 22.12. geht die Rechnung i.H.v. 2.000 EUR für die Reparatur der Kopiertechnik ein. Aufgrund des Kassenschlusses wird die Rechnung erst im kommenden Jahr bezahlt.

1097 66. Die Vergütung eines Beschäftigten ist am 22.12. zu buchen. Dieser ist in der EG 8 Stufe 4 eingruppiert und hat eine Bruttovergütung von 3.044,26 EUR, die Steuerklasse IV, kein Kind und gehört einer Religion an. Der Zusatzbeitrag Krankenkasse beträgt 0,9 v.H.

1098 Die Nettovergütung beträgt:

		in EUR	
	Bruttoentgelt	3.044,26	
./.	Lohnsteuer	419,83	
./.	Solidaritätszuschlag		5,5 v.H. Lohnsteuer
./.	Kirchensteuer		9,0 v.H. Lohnsteuer
./.	AN-Anteil Krankenversicherung		7,3 + 0,9 v.H. brutto
./.	AN-Anteil Rentenversicherung		9,3 v.H. brutto
./.	AN-Anteil Pflegeversicherung		1,275 + 0,25 v.H. brutto
./.	AN-Anteil Arbeitslosenversicherung		1,5 v.H. brutto
./.	AN-Anteil ZVK (Zusatzbeitrag)		2,4 v.H. brutto
=	Entgelt (Netto) = Auszahlungsbetrag		

1099 Die Stadt Elbstein hat aus der obigen Bruttovergütung noch folgenden Aufwand:

	in EUR	
AG-Anteil Krankenversicherung		7,3 v.H. brutto
AG-Anteil Rentenversicherung		9,3 v.H. brutto
AG-Anteil Pflegeversicherung		1,275 v.H. brutto
AG-Anteil Arbeitslosenversicherung		1,5 v.H. brutto
AG-Anteil ZVK (Zusatzbeitrag)		2,4 v.H. brutto
AG-Anteil ZVK (Umlage)		1,5 v.H. brutto
Gesamt AG-Anteil		

Der Gesamtaufwand für die Kommune beträgt ....EUR.

Der Beschäftigte erhält .... EUR, an das Finanzamt sind .... EUR und an die Sozialversicherungsträger (einschließlich der ZVK) .... zu zahlen.

Abschlussbuchungen

1100 67. Die Abschreibung sowie die ertragswirksame Auflösung des Sonderpostens für das neue Straßenreinigungsfahrzeug ist zu buchen (siehe Geschäftsvorfälle 7 und 8). Die Nutzungsdauer beträgt zehn Jahre. Das Fahrzeug wird ab 01.06. genutzt.

1101 68. Die Abschreibung und ertragswirksame Auflösung des Sonderpostens für den grundhaften Ausbau der Anliegerstraße ist zu buchen (siehe Geschäftsvorfälle 20, 21, 54, 55 und 56).

69. Die Abschreibung für die neu erworbene Basketballanlage ist zu buchen (siehe Geschäftsvorfall 30). Die Nutzungsdauer beträgt sechs Jahre. Die Inbetriebnahme ist ab 01.08. vorgesehen. 1102

70. Für den erworbenen Beamer sind die entsprechenden Abschreibungen durch die Anlagenbuchhaltung zu ermitteln und zu buchen (siehe Geschäftsvorfall 35). 1103

71. Die Lehrgangskosten für den Beschäftigtenlehrgang II sind abzugrenzen (siehe Geschäftsvorfall 43). 1104

72. Die für den städtischen Fuhrpark gezahlte Kfz-Steuer muss abgegrenzt werden (siehe Geschäftsvorfall 46). 1105

73. Die am 05.12. gezahlte Sondernutzungsgebühr ist abzugrenzen (siehe Geschäftsvorfall 62). 1106

74. Die Abschreibung für das vor sechs Jahren erworbene Fahrzeug des Oberbürgermeisters muss gebucht werden. Das Fahrzeug hat ursprünglich 60.000 EUR gekostet. Die Nutzungsdauer wurde durch die Anlagenbuchhaltung auf zehn Jahre festgelegt. 1107

75. Aufgrund des Erwerbs von geringwertigen Vermögensgegenständen für die Kindertagesstätten wurde im vergangenen Jahr ein GVG-Sammelpool i.H.v. 5.000 EUR eingerichtet. Die Abschreibung ist zu buchen. 1108

76. Für nicht durchgeführte Unterhaltungsmaßnahmen am Verwaltungsgebäude ist eine Rückstellung i.H.v. 10.000 EUR zu bilden. 1109

V. Ergebnisplan

1110

		Ertrags- und Aufwandsarten	Haushaltsansatz
1		Steuern und ähnliche Abgaben	
2	+	Zuwendungen und allgemeine Umlagen	
3	+	sonstige Transfererträge	
4	+	öffentlich-rechtliche Leistungsentgelte	
5	+	privatrechtliche Leistungsentgelte Kostenerstattungen und Kostenumlagen	
6	+	sonstige ordentliche Erträge	
7	+	Finanzerträge	
8	+	aktivierte Eigenleistungen + Bestandsveränderungen	
9	=	**Ordentliche Erträge**	
10		Personalaufwendungen	
11	+	Versorgungsaufwendungen	
12	+	Aufwendungen für Sach- und Dienstleistungen	
13	+	Transferaufwendungen, Umlagen	
14	+	sonstige ordentliche Aufwendungen	
15	+	Zinsen und sonstige Finanzaufwendungen	
16	+	bilanzielle Abschreibungen	
17	=	**Ordentliche Aufwendungen**	
18	=	**Ordentliches Ergebnis**	
19		außerordentliche Erträge	
20	-	außerordentliche Aufwendungen	
21	=	**Außerordentliches Ergebnis**	
22	=	**Jahresergebnis**	

VI. Finanzplan

1111

Einzahlungs- und Auszahlungsarten		Haushaltsansatz
1	Steuern und ähnliche Abgaben	
2	+ Zuwendungen und allgemeine Umlagen	
3	+ sonstige Transfereinzahlungen	
4	+ öffentlich-rechtliche Leistungsentgelte	
5	+ privatrechtliche Leistungsentgelte, Kostenerstattungen und Kostenumlagen	
6	+ sonstige Einzahlungen	
7	+ Zinsen und ähnliche Einzahlungen	
8	= **Einzahlungen aus laufender Verwaltungstätigkeit**	
9	Personalauszahlungen	
10	+ Versorgungsauszahlungen	
11	+ Auszahlungen für Sach- und Dienstleistungen	
12	+ Transferauszahlungen	
13	+ sonstige Auszahlungen	
14	+ Zinsen und ähnliche Auszahlungen	
15	= **Auszahlungen aus laufender Verwaltungstätigkeit**	
16	= **Saldo aus laufender Verwaltungstätigkeit**	
17	Einzahlungen aus Investitionszuwendungen und -beiträgen	
18	+ Einzahlungen Veränderung des Anlagevermögens	
19	= **Einzahlungen aus Investitionstätigkeit**	
20	- Auszahlungen für eigene Investitionen	
21	+ Auszahlungen von Zuwendungen für Investitionsförderungsmaßnahmen	
22	= **Auszahlungen aus Investitionstätigkeit**	
23	= **Saldo aus Investitionstätigkeit**	
24	= **Finanzmittelüberschuss/-fehlbetrag**	
25	Einzahlungen aus der Aufnahme von Krediten für Investitionen ...	
26	- Auszahlungen für die Tilgung von Krediten für Investitionen ...	
27	= **Saldo aus Finanzierungstätigkeit**	
28	= **Änderung des Finanzmittelbestandes im Haushaltsjahr**	
29	= **voraussichtlicher Bestand an Finanzmitteln am Anfang des Haushaltjahres**	
30	= **voraussichtlicher Bestand an Finanzmitteln am Ende des Haushaltjahres**	

VII.   Haushaltssatzung

Haushaltssatzung der Stadt Elbstein für das Haushaltsjahr ....

1112   Aufgrund des § 100 Kommunalverfassungsgesetz vom 17. Juni 2014 (GVBl. LSA S. 288) hat die Stadt Elbstein die folgende vom Stadtrat in der Sitzung vom .... beschlossene Haushaltssatzung erlassen:

§ 1

1113   Der Haushaltsplan für das Haushaltsjahr ...., der die für die Erfüllung der Aufgaben der Stadt Elbstein voraussichtlich anfallenden Erträge und entstehenden Aufwendungen sowie eingehenden Einzahlungen und zu leistenden Auszahlungen enthält, wird

1.   im Ergebnisplan mit dem
    a)   Gesamtbetrag der Erträge auf
    b)   Gesamtbetrag der Aufwendungen auf
2.   im Finanzplan mit dem
    a)   Gesamtbetrag der Einzahlungen
        aus laufender Verwaltungstätigkeit auf
    b)   Gesamtbetrag der Auszahlungen
        aus laufender Verwaltungstätigkeit auf
    c)   Gesamtbetrag der Einzahlungen
        aus der Investitionstätigkeit auf
    d)   Gesamtbetrag der Auszahlungen
        aus der Investitionstätigkeit auf
    e)   Gesamtbetrag der Einzahlungen
        aus der Finanzierungstätigkeit auf
    f)   Gesamtbetrag der Auszahlungen
        aus der Finanzierungstätigkeit auf

festgesetzt.

§ 2

1114   Der Gesamtbetrag der vorgesehenen Kreditaufnahmen für Investitionen und für Investitionsfördermaßnahmen (Kreditermächtigung) wird auf 2.850.000 EUR festgesetzt.

§ 3

1115   Der Gesamtbetrag der vorgesehenen Ermächtigungen zum Eingehen von Verpflichtungen, die künftige Haushaltsjahre mit Auszahlungen für Investitionen und Investitionsfördermaßnahmen belasten (Verpflichtungsermächtigungen), wird auf 2.000.000 EUR festgesetzt.

§ 4

1116   Der Höchstbetrag der Liquiditätskredite wird auf 5.000.000 EUR festgesetzt.

§ 5

1117   Die Steuersätze (Hebesätze) für die Realsteuern werden wie folgt festgesetzt:
1.   Grundsteuer
    1.1.   für die Betriebe der Land- und Forstwirtschaft (Grundsteuer A) auf   350 v.H.
    1.2.   für die Grundstücke (Grundsteuer B) auf   495 v.H.
2.   Gewerbesteuer auf   450 v.H.

Elbstein, den

Bürgermeister   Siegel

VIII. Eröffnungsbilanz

1118

Eröffnungsbilanz der Stadt Elbstein zum 01.01.20.. -alle Angaben in EUR-					
Aktiv					**Passiv**
1.	**Anlagevermögen**	**66.765.600**	**1.**	**Eigenkapital**	**23.562.800**
1.1	Immaterielles Verm.	28.200	1.1	Rücklagen	21.198.300
1.2	Sachanlagevermögen	65.493.500	1.3	Fehlbetragsvortrag	2.364.500
1.3	Finanzanlagen	1.243.900			
			2.	**Sonderposten**	**18.046.100**
2.	**Umlaufvermögen**	**2.578.000**	2.1	Sopo Zuwendungen	15.687.400
2.1	Vorräte	15.300	2.2	Sopo Beiträge	2.358.700
2.2	öff. rechtl. Ford.	824.400			
2.3	privatrechtl. Ford.	157.300	**3.**	**Rückstellungen**	**2.915.000**
2.4	liquide Mittel	1.581.000	3.3	Rückst. Altlasten	2.500.000
			3.4	Rückst. Instandhaltung	90.000
3.	**aktive RAP**	-	3.5	sonst. Rückst.	325.000
			4.	**Verbindlichkeiten**	**24.819.700**
			4.2	Kredite Investition	20.137.800
			4.3	Liquiditätskredite	2.600.000
			4.5	Verb. LuL	957.400
			4.7	sonst. Verb.	1.124.500
			5.	**passive RAP**	-
Bilanzsumme		**69.343.600**	**Bilanzsumme**		**69.343.600**

IX. Ergebnisrechnung

1119

		Ertrags- und Aufwandsarten	Rechnungsergebnis
1		Steuern und ähnliche Abgaben	
2	+	Zuwendungen und allgemeine Umlagen	
3	+	sonstige Transfererträge	
4	+	öffentlich-rechtliche Leistungsentgelte	
5	+	privatrechtliche Leistungsentgelte Kostenerstattungen und Kostenumlagen	
6	+	sonstige ordentliche Erträge	
7	+	Finanzerträge	
8	+	aktivierte Eigenleistungen + Bestandsveränderungen	
9	=	**Ordentliche Erträge**	
10		Personalaufwendungen	
11	+	Versorgungsaufwendungen	
12	+	Aufwendungen für Sach- und Dienstleistungen	
13	+	Transferaufwendungen, Umlagen	
14	+	sonstige ordentliche Aufwendungen	
15	+	Zinsen und sonstige Finanzaufwendungen	
16	+	bilanzielle Abschreibungen	
17	=	**Ordentliche Aufwendungen**	
18	=	**Ordentliches Ergebnis**	
19		außerordentliche Erträge	
20	-	außerordentliche Aufwendungen	
21	=	**Außerordentliches Ergebnis**	
22	=	**Jahresergebnis**	

X. Finanzrechnung

		Einzahlungs- und Auszahlungsarten	Rechnungsergebnis
1		Steuern und ähnliche Abgaben	
2	+	Zuwendungen und allgemeine Umlagen	
3	+	sonstige Transfereinzahlungen	
4	+	öffentlich-rechtliche Leistungsentgelte	
5	+	privatrechtliche Leistungsentgelte, Kostenerstattungen und Kostenumlagen	
6	+	sonstige Einzahlungen	
7	+	Zinsen und ähnliche Einzahlungen	
8	=	**Einzahlungen aus laufender Verwaltungs-tätigkeit**	
9		Personalauszahlungen	
10	+	Versorgungsauszahlungen	
11	+	Auszahlungen für Sach- und Dienstleistungen	
12	+	Transferauszahlungen	
13	+	sonstige Auszahlungen	
14	+	Zinsen und ähnliche Auszahlungen	
15	=	**Auszahlungen aus laufender Verwaltungs-tätigkeit**	
16	=	**Saldo aus laufender Verwaltungstätigkeit**	
17		Einzahlungen aus Investitionszuwendungen und -beiträgen	
18	+	Einzahlungen Veränderung des Anlagevermögens	
19	=	**Einzahlungen aus Investitionstätigkeit**	
20	-	Auszahlungen für eigene Investitionen	
21	+	Auszahlungen von Zuwendungen für Investitionsförderungsmaßnahmen	
22	=	**Auszahlungen aus Investitionstätigkeit**	
23	=	**Saldo aus Investitionstätigkeit**	
24	=	**Finanzmittelüberschuss/-fehlbetrag**	
25		Einzahlungen aus der Aufnahme von Krediten für Investitionen ...	
26	-	Auszahlungen für die Tilgung von Krediten für Investitionen ...	
29	=	**Saldo aus Finanzierungstätigkeit**	
30	=	**Änderung des Finanzmittelbestandes im Haushaltsjahr**	
31	+	**Einzahlungen fremder Finanzmittel**	
32	-	**Auszahlungen fremder Finanzmittel**	
33	+	**Bestand an Finanzmitteln am Anfang des Haushaltjahres**	
34	=	**Bestand an Finanzmitteln am Ende des Haushaltjahres**	

1120

XI. Vermögensrechnung

1121

Vermögensrechnung der Stadt Elbstein zum 31.12.20.. -alle Angaben in EUR-						
Aktiv						**Passiv**
1.	**Anlagevermögen**		**1.**	**Eigenkapital**		
1.1	Immaterielles Verm.		1.1	Rücklagen		
1.2	Sachanlagevermögen		1.3	Fehlbetragsvortrag		
1.3	Finanzanlagen					
			2.	**Sonderposten**		
2.	**Umlaufvermögen**		2.1	Sopo Zuwendungen		
2.1	Vorräte		2.2	Sopo Beiträge		
2.2	öff. rechtl. Ford.					
2.3	privatrechtl. Ford.		**3.**	**Rückstellungen**		
2.4	liquide Mittel		3.3	Rückst. Altlasten		
			3.4	Rückst. Instandhaltung		
3.	**aktive RAP**		3.5	sonst. Rückst.		
			4.	**Verbindlichkeiten**		
			4.2	Kredite Investition		
			4.3	Liquiditätskredite		
			4.5	Verb. LuL		
			4.7	sonst. Verb.		
			5.	**passive RAP**		
Bilanzsumme			**Bilanzsumme**			

V. Kontrollfragen und Sachverhalte

I. Aufgaben und Gliederung des Rechnungswesens

1. Unterscheiden Sie internes und externes Rechnungswesen. Gehen Sie dabei insbesondere auf deren jeweilige Zielstellung ein.   1122

2. Nennen Sie die Elemente und gesetzlichen Grundlagen des internen sowie externen Rechnungswesens.   1123

II. Grundsätze ordnungsmäßiger Buchführung

1. Nennen Sie die Grundsätze ordnungsmäßiger Buchführung unter Angabe der einschlägigen Rechtsvorschriften und erläutern Sie diese.   1124

III. Rechnungsstoff

1. Kontrollfragen

1. Erläutern Sie die Begriffe „Einnahmen", „Ausgaben", „Erträge", „Aufwendungen", „Einzahlungen" und „Auszahlungen".   1125

2. Beschreiben Sie den Unterschied zwischen Einnahmen, Erträgen und Einzahlungen sowie Ausgaben, Aufwendungen und Auszahlungen anhand eines Beispiels.   1126

2. Sachverhalt

1. Die Stadt erlässt Bescheide an die Grundsteuerpflichtigen. Die Grundsteuer ist zu den gesetzlichen Fälligkeiten 15.02., 15.05., 15.08. und 15.11. zu zahlen.   1127

2. Die Grundsteuer mit Fälligkeit 15.02. geht auf dem städtischen Bankkonto ein.   1128

3. Die Stadt nimmt zur Finanzierung von Investitionen einen Kredit bei der Sparkasse auf. Der Betrag wird dem städtischen Bankkonto sofort gutgeschrieben.   1129

4. Eine im vergangenen Jahr passivierte investive Zuweisung wird ertragswirksam aufgelöst.   1130

5. Für eine begonnene Baumaßnahme geht ein Zuwendungsbescheid des Landes Sachsen-Anhalt bei der Stadt ein.   1131

6. Aus dem Verkauf eines Fahrzeuges erzielt die Stadt einen Verkaufserlös i.H.v. 10.000 EUR. Der Betrag geht auf dem Bankkonto ein und entspricht den von der Anlagenbuchhaltung ermittelten Buchwert.   1132

1133 7. Aus dem Verkauf eines Fahrzeuges erzielt die Stadt einen Verkaufserlös i.H.v. 10.000 EUR. Der Betrag geht auf dem Bankkonto ein und übersteigt den von der Anlagenbuchhaltung ermittelten Buchwert um 500 EUR.

1134 8. Die Stadt erlässt einen Bußgeldbescheid i.H.v. 1.000 EUR.

1135 9. Ein Handvorschuss für eine städtische Sportveranstaltung wird in der Barkasse der Stadt abgerechnet.

Aufgaben

1136 Entscheiden Sie bei den dargestellten Sachverhalten ob es sich um eine Einnahme, einen Ertrag bzw. eine Einzahlung handelt.

3. Sachverhalt

1137 1. Die Beschäftigten und Beamten der Stadt Elbstein bekommen ihr Gehalt/Besoldung überwiesen.

1138 2. Die Abschreibung für ein städtisches Gebäude ist zu buchen.

1139 3. In der Zentralen Beschaffungsstelle geht eine Rechnung für die Lieferung von Druckerpatronen ein.

1140 4. Aus dem Verkauf eines Fahrzeuges erzielt die Stadt einen Verkaufserlös i.H.v. 10.000 EUR. Der Betrag geht auf dem Bankkonto ein. Der Betrag liegt 500 EUR unter dem von der Anlagenbuchhaltung ermittelten Buchwert.

1141 5. Die Beschaffungsstelle erteilt den Auftrag zur Lieferung von Kopierpapier.

1142 6. Durch die Schulen wird Heizöl verbraucht.

1143 7. Der Bastelbedarf für die Schulen und Kindertagesstätten wird erworben und bar bezahlt.

1144 8. Die Stadt erhält und begleicht eine Rechnung für eine bereits begonnene investive Baumaßnahme.

1145 9. Die Stadt überweist eine im letzten Jahr eingegangene Heizkostenrechnung.

Aufgaben

1146 Entscheiden Sie bei den dargestellten Sachverhalten, ob es sich um eine Ausgabe, einen Aufwand bzw. eine Auszahlung handelt.

4. Sachverhalt

Für die Grundschulen der Stadt Elbstein wird Heizöl für einen Kaufpreis von 35.000 EUR erworben. Die Rechnung geht am 01.09. des Jahres in der Geschäftsbuchhaltung ein. Das Zahlungsziel ist der 15.10. Der Kaufpreis wird zur Fälligkeit an den Lieferanten überwiesen. Am 31.12. wird im Rahmen der Inventur ein Verbrauch in Höhe von 20.000 EUR festgestellt. 1147

Aufgaben

Prüfen und begründen Sie, zu welchem Zeitpunkt und in welcher Höhe eine Auszahlung, eine Ausgabe sowie ein Aufwand vorliegt. 1148

5. Sachverhalt

1. Der Jahresbeitrag für die Kfz-Versicherung i.H.v. 12.000 EUR wird am 15.10.2018 an die Versicherungsgesellschaft überwiesen. 1149

2. Die zentrale Beschaffungsstelle überweist die im Dezember 2018 eingegangene Rechnung für den Bürobedarf i.H.v. 700 EUR am 15.01.2019. 1150

3. Für den Rettungsdienst wird im Jahr 2018 ein neues Fahrzeug erworben. Der Kaufpreis beträgt 100.000 EUR. Das Fahrzeug wird am 15.07.2018 geliefert. Der Kaufpreis wird am 25.07.2018 durch Banküberweisung beglichen. Die Nutzungsdauer des Fahrzeuges beträgt zehn Jahre. 1151

Aufgaben

Prüfen und begründen Sie, inwieweit es sich a) im Jahr 2018 und b) im Jahr 2019 um Ausgaben, Aufwendungen und Auszahlungen handelt. 1152

IV. Inventur, Inventar, Bilanz

1. Kontrollfragen

1. Erläutern Sie die Begriffe „Inventur" und „Inventar" anhand der einschlägigen Rechtsgrundlagen. 1153

2. Beschreiben Sie den Zusammenhang der Inventur, des Inventars sowie der Bilanz (Vermögensrechnung). 1154

3. Worin unterscheidet sich das Anlagevermögen vom Umlaufvermögen? Erläutern Sie ihre Antwort anhand eines Beispiels. 1155

4. Erklären Sie den Unterschied zwischen der körperlichen Inventur und der Buchinventur. Nennen Sie für jede Inventurart zwei Beispiele. 1156

1157   5. Worin besteht der Unterschied zwischen der Gruppenbewertung und der Bildung von Festwerten? Erläutern Sie ihre Antwort anhand eines Beispiels. Gehen Sie dabei auch auf die Auswirkungen bei der Inventur ein.

2. Sachverhalt

1158   Erstellen Sie aus den nachfolgenden Punkten das Inventar:

unbebaute Grundstücke, Forderungen aus Bußgeldern, Bankbestand, Infrastrukturvermögen, Vorräte, Forderungen aus Gewerbesteuer, bebaute Grundstücke, Verbindlichkeiten gegenüber Kreditinstituten, Kassenbestand, Kunst- und Kulturgüter, Liquiditätskredit, Fahrzeuge, Verbindlichkeiten aus Lieferungen und Leistungen, Software, Betriebs- und Geschäftsausstattung

3. Sachverhalt

1159   Aus der Buchhaltung liegen die nachfolgenden Angaben zum Stichtag 31.12. vor:

	in EUR
Bankbestand	250.000
Forderungen aus Gewerbesteuer	70.000
unbebaute Grundstücke	410.000
Kassenbestand	20.000
Büroausstattung	370.000
Heizölvorräte	20.000
Kunstgegenstände	12.000
Forderungen aus Grundsteuer	15.000
Liquiditätskredite	80.000
Investitionskredite	550.000
Softwarelizenzen	45.000
Infrastrukturvermögen	2.300.000
PC-Technik	75.000
Grund und Boden des Infrastrukturvermögens	360.000
Straßenreinigungsfahrzeug	1
Verwaltungsgebäude	800.000
Verbindlichkeiten aus Lieferungen und Leistungen	120.000
Sonderposten aus Beiträgen	7.000
Forderungen aus Mieten	1.500
Gebäude Schulen	220.000
Fuhrpark	41.000
Streumittel Winterdienst	2.500
Sonderposten aus Zuwendungen	410.000
Gebäude Kindertagesstätten	570.000
Rückstellungen aus Altersteilzeit	9.000
Wald	10.000
Rückstellung für unterlassene Instandhaltungen	2.000
Ackerflächen	4.000

Aufgaben

a) Erstellen Sie das Inventar. 1160

b) Erstellen Sie aus dem Inventar die Bilanz (Vermögensrechnung) entsprechend der einschlägigen Rechtsnorm. Ermitteln Sie das Eigenkapital. 1161

4. Sachverhalt

Der Anlagenbuchhaltung der Stadt Elbstein liegen die nachfolgenden Informationen vor: 1162

	in EUR
Kunstgegenstände	310.000
Softwarelizenzen	13.000
Infrastrukturvermögen	370.000
Verbindlichkeiten aus Lieferungen und Leistungen	65.000
Fahrzeuge	9.000
Kassenbestand	2.000
Gebäude	450.000
öffentlich-rechtliche Forderungen	19.000
Vorräte	30.000
Sonderposten aus Zuwendungen	150.000
Bankbestand	110.000
Grünflächen	30.000
Investitionskredite	90.000
Betriebs- und Geschäftsausstattung	44.000
Kredit zur Liquiditätssicherung	30.000
Ackerland	120.000

Aufgaben

a) Erstellen Sie die Vermögensrechnung der Stadt Elbstein gemäß § 46 KomHVO. 1163

b) Ermitteln Sie das Eigenkapital. 1164

5. Sachverhalt

Die Stadt Rittersburgen führt zur besseren Vermarktung der Stadt in verschiedenen Ein- 1165
richtungen mehrere Souvenirshops. Aufgrund der dünnen Personaldecke wird in den
einzelnen Einrichtungen eine nachverlegte Inventur durchgeführt. Am 01.02. wurde der
Bestand mit einem Wert von 40.000 EUR aufgenommen. Seit Beginn des Haushaltsjahres
waren Zugänge i.H.v. 3.000 EUR und Abgänge i.H.v. 3.700 EUR zu verzeichnen.

Aufgaben

a) Nennen und beschreiben Sie die Inventurarten. 1166

b) Ermitteln Sie den Wert des Bestandes am Inventur-/Bilanzstichtag. 1167

V. Arten der Bilanzveränderung

1. Kontrollfragen

1168   1. Beschreiben Sie das Drei-Komponenten-System, und erläutern Sie dabei den Zusammenhang der Vermögens-, Finanz- und Ergebnisrechnung anhand eines Beispiels.

1169   2. Erläutern Sie den Aktiv- und Passivtausch sowie Aktiv-Passiv-Mehrung und Aktiv-Passiv-Minderung jeweils anhand eines Beispiels.

1170   3. Auf welcher Seite werden Zugänge bei einem Passivkonto und Abgänge bei einem Aktivkonto gebucht?

1171   4. Haben die Finanzkonten einen Anfangsbestand? Erläutern Sie Ihre Antwort.

1172   5. Beschreiben Sie anhand eines Beispiels, wann ein Geschäftsvorfall ergebniswirksam ist.

1173   6. Auf welcher Seite werden Aufwendungen und Erträge auf Ergebniskonten gebucht?

2. Sachverhalt

1174   1. Für die Grundschule wird Heizöl erworben. Der Rechnungsbetrag i.H.v. 12.000 EUR ist zahlbar innerhalb von 14 Tagen.

1175   2. Die Stadt veräußert ein altes Feuerwehrfahrzeug. Der Käufer zahlt den Buchwert i.H.v. 1.000 EUR innerhalb von 14 Tagen.

1176   3. Ein Investitionskredit i.H.v. 1.000.000 EUR wird durch Banküberweisung getilgt.

1177   4. Die Stadt veräußert ein gebrauchtes Diensthandy an einen städtischen Mitarbeiter. Dieser zahlt den Kaufpreis von 10 EUR bar in der Stadtkasse ein.

1178   5. Ein neues Fahrzeug für den Rettungsdienst wird bestellt.

1179   6. Für die Feuerwehr wurde ein neues Drehleiterfahrzeug geliefert. Der Kaufpreis i.H.v. 350.000 EUR ist innerhalb von vier Wochen zu zahlen.

1180   7. Der Kaufpreis für das alte Feuerwehrfahrzeug wird durch den Käufer überwiesen (siehe Geschäftsvorfall 2).

1181   8. Für den Neubau einer Gemeindestraße geht ein Zuwendungsbescheid des Landes Sachsen-Anhalt ein. Die Zahlung der Zuweisung i.H.v. 100.000 EUR erfolgt mit Abschluss der Baumaßnahme.

1182   9. Es wird ein Bußgeld i.H.v. 500 EUR gegen den Bürger B festgesetzt. Dieses ist innerhalb von sieben Tagen zahlbar.

10. Der Kaufpreis für das neue Drehleiterfahrzeug wird überwiesen (siehe Geschäftsvorfall 6). 1183

11. Der Bürger B überweist den mittels Bescheid festgesetzten Straßenausbaubeitrag i.H.v. 3.000 EUR. 1184

12. Nach Prüfung der Verwendungsnachweise muss die Stadt eine Zuweisung i.H.v. 30.000 EUR für den Neubau einer Kindertagesstätte an das Land Sachsen-Anhalt aufrund nicht zweckentsprechender Verwendung zurückzahlen. Der Rückforderungsbescheid enthält eine Zahlungsfrist von vier Wochen. 1185

13. Bürger B zahlt das festgesetzte Bußgeld bar in der Stadtkasse ein (siehe Geschäftsvorfall 9). 1186

14. Nach Abschluss des Neubaus der Gemeindestraße geht die zugesagte Zuweisung des Landes Sachsen-Anhalt auf dem städtischen Bankkonto ein (siehe Geschäftsvorfall 8). 1187

15. Die zurückgeforderte Zuweisung wird an das Land Sachsen-Anhalt mittels Banküberweisung gezahlt (siehe Geschäftsvorfall 12). 1188

Aufgaben

a) Nennen Sie für die aufgeführten Geschäftsvorfälle die Art der Bilanzveränderung. Benennen Sie dabei die jeweiligen betroffenen Bilanzpositionen nach § 46 KomHVO so genau wie möglich. 1189

b) Beschreiben Sie zu jeder Art der Bilanzveränderung ein eigenes Beispiel. 1190

VI. Buchung auf Bestandskonten

1. Sachverhalt

In der Finanzbuchhaltung der Stadt Elbstein sind die nachfolgenden Geschäftsvorfälle zu buchen: 1191

1. Für die IT-Abteilung wird ein neuer Beamer für einen Kaufpreis von 1.700 EUR erworben und mittels Banküberweisung bezahlt. 1192

2. Bürger B zahlt ein Bußgeld i.H.v. 300 EUR bar in der Stadtkasse ein. 1193

3. Bürger M überweist die fällige Grundsteuerrate i.H.v. 100 EUR auf das Bankkonto der Stadt. 1194

4. Die Tilgungsrate i.H.v. 40.000 EUR für einen Investitionskredit wird an das Kreditinstitut überwiesen. 1195

1196 5. Für den Bürgermeister wird ein neues Dienstfahrzeug erworben. Der Kaufpreis i.H.v. 50.000 EUR ist in 14 Tagen fällig.

1197 6. Ein gebrauchter Laptop der IT-Abteilung wird an einen Mitarbeiter für 100 EUR (Buchwert) verkauft. Den Kaufpreis bezahlt der Mitarbeiter sofort bar in der Stadtkasse.

1198 7. Der Kaufpreis für das neue Dienstfahrzeug des Bürgermeisters (siehe Geschäftsvorfall 5) wird überwiesen.

1199 8. Für den Winterdienst wird ein neues Fahrzeug erworben. Der Kaufpreis beträgt 100.000 EUR. Die Zahlung erfolgt in vier Wochen.

1200 9. Die Vertretung beschließt den Erwerb eines mobilen Hochwasserdeiches im Wert von 150.000 EUR.

1201 10. Der Kaufpreis für das Fahrzeug des Winterdienstes wird an den Händler überwiesen (siehe Geschäftsvorfall 8).

1202 11. Die IT-Abteilung löst einen Auftrag zum Erwerb einer neuen Buchhaltungssoftware i.H.v. 30.000 EUR aus.

1203 12. In einem Vorort wird eine Anliegerstraße grundhaft ausgebaut. Der Auftrag mit einem Volumen von 150.000 EUR wird an ein ortsansässiges Unternehmen vergeben.

1204 13. Die erste Teilrechnung i.H.v. 50.000 EUR für den Ausbau der Anliegerstraße geht im Fachbereich Tiefbau ein (siehe Geschäftsvorfall 12).

1205 14. Die Stadt veräußert zwei Fahrzeuge zu einem Gesamtkaufpreis von 8.000 EUR. Die Zahlung durch den Käufer erfolgt in sieben Tagen.

1206 15. Die erste Teilrechnung für den Ausbau der Anliegerstraße wird überwiesen (siehe Geschäftsvorfall 13).

1207 16. Durch den Fachbereich Finanzen wird ein Investitionskredit i.H.v. 50.000 EUR aufgenommen. Der Betrag wird dem Bankkonto gutgeschrieben.

Aufgaben

1208 a) Erstellen Sie die Eröffnungsbilanz, und eröffnen Sie die Konten.

1209 b) Ermitteln Sie das Eigenkapital.

1210 c) Buchen Sie o.g. Geschäftsvorfälle unter Angabe der Kontenbereiche entsprechend dem Kontenrahmenplan.

1211 d) Schließen Sie die Konten ab, und erstellen Sie die Schlussbilanz.

e) Erläutern Sie, wie der Schlussbestand eines Kontos ermittelt wird. 1212

Bearbeitungshinweis

Die Anfangsbestände der entsprechenden Konten stellen sich wie folgt dar: 1213

	Anfangsbestände
Bank	300.000 EUR
Investitionskredite	170.000 EUR
Kasse	40.000 EUR
Betriebs- und Geschäftsausstattung	80.000 EUR
Vorräte	3.500 EUR
öffentlich-rechtliche Forderungen	20.000 EUR
Infrastrukturvermögen	550.000 EUR
Verbindlichkeiten aus Lieferungen und Leistungen	30.000 EUR
Fahrzeuge	40.000 EUR
immaterielle Vermögensgegenstände	2.000 EUR
Sonderposten aus Zuwendungen	50.000 EUR
Privatrechtliche Forderungen	1.000 EUR

VII. Bildung von Buchungssätzen

1. Sachverhalt

Bilden Sie die Buchungssätze zu den folgenden Geschäftsvorfällen: 1214

1. Erwerb eines Beamers in bar i.H.v. 1.400 EUR 1215

2. Tilgung eines Investitionskredites durch Überweisung i.H.v. 1.000.000 EUR 1216

3. Überweisung einer festgesetzten Steuerforderung durch Bürger B i.H.v. 500 EUR 1217

4. Erwerb eines unbebauten Grundstückes durch Banküberweisung i.H.v. 50.000 EUR 1218

5. Veräußerung eines Fahrzeuges durch Banküberweisung i.H.v. 1.500 EUR (Buchwert). 1219

6. Veräußerung eines Fahrzeuges durch Banküberweisung i.H.v. 1.300 EUR (Buchwert 1.500 EUR) 1220

7. Veräußerung eines Fahrzeuges durch Banküberweisung i.H.v. 1.700 EUR (Buchwert 1.500 EUR) 1221

8. Eingang einer Rechnung für Aus- und Fortbildungskosten i.H.v. 500 EUR 1222

9. Zahlung von Sozialleistungen durch Banküberweisung i.H.v. 50.000 EUR 1223

10. Überweisung einer fälligen Rechnung für Telefongebühren i.H.v. 700 EUR 1224

1225   11. Aufnahme eines Kredites zur Liquiditätssicherung durch die Stadtkasse i.H.v. 100.000 EUR

1226   12. Erwerb einer Softwarelizenz zur elektronischen Archivierung durch Banküberweisung i.H.v. 10.000 EUR

VIII.   Eröffnungs- und Schlussbilanzkonto

1. Sachverhalt

1227   Für die Eröffnungsbilanz der Stadt Elbstein liegen die nachfolgenden Anfangsbestände vor:

1228

	Anfangsbestände
Öffentlich-rechtliche Forderungen	210.000 EUR
Vorräte	150.000 EUR
Bebaute Grundstücke	4.500.000 EUR
Verbindlichkeiten aus Lieferungen und Leistungen	150.000 EUR
Infrastrukturvermögen	6.150.000 EUR
Investitionskredite	600.000 EUR
Privatrechtliche Forderungen	7.000 EUR
Kassenbestand	5.000 EUR
Fahrzeuge	70.000 EUR
Immaterielle Vermögensgegenstände	20.000 EUR
Bankbestand	150.000 EUR
Rückstellungen	40.000 EUR
Betriebs- und Geschäftsausstattung	122.000 EUR

Im Rahmen der Haushaltsausführung fallen die nachfolgenden Geschäftsvorfälle an:

1229   1. Malermeister Flechsig zahlt die offene Gewerbesteuer i.H.v. 5.000 EUR durch Banküberweisung.

1230   2. Die Stadt veräußert ein altes Fahrzeug zum Buchwert i.H.v. 1.000 EUR. Der Käufer zahlt in bar.

1231   3. Zur Tilgung eines Investitionskredites werden 50.000 EUR vom städtischen Bankkonto per Lastschrift eingezogen.

1232   4. Bürger B überweist eine städtische Mietforderung i.H.v. 500 EUR.

1233   5. Für den Erwerb einer neuen Frankiermaschine geht die Rechnung i.H.v. 12.000 EUR ein.

1234   6. Die Stadtkasse überweist die offenen Zahlbeträge bereits gebuchter Rechnungen i.H.v. 7.000 EUR.

7. Für den Stadtrat wird ein neues Ratsinformationssystem beschafft. Die Kosten für die Software belaufen sich laut der vorliegenden Rechnung auf 4.000 EUR. 1235

8. Die Rechnung für die Frankiermaschine wird überwiesen. 1236

9. Für die Kindertagesstätten werden verschiedene Einrichtungsgegenstände erworben. Vom Rechnungsbetrag i.H.v. 15.000 EUR werden sofort 10.000 EUR überwiesen. Der Restbetrag wird aufgrund vorhandener Mängel einbehalten. 1237

10. Die Stadt schließt mit einem ortsansässigen Unternehmen einen Kaufvertrag für ein leer stehendes Gebäude zum Buchwert i.H.v. 100.000 EUR. 1238

11. Die mangelhaften Einrichtungsgegenstände für die Kindertagesstätten werden ausgetauscht. Der Restbetrag wird durch die Stadtkasse überwiesen. 1239

12. Der Kaufpreis für das veräußerte Gebäude geht auf dem städtischen Bankkonto ein. 1240

Aufgaben

a) Stellen Sie die Eröffnungsbilanz der Stadt Elbstein auf. 1241

b) Ermitteln Sie das Eigenkapital. 1242

c) Eröffnen Sie die Konten unter Angaben der jeweiligen Kontenbereiche. 1243

d) Buchen Sie die Geschäftsvorfälle sowohl im Grundbuch als auch im Hauptbuch und schließen Sie anschließend die Konten ab. 1244

e) Erstellen Sie das Schlussbilanzkonto. 1245

IX. Debitoren-/Kreditorenbuchhaltung

1. Kontrollfragen

1. Erläutern Sie die Begriffe „Debitor" und „Kreditor". 1246

2. Erklären Sie die Ursachen, die zu einem debitorischen Kreditor und zu einem kreditorischen Debitor führen. 1247

3. Erläutern Sie anhand der einschlägigen Rechtsnormen die Gründe, die zur Veränderung von Ansprüchen gegenüber einer Kommune führen können. 1248

4. Beschreiben Sie die Gründe, welche die Führung von Personen-/Bürgerkonten in der Kommune erforderlich machen. 1249

2. Sachverhalt

1250 Für die Forderungen aus Gewerbesteuern gegen Malermeister Flechsig wird bei der Stadt Elbstein das Debitorenkonto 16910234 geführt. Gleichzeitig erfüllt dieser seit mehreren Jahren Renovierungsaufträge der Stadt Elbstein in Schulen und Kindertagesstätten. Hierfür wird das Kreditorenkonto 35110567 geführt. Zum Stichtag 01.01 ist noch die letzte Gewerbesteuerfälligkeit des Vorjahres i.H.v. 1.500 EUR offen. Im Laufe des Haushaltsjahres ergeben sich die nachfolgenden Geschäftsvorfälle:

1251 1. Mit Datum vom 15.01. überweist Flechsig die offene Gewerbesteuerforderung i.H.v. 1.500 EUR aus dem Vorjahr.

1252 2. Die Steuerverwaltung setzt am 20.01. die Gewerbesteuervorauszahlungen für das laufende Haushaltsjahr mit jeweils 1.000 EUR zu den Fälligkeiten 15.02., 15.05., 15.08. und 15.11. fest.

1253 3. Am 15.02. überweist Flechsig die erste Vorauszahlung i.H.v. 1.000 EUR.

1254 4. Für die Renovierung mehrerer Unterrichtsräume durch Flechsig geht am 01.03. eine Rechnung i.H.v. 10.000 EUR bei der Stadt Elbstein ein.

1255 5. Die Rechnung vom 01.04. wird durch die Stadtkasse an Flechsig überwiesen.

1256 6. Die zweite Vorauszahlung zum 15.05. i.H.v. 1.000 EUR überweist Flechsig nicht pünktlich. Die Stadtkasse mahnt den entsprechenden Betrag am 30.05. an und erhebt dafür eine Mahngebühr i.H.v. 22,50 EUR sowie einen Säumniszuschlag i.H.v. 5 EUR.

1257 7. Am 02.06. überweist Flechsig die zweite Vorauszahlung i.H.v. 1.000 EUR sowie die Mahngebühr und den Säumniszuschlag.

Aufgaben

1258 a) Buchen Sie die o.g. Geschäftsvorfälle im Grund- und Hauptbuch.

1259 b) Führen Sie das Debitoren- und Kreditorenkonto.

3. Sachverhalt

1260 Die Gemeinde Elbstein hat Ende des Jahres 2018 das Haushaltsjahr 2019 eröffnet. In der 1. Kalenderwoche 2019 wurden die offenen Posten der Personenkonten (Kassenreste) auf die Forderungskonten vorgetragen. Hierzu zählen auch die Gewerbesteuerforderungen i.H.v. 100.000 EUR (separates Forderungskonto). Für die Gewerbesteuer wurde eine Pauschalwertberichtigung i.H.v. 10.000 EUR vorgenommen. Der Bankbestand beträgt 40.000 EUR.

1261 Im Jahr 2019 fallen die nachfolgenden Buchungen an:

1. Mitte Januar 2019 werden durch die Gemeinde Elbstein die nachfolgenden vier Gewerbesteuerbescheide versandt:

Unternehmen A	3.000 EUR
Unternehmen B	2.500 EUR
Unternehmen C	5.000 EUR
Unternehmen D	10.000 EUR

2. Unternehmer A zahlt die Gewerbesteuer i.H.v. 3.000 EUR am 15.02.2019.

3. Unternehmer B zahlt die Gewerbesteuer i.H.v. 2.500 EUR am 20.02.2019.

4. Die Vollstreckungsstelle empfiehlt Ende Februar 2019 die Niederschlagung der Gewerbesteuer des Unternehmers E aufgrund der Insolvenzeröffnung. Die offenen Posten aus den Jahren 2017 und 2018 belaufen sich auf 5.000 EUR.

5. Aufgrund des Antrages des Unternehmers F erlässt die Steuerabteilung der Gemeinde Elbstein einen Gewerbesteuerbetrag i.H.v. 500 EUR.

6. Die Steuerabteilung stellt Mitte April 2019 fest, dass die Gewerbesteuer gegen das Unternehmen C um 500 EUR zu hoch festgesetzt war. Die Korrektur ist zu buchen.

7. Unternehmer C zahlt Ende April 2019 die im Januar 2019 festgesetzte Gewerbesteuer i.H.v. 5.000 EUR. Durch die bereits erfolgte Korrektur der Gewerbesteuer (Zahlbetrag 4.500 EUR) entsteht dadurch eine Überzahlung i.H.v. 500 EUR.

8. Die Überzahlung der Gewerbesteuer des Unternehmers C zahlt die Gemeinde Anfang Mai 2019 zurück.

9. Aus dem Insolvenzverfahren gegen den Unternehmer W wird an die Gemeinde Elbstein im Mai 2019 ein Betrag i.H.v. 1.200 EUR gezahlt. Die Forderungen gegen den Unternehmer W wurden bereits im Jahr 2017 einzelwertberichtigt.

10. Im Rahmen des Jahresabschlusses 2019 wird die Pauschalwertberichtigung für die Gewerbesteuer neu bestimmt.

Alternative A   17.000 EUR
Alternative B   6.000 EUR
Alternative C   10.000 EUR

Aufgaben

a) Tragen Sie die Bestände in der Buchhaltung 2019 vor.

b) Ermitteln Sie die entsprechenden Konten, und buchen Sie die dargestellten Sachverhalte.

4. Sachverhalt

1274 Die Gemeinde Elbstein wird im Jahr 2019 die Elbstraße ausbauen. Die Maßnahme ist straßenausbaubeitragspflichtig. Am 01.08.2019 werden die nachfolgenden Straßenausbaubeitragsbescheide versendet.

Anlieger A	1.500 EUR
Anlieger B	3.000 EUR
Anlieger C	2.500 EUR
Anlieger D	1.000 EUR
Anlieger E	4.000 EUR
Anlieger F	1.200 EUR
Anlieger G	500 EUR

1275 1. Anlieger A bezahlt den Straßenausbaubeitrag i.H.v. 1.500 EUR am 01.09.2019.

1276 2. Anlieger B beantragt eine Stundung bis zum 30.11.2019. Diese wird gewährt.

1277 3. Anlieger C ging aufgrund eines Berechnungsfehlers in Widerspruch. Aus seiner Sicht war der berechnete Beitrag um 500 EUR zu hoch. Dem Widerspruch wird abgeholfen.

1278 4. Anlieger D ist seit Jahren amtsbekannt fruchtlos. Nach Übergabe der Forderung an das Zentrale Forderungsmanagement erfolgt die Entscheidung zu einer befristeten Niederschlagung der Forderung.

1279 5. Aufgrund des Antrages von Anlieger G erlässt die Gemeinde Elbstein den Straßenausbaubeitrag i.H.v. 500 EUR.

1280 6. Anlieger E zahlt die Forderung i.H.v. 4.000 EUR.

1281 7. Gleichzeitig ging Anlieger E in Widerspruch. Auch hier war die Forderung um 300 EUR zu hoch ausgewiesen.

1282 8. Da Anlieger E die Forderung bereits i.H.v. 4.000 EUR an die Gemeinde bezahlt hat, ist ein Betrag i.H.v. 300 EUR zurückzuerstatten.

1283 9. Anlieger F zahlt den Betrag nicht. Das zentrale Forderungsmanagement kann keine gütliche Einigung erreichen. Daraufhin erfolgt eine Pfändung des Arbeitseinkommens. In den Monaten Oktober bis Dezember werden dadurch jeweils 100 EUR eingezogen.

Aufgaben

1284 Ermitteln Sie die entsprechenden Konten, und buchen Sie die dargestellten Sachverhalte.

X. Anlagenbuchhaltung

1. Kontrollfragen

1. Beschreiben Sie den Abschreibungskreislauf anhand eines Beispiels aus der Kommunalverwaltung. 1285

2. Aus welchen Gründen werden Abschreibungen als Aufwand in der Ergebnisrechnung ausgewiesen? 1286

3. Welche Vermögensgegenstände unterliegen nicht der planmäßigen Abschreibung? 1287

4. Welche Abschreibungsmethoden sind in Sachsen-Anhalt bilanziell zulässig, und welche davon hat den Vorrang? Begründen Sie Ihre Auffassung anhand der einschlägigen Rechtsnorm. 1288

5. Bewerten Sie die Bedeutung von § 40 Abs. 4 KomHVO für die Kommunen des Landes Sachsen-Anhalt. 1289

6. Erläutern Sie die Besonderheiten der geringwertigen Vermögensgegenstände. 1290

7. Worin liegt das Problem der bilanziellen Abschreibungen? 1291

8. Was verstehen Sie unter dem Begriff „Wertaufholung"? 1292

9. Erläutern Sie den Begriff „Sonderposten" anhand eines Beispiels. 1293

10. Erläutern Sie den Zusammenhang zwischen Abschreibungen und der ertragswirksamen Auflösung von Sonderposten. 1294

11. Beschreiben Sie den Begriff „Zuwendungen". 1295

2. Sachverhalt

Die Stadt Elbstein beschafft im Juli des Jahres einen Beamer. Die Anschaffungskosten belaufen sich auf 1.190 EUR brutto. Die regelmäßige Nutzungsdauer des Beamers wird durch die Anlagenbuchhaltung auf sieben Jahre festgesetzt. 1296

Aufgaben

Ermitteln Sie die Abschreibungen für das erste und das zweite Jahr der Nutzung. Begründen Sie ihr Ergebnis anhand der einschlägigen Rechtsnorm ausführlich. 1297

3. Sachverhalt

Im Juni erhält der Oberbürgermeister einen neuen Dienstwagen. Die Anschaffungskosten betrugen 24.000 EUR. Im 1. Jahr der Nutzung fährt der Oberbürgermeister 15.000 km, im 1298

225

1299 2. Jahr sind es 50.000 km, im 3. Jahr 20.000 km, im 4. Jahr 45.000 km, im 5. Jahr 30.000 km und im 6. Jahr 10.000 km.

Aufgaben

1300 a) Wie hoch sind die Abschreibungen im ersten, zweiten und letzten Jahr bei einer angenommenen Nutzungsdauer von fünf Jahren?

1301 b) Wie hoch sind die Abschreibungen im ersten und im zweiten Jahr bei einer angenommenen Gesamtfahrleistung von 200.000 km?

1302 c) Skizzieren Sie den Abschreibungsverlauf und den Restbuchwert des Pkw für beide Varianten.

1303 d) Erläutern Sie Vor- und Nachteile der beiden Abschreibungsverfahren unter Einbeziehung der gesetzlichen Regelungen.

1304 e) Nennen Sie die erforderlichen Buchungssätze (Bestellung, Lieferung, Rechnungseingang, Bezahlung durch Banküberweisung, Abschreibung) unter Angabe der einschlägigen Konten.

4. Sachverhalt

1305 Der Neubau eines Schulgebäudes hat 2.400.000 EUR gekostet und soll für 40 Jahre das Domizil für Grundschüler sein. Die feierliche Inbetriebnahme erfolgte zu Beginn des neuen Schuljahres im September.

1306 Im Zusammenhang mit dem Bau der Schule musste eine neue Straße hergestellt werden. Der Ausbau der Straße schlägt mit 600.000 EUR zu Buche. Die Straße wurde mit der Schule in Betrieb genommen und soll 50 Jahre genutzt werden.

1307 Während des Schulbetriebs wurde festgestellt, dass noch zehn Stühle und sechs Tische fehlen. Diese wurden im November beschafft. Für die Stühle wurden pro Stück 178,50 EUR und die Tische pro Stück 190,40 EUR bezahlt.

1308 Für den Fotozirkel der Schule wurden im Oktober eine Kamera (990 EUR) und ein Objektiv (200 EUR) gekauft. Die betriebsgewöhnliche Nutzungsdauer beträgt zehn Jahre.

1309 Die AHK für den schuleigenen Pkw betrugen 10.000 EUR. Man rechnet mit einer Laufleistung von insgesamt 150.000 km. In diesem Jahr ist das Fahrzeug 7.500 km gefahren.

Aufgaben

1310 a) Bilden Sie für die Geschäftsvorfälle die entsprechenden Buchungssätze unter Nennung der Konten.

b) In welcher Höhe wird die Ergebnisrechnung des betrachteten Jahres insgesamt be-   1311
lastet?

5. Sachverhalt

Die Herstellungskosten für eine Garage betrugen 100.000 EUR. Die Nutzungsdauer wird   1312
auf 50 Jahre festgelegt. Im fünften Jahr der Nutzung muss aufgrund eines Sturmschadens
zusätzlich zu den planmäßigen Abschreibungen eine außerplanmäßige Abschreibung in
Höhe von 13.500 EUR vorgenommen werden. Im achten Jahr der Nutzung wird der
Sturmschaden beseitigt. Die notwendigen Aufwendungen entsprechen der Höhe der
außerplanmäßigen Abschreibungen.

Aufgaben

a) Stellen Sie die Abschreibungen und den jeweiligen Restbuchwert für die ersten zehn   1313
Jahre der Nutzung in einer Tabelle dar.

b) Bilden Sie die notwendigen Buchungssätze im ersten, fünften und im achten Jahr der   1314
Nutzung.

6. Sachverhalt

Im Bereich der Straßenreinigung der Gemeinde Elbstein wurde eine neue Straßenkehr-   1315
maschine mit einer hohen Behälterkapazität benötigt, um das zusätzliche Reinigungs-
volumen durch die Fusion mit den Gemeinden Schneeberg und Rittersburgen zu kom-
pensieren. Das Fahrzeug wurde im Mai 2017 erworben. Der Anschaffungswert betrug
80.000 EUR brutto. Die Nutzungsdauer des Fahrzeugs wurde auf acht Jahre geschätzt und
entsprechend in die Anlagenbuchhaltung aufgenommen. Der Hersteller des Fahrzeugs
gibt die Betriebsleistung mit etwa 30.000 Stunden an.

Aufgaben

a) Erstellen Sie den Abschreibungsplan für das Fahrzeug sowie den Restbuchwert im   1316
Oktober 2020 bei einer linearen Abschreibung nach § 40 Abs. 1 S. 2 KomHVO. Nennen
Sie die Buchungssätze sowie die erforderlichen Konten.

b) Ermitteln Sie weiterhin den Restbuchwert des Fahrzeugs zum 31.12.2020 auf Basis   1317
einer Leistungsabschreibung nach § 40 Abs. 1 S. 3 KomHVO. Die Betriebsstunden
verteilen sich auf die einzelnen Haushaltsjahre wie folgt: 2017 = 500h, 2018 = 900h,
2019 = 1.100h, 2020 = 1.000h. Nennen Sie die Buchungssätze sowie die erforderlichen
Konten.

c) Unterstellt, durch technischen Fortschritt (insbesondere der Fahrzeughybridtechnik)   1318
sinkt der Wert des Fahrzeugs zum 31.12.2020 um 50 v.H. Beschreiben Sie, wie der
Vorgang haushaltsrechtlich zu erfassen ist. Nennen Sie die Buchungssätze sowie die
erforderlichen Konten.

1319   d) Beschreiben Sie den Abschreibungskreislauf anhand des Aufgabenbereiches Straßen-
         reinigung.

7. Sachverhalt

1320   Die Gemeinde Schneeberg möchte ihre gesamte Kopiertechnik modifizieren. Die derzeit
        genutzten, aber bereits abgeschriebenen Geräte (zwölf Geräte mit jeweils einem Erin-
        nerungswert) sollen vollständig ausgetauscht werden. Für einen Etagenkopierer konnte
        noch ein Käufer gefunden werden, der bereit ist, einen Betrag i.H.v. 100 EUR zu zahlen.

Aufgaben

1321   a) Erläutern Sie, warum abgeschriebene, aber noch nutzbare Vermögensgegenstände des
         Anlagevermögens mit einem Erinnerungswert in der Anlagenbuchhaltung geführt
         werden.

1322   b) Benennen Sie die erforderlichen Buchungssätze (Abschluss Kaufvertrag, Zahlung des
         Käufers durch Banküberweisung, Buchgewinn/-verlust) unter Angabe der Konten.

8. Sachverhalt

1323   Der Landkreis Rittersburgen veräußert die bisherige Stadionleinwand. Die Gesamt-
        nutzungsdauer wurde durch die Anlagenbuchhaltung auf zwölf Jahre festgelegt. Nach
        Ablauf der Hälfte der Nutzungsdauer (01.09.2017) betrug der Buchwert 22.000 EUR. Die
        Veräußerung ist zum 01.02.2018 für einen Kaufpreis von 15.000 EUR vorgesehen.

Aufgaben

1324   a) Ermitteln Sie die Anschaffungskosten der Stadionleinwand.

1325   b) Berechnen Sie den Buchwert der Stadionleinwand zum Veräußerungszeitpunkt.

1326   c) Nennen Sie die Buchungssätze (Abschluss des Kaufvertrages, Zahlung durch Käufer
         mittels Banküberweisung) unter Angabe der entsprechenden Konten.

9. Sachverhalt

1327   Der Ratssaal der Gemeinde Elbstein muss aufgrund erheblicher Abnutzungserscheinun-
        gen neu eingerichtet werden. Entsprechend dem Angebot eines örtlichen Herstellers
        beläuft sich der Preis für die neuen Möbel auf 30.000 EUR. Wie üblich erhält die
        Gemeinde Elbstein einen Rabatt von 20 v.H. auf den Kaufpreis. Zusätzlich verlangt der
        Hersteller für die Lieferung und Montage einen Pauschalpreis von 300 EUR. In dem Preis
        für die Möbel und Montage ist die gesetzliche Umsatzsteuer noch nicht enthalten.

1328   Bei einer Begleichung des Rechnungsbetrages innerhalb von zehn Tagen gewährt der
        Händler einen Skontoabzug von 3 v.H.

Aufgaben

a) Ermitteln Sie die Anschaffungskosten der Möbel unter Angabe der einschlägigen Rechtsnorm. 1329

b) Nennen Sie die Buchungssätze (Bestellung, Rechnungseingang, Zahlung durch Banküberweisung) unter Angabe der entsprechenden Konten. 1330

10. Sachverhalt

Die Gemeinde Elbstein erwirbt ein neues Fahrzeug für den Winterdienst. Der Kaufpreis beträgt 90.000 EUR. Das Fahrzeug wird am 02.11.2017 angeliefert und übergeben. Der Händler gewährt bei Zahlung innerhalb von fünf Tagen auf den Kaufpreis 3 v.H. Skonto. Für die Anlieferung fallen weitere 800 EUR an. Der Spediteur gewährt 2 v.H. Skonto bei Zahlung innerhalb von zehn Tagen. 1331

Ende Januar 2018 wird ein zusätzliches Spezialschiebeschild für schwierige Witterungslagen mit erheblichem Schneefall für 4.500 EUR bestellt und geliefert. Zur Vorbereitung des Winters 2018/19 wird ein zusätzlicher Streuteller für 6.000 EUR im Oktober 2018 bestellt und im Januar 2019 geliefert, installiert und bezahlt. Die Nutzungsdauer des Fahrzeugs beträgt zehn Jahre. 1332

Aufgaben

1. Berechnen Sie die Anschaffungskosten des Fahrzeuges im Jahr 2017. 1333

2. Nennen Sie die Buchungssätze (Bestellung, Rechnungseingang, Zahlung durch Banküberweisung) unter Angabe der entsprechenden Konten. 1334

3. Erstellen Sie einen Abschreibungsplan unter der Annahme, dass das Fahrzeug nach Ablauf der planmäßigen Nutzungsdauer weiter genutzt wird. Unterstellen Sie dabei, dass die Zusatzspezialkomponenten bis zum Ende der Nutzungsdauer des Fahrzeugs abgeschrieben werden. 1335

11. Sachverhalt

1336   Sie sind Sachbearbeiter bei der Berufsfeuerwehr der Stadt Elbstein und erhalten die nachfolgende Rechnung.

1337

Schludrig GmbH
Fachhändler für Motorgeräte/Baudienstleistungen
Radegaster Str. 88, 08150 Elbstein

Stadt Elbstein
Berufsfeuerwehr
Muldstraße 7
08150 Elbstein

Rechnung Nr. 457/2017 vom 15.02.2017   *Kunden Nr. 6688*

Ihr Auftrag vom 05.02.2017

Menge	Gegenstand	Preis je Einheit	Gesamtpreis
5	Sägekette Typ A	11 EUR	55 EUR
3	Sägekette Typ B	15 EUR	45 EUR
2	Kopfschutz	45 EUR	90 EUR
1	Motorsäge Typ MS 261	750 EUR	750 EUR
2	Motorsäge Spezial	1.200 EUR	2.400 EUR

Gesamtpreis netto   **3.340 EUR**
Preise zzgl. 19 % Mehrwertsteuer

Bei Zahlung innerhalb von 7 Tagen unter Abzug von 3 % Skonto.

Kontoinhaber: Göttrick Schludrig   Finanzamt Elbstein
Stadtsparkasse Elbstein   Steuernummer: 03/456/789
IBAN: 0815471133033000

Aufgaben

1338   a) Prüfen Sie die rechnerische Richtigkeit der Rechnung unter Angabe der einschlägigen Rechtsnorm.

b) Ermitteln Sie sämtliche Buchungssätze unter Angabe der erforderlichen Konten. Die Nutzungsdauer für Motorsägen beträgt sechs Jahre. 1339

12. Sachverhalt

Der Leiter der Finanzbuchhaltung benötigt aufgrund einer Software-Umstellung einen neuen PC. Der alte PC ist bereits über acht Jahre alt und „bremst" das tägliche Arbeiten erheblich aus. Der Zentrale IT-Service erwirbt daher die nachfolgenden Komponenten: 1340

Beschreibung	Preis inkl. Mwst.
PC	500 EUR
30-Zoll-Bildschirm	400 EUR
Einzelarbeitsplatz-Scanner	600 EUR
Tastatur	35 EUR
Maus	20 EUR
Drucker	250 EUR
Tablet für Vortragstätigkeit	600 EUR
50er-Packung Bildschirmputztücher	15 EUR
Rechnungsbetrag	**2.420 EUR**

Aufgaben

a) Nennen Sie die erforderlichen Buchungssätze unter Angabe der Konten. 1341

b) Der PC hat eine planmäßige Nutzungsdauer von vier Jahren. Gehen Sie davon aus, dass der PC nach Ablauf der planmäßigen Nutzungsdauer voraussichtlich weiter genutzt wird. Stellen Sie den Abschreibungsplan dar. 1342

13. Sachverhalt

Aufgrund der Privatisierung der Postbearbeitung in der Gemeinde Elbstein soll die vorhandene Frankiermaschine veräußert werden. Die Frankiermaschine wurde im August 2013 für 20.000 EUR erworben. Die Anlagenbuchhaltung führte die Maschine mit einer Nutzungsdauer von zehn Jahren. 1343

Der Kaufvertrag wird im September 2017 geschlossen. Die Übergabe an den neuen Eigentümer erfolgt im Dezember 2017. Dabei wird der vereinbarte Kaufpreis i.H.v. 8.000 EUR bezahlt. 1344

Aufgaben

a) Ermitteln Sie den Buchwert der Frankiermaschine zum Veräußerungszeitpunkt. 1345

b) Nennen Sie die erforderlichen Buchungssätze (Abschluss Kaufvertrag, Zahlung durch Banküberweisung, Buchgewinn/-verlust). 1346

14. Sachverhalt

1347   Im Rahmen der jährlichen Inventarerneuerung liegen dem Fachbereich „Finanzen" der Gemeinde Rittersburgen die Rechnungen (Preise inkl. Mwst) für nachfolgende Beschaffungen vor:

Beschreibung	Anzahl	Einzelpreis	Gesamtpreis
Bürotische	10	300 EUR	3.000 EUR
Büroschränke	6	700 EUR	4.200 EUR
Papierkörbe	15	10 EUR	150 EUR
Beratungstisch	2	1.600 EUR	3.200 EUR
Faxgerät	1	160 EUR	160 EUR
Aktenvernichter	2	140 EUR	280 EUR
Büroklammern (Packung 1.000 St.)	10	10 EUR	100 EUR
Heftklammern (Packung 1.000 St.)	10	5 EUR	50 EUR
Aktendullis	1.000	10 Cent	100 EUR
Drehstühle	5	200 EUR	1.000 EUR
Kommentar zum KVG LSA	1	120 EUR	120 EUR
DVP Gesetzessammlung	2	80 EUR	160 EUR

Aufgaben

1348   a) Ordnen Sie die Beschaffungen nach geringwertigen Wirtschaftsgütern, geringwertigen Vermögensgegenständen im GVG - Sammelposten sowie hochwertigen Vermögensgegenständen (Einzelbewertung).

1349   b) Nennen Sie die erforderlichen Buchungssätze (Rechnungseingang, Zahlung durch Banküberweisung) unter Angabe der erforderlichen Konten.

15. Sachverhalt

1350   Die Stadt Elbstein beabsichtigt, die pauschalen Investitionszuweisungen nach einem selbst ermittelten durchschnittlichen Wert ertragswirksam aufzulösen. Dazu liegen aus dem Haushaltsjahr 2019 folgende Angaben vor:

1351   Sachanlagevermögen am Ende des Haushaltsjahres = 25.658.927 EUR
Abschreibungen auf das Sachanlagevermögen = 933.052 EUR

Aufgaben

1352   a) Wie hoch ist der durchschnittliche Auflösungssatz für Sonderposten?

1353   b) Wie lässt sich dies aus den obigen Angaben ableiten?

16. Sachverhalt

Die Anschaffungskosten eines Laptops betrugen im vorigen Jahr 1.190 EUR brutto. Ein   1354
Unternehmer hat die Anschaffung mit 500 EUR gefördert. In diesem Jahr wird der Laptop
durch einen Wasserschaden unbrauchbar.

Aufgaben

Erläutern und begründen Sie, was aus buchhalterischer Sicht erforderlich ist.   1355

17. Sachverhalt

Der Neubau eines Schulgebäudes hat 2.400.000 EUR gekostet und soll für 40 Jahre das   1356
Domizil für Grundschüler sein. Die feierliche Inbetriebnahme erfolgte zu Beginn des
neuen Schuljahres im September. Das Land hat sich am Bau der Schule mit 80 v.H.
beteiligt. Der Bescheid ging im Januar ein, und der Zahlungseingang wurde im August des
Jahres registriert.

Im Zusammenhang mit dem Bau der Schule musste eine neue Straße gebaut werden. Für   1357
die Straße wurde ein Grundstück i.H.v. 60.000 EUR erworben. Gleichzeitig wurde ein
städtisches Grundstück mit einem Buchwert von 40.000 EUR überbaut. Der Ausbau der
Straße schlägt mit 600.000 EUR zu Buche. Die Straße wurde mit der Schule in Betrieb
genommen und soll 50 Jahre genutzt werden. Die Anlieger der Straße wurden zur
Zahlung von 60 v.H. des beitragsfähigen Aufwandes herangezogen (siehe Auszug aus der
Straßenausbaubeitragssatzung). Davon werden 90 v.H. auch tatsächlich kassenwirksam.

Aufgaben

a) Bilden Sie für die Geschäftsvorfälle die entsprechenden Buchungssätze unter Nennung   1358
   der Konten.

b) In welcher Höhe wird die Ergebnisrechnung des betrachteten Jahres insgesamt be-   1359
   lastet?

Bearbeitungshinweise

Die angegebenen Preise sind Bruttopreise.   1360

1361

> ### § 2 Beitragsfähiger Aufwand
>
> (1) Beitragsfähig ist insbesondere der Aufwand für
> - den Erwerb und die Freilegung der für die Durchführung der in § 1 Abs. 1 genannten Maßnahmen benötigten Grundflächen einschließlich der Nebenkosten, dazu zählt auch der Wert der von der Gemeinde aus ihrem Vermögen bereitgestellten Flächen zum Zeitpunkt der Bereitstellung einschließlich der Bereitstellungsnebenkosten,
> - die Herstellung, Anschaffung, Erweiterung, Verbesserung und Erneuerung von Fahrbahnen,
> - die Herstellung, Anschaffung, Erweiterung, Verbesserung und Erneuerung von Wegen, Fußgängerzonen, Plätzen,
> - die Herstellung, Anschaffung, Erweiterung, Verbesserung und Erneuerung von:
>   - a) Rad- und Gehwegen,
>   - b) Park- und Halteflächen, die Bestandteil der Verkehrseinrichtung sind,

18. Sachverhalt

1362 Ein Gutachten über den baulichen Zustand des städtischen Rathauses ergab, dass neben der normalen Abnutzung des Gebäudes eine zusätzliche Wertminderung durch unterlassene Instandhaltung in Höhe von 20.000 EUR zu berücksichtigen ist. Der Restbuchwert des Rathauses beträgt 200.000 EUR und die restliche Nutzungsdauer zehn Jahre. Auf der Passivseite ist ein Sonderposten aus Zuwendungen i.H.v. 160.000 EUR zu finden.

Aufgaben

1363 Buchen Sie die Abschreibungen und Auflösung des Sonderpostens des laufenden Jahres.

19. Sachverhalt

1364 Die Stadt Elbstein ist bestrebt, ihre Verwaltungsstandorte zu zentralisieren. Die Investitionssumme für den dazu erforderlichen Verwaltungsanbau beträgt 6,8 Mio. EUR. Für Planungsleistungen fielen 200.000 EUR an. Die Zahlung an das Bauunternehmen erfolgt in einer Summe. Die Rechnung geht am 15.08. bei der Stadt ein. Laut Anlagenbuchhaltung beträgt die betriebsgewöhnliche Nutzungsdauer voraussichtlich 70 Jahre. Die Nutzung soll ab 01.10. erfolgen. Aufgrund der besonderen energiesparenden Bauweise gewährt das Land eine Zuweisung i.H.v. 10 v.H. der Herstellungskosten. Der Zuwendungsbescheid geht am 01.09. bei der Stadt ein.

Aufgaben

1365 a) Buchen Sie den Rechnungseingang sowie den Eingang des Zuwendungsbescheides unter Angabe der entsprechenden Konten.

1366 b) Ermitteln Sie die Abschreibungen sowie die Beträge zur ertragswirksamen Auflösung der Zuweisung vom Land (Sonderposten) unter Angabe der einschlägigen Rechtsvorschriften.

1367 c) Nennen Sie die Buchungssätze zur Buchung der Abschreibungen sowie zur ertragswirksamen Auflösung der Zuweisung vom Land (Sonderposten) unter Angabe der entsprechenden Konten. Stellen Sie darüber hinaus die Buchungen auf dem Ergebnisrechnungskonto dar.

d) Erläutern Sie unter Angabe der einschlägigen Rechtsvorschrift, warum eine Verrechnung der Herstellungskosten für das Gebäude mit der Zuweisung vom Land unzulässig ist.   1368

20. Sachverhalt

Die Stadt Schneeberg plant seit vielen Jahren den Neubau einer Schwimmhalle. Zu Beginn   1369
des Jahres erfolgte die Vergabe an einen Generalbauunternehmer. Die Herstellungskosten belaufen sich insgesamt auf 3 Mio. EUR. Nach der Bauabnahme am 10.08. geht am 15.08. die Rechnung ein. Die Inbetriebnahme ist für den 01.09. vorgesehen. Der Rechnungsbetrag wird nach Prüfung des Hochbauamtes am 15.09. überwiesen. Das Land Sachsen-Anhalt fördert die Baumaßnahme mit 50 v.H. Der Fördermittelbescheid liegt seit dem 15.01. vor. Nach Abruf der Fördermittel wird die Zuweisung am 15.12. dem städtischen Bankkonto gutgeschrieben. Die Anlagenbuchhaltung hat für die Schwimmhalle eine betriebsgewöhnliche Nutzungsdauer von 60 Jahren festgelegt.

Aufgaben

a) Nennen Sie die Buchungssätze unter Angabe der jeweiligen Konten für den Eingang   1370
des Fördermittelbescheides am 15.01., die Bauabnahme am 10.08., den Rechnungseingang am 15.08., die Inbetriebnahme am 01.09. sowie den Eingang der Landeszuweisung am 15.12.

b) Ermitteln Sie die Abschreibungen sowie die Beträge zur ertragswirksamen Auflösung   1371
der Zuweisung (Sonderposten) zum 31.12., und nennen Sie die erforderlichen Buchungssätze unter Angabe der Konten.

XI. Personalbuchhaltung

1. Sachverhalt

Im Zentralen Forderungsmanagement der Stadt Elbstein ist ein Beschäftigter in der   1372
Entgeltgruppe 8/Erfahrungsstufe 4 tätig. Das Bruttoentgelt beträgt 3.044,26 EUR.

Aufgaben

a) Ermitteln Sie die Nettobezüge.   1373

		in EUR	
	Bruttoentgelt		
./.	Lohnsteuer		
./.	Solidaritätszuschlag		5,5 v.H. Lohnsteuer
./.	Kirchensteuer		9,0 v.H. Lohnsteuer
./.	AN-Anteil Krankenversicherung		7,3 + 0,9 v.H. brutto
./.	AN-Anteil Rentenversicherung		9,3 v.H. brutto

./.	AN-Anteil Pflegeversicherung		1,275 + 0,25 v.H.
./.	AN-Anteil Arbeitslosenversicherung		1,5 v.H. brutto
./.	AN-Anteil ZVK (Zusatzbeitrag)		2,4 v.H. brutto
=	**Entgelt (netto) / Auszahlungsbetrag**		

1374 b) Berechnen Sie die Arbeitgeberanteile an der Sozialversicherung.

	in EUR	
AG-Anteil Krankenversicherung		7,3 v.H. brutto
AG-Anteil Rentenversicherung		9,3 v.H. brutto
AG-Anteil Pflegeversicherung		1,275 v.H. brutto
AG-Anteil Arbeitslosenversicherung		1,5 v.H. brutto
AG-Anteil ZVK (Zusatzbeitrag)		2,4 v.H. brutto
AG-Anteil ZVK (Umlage)		1,5 v.H. brutto
Gesamt AG-Anteil		

1375 c) Wie hoch ist der Gesamtaufwand der Stadt Elbstein für den Beschäftigten?

1376 d) Bilden Sie sämtliche im Zusammenhang mit der Personalabrechnung des Beschäftigten stehende Buchungssätze. Nennen Sie dabei die erforderlichen Konten.

1377 e) Erläutern Sie die Unterschiede zwischen den Bestandteilen der Dienstbezüge eines Beamten und des Entgeltes eines Beschäftigten.

1378 f) Welche Besonderheit ist bei der Buchung der Beamtenbesoldung des Monates Januar zu beachten?

XII. Rückstellungen

1. Kontrollfragen

1379 1. Was sind Rückstellungen? Nennen Sie das haushaltsrechtliche Prinzip und die rechtlichen Grundlagen für Rückstellungen.

1380 2. Beschreiben Sie die Wirkung von Bildung, Inanspruchnahme und Auflösung von Rückstellungen in den drei Komponenten des kommunalen Rechnungswesens.

1381 3. Worin besteht der Unterscheid zwischen Rückstellungen und Verbindlichkeiten?

2. Sachverhalt

1382 Die Stadt Elbstein beabsichtigt im Jahr 2017 die Beseitigung von Schäden am Gebäude einer Kindertagesstätte. Dafür sind im Haushaltsplan 2017 15.000 EUR veranschlagt, was auch der Kostenschätzung des Hochbauamtes entspricht. Durch Verzögerungen im Vergabeverfahren kann die Reparaturmaßnahme im Jahr 2017 nicht durchgeführt werden.

Aufgaben

a) Was ist im Jahr 2017 im Rahmen des Jahresabschlusses zu tun? 1383

b) Im Jahr 2018 wird die Maßnahme nachgeholt. Die Rechnung der Firma, die den Auf- 1384
trag ausgeführt hat, beträgt 15.000 EUR. Bilden Sie die notwendigen Buchungssätze.

c) Abwandlung 1 zu b): Die Rechnung beträgt 17.500 EUR. 1385

d) Abwandlung 2 zu b): Die Rechnung beträgt 10.000 EUR. 1386

e) Abwandlung 3 zu b): 1387
Die Maßnahme konnte bis zum Ende des Jahres 2018 nicht realisiert werden. Ob sie
im Jahr 2019 nachgeholt wird, ist ungewiss. Nach Einschätzung des Hochbauamtes
führt die unterlassene Instandhaltung zu einer dauerhaften Wertminderung in Höhe
von 15.000 EUR am Gebäude der Kindertagesstätte. Bilden Sie die notwendigen
Buchungssätze.

3. Sachverhalt

Die Stadt Elbstein ist im Jahr 2017 von einem Beschäftigten auf Nachzahlung von 1388
Arbeitsentgelt i.H.v. 10.000 EUR verklagt worden. Nach Einschätzung des Rechtsamtes
besteht eine hohe Wahrscheinlichkeit, dass der Beschäftigte recht bekommt. Voraussichtlich werden Gerichtskosten i.H.v. 500 EUR und Anwaltskosten des Mitarbeiters i.H.v.
1.500 EUR anfallen. Das Gerichtsverfahren wird voraussichtlich im Jahr 2018 beendet.

Aufgaben

a) Buchen Sie die notwendigen Rückstellungen unter Nennung der entsprechenden 1389
Rechtsnorm.

b) Die Stadt Elbstein wird zur Zahlung und zur Übernahme der notwendigen Ver- 1390
fahrenskosten verurteilt. Die Gerichtskosten betrugen 450 EUR. Der Anwalt des Beschäftigten stellt der Stadt die Kosten in Höhe von 1.750 EUR in Rechnung. Buchen Sie
diesen Geschäftsvorfall einschließlich Finanzrechnung.

c) Die Streitparteien einigen sich auf einen Vergleich. Dieser beinhaltet, dass die Stadt an 1391
den Beschäftigten 5.000 EUR zu zahlen hat. Die Parteien tragen ihre Kosten selbst.
Gerichtskosten fallen nicht an. Buchen Sie den Geschäftsvorfall unter Angabe der
notwendigen Konten.

d) Das Gericht folgt der Argumentation der Stadt und weist die Klage zurück. Buchen Sie 1392
den Geschäftsvorfall unter Angabe der erforderlichen Konten.

4. Sachverhalt

1393 Aufgrund einer langfristigen Erkrankung konnte eine Beschäftigte im Jahr 2017 20 Tage ihres Jahresurlaubs nicht in Anspruch nehmen. Die durchschnittlichen Bruttopersonalaufwendungen betragen 250 EUR pro Tag, darin enthalten sind 80 EUR Arbeitgeberanteile an den Sozialversicherungen.

Aufgaben

1394 a) Bilden Sie für das Jahr 2017 die notwendigen Rückstellungen. Begründen Sie die Bildung der Rückstellung anhand der einschlägigen Norm ausführlich.

1395 b) Im Jahr 2018 gesundet die Beschäftigte und nimmt ihren Urlaub in Anspruch. Buchen Sie diesen Geschäftsvorfall unter Angabe der Konten.

1396 c) Die Beschäftigte verstirbt im Jahr 2018. Wie ist in diesem Fall zu buchen?

XIII. Aktivierte Eigenleistungen

1. Kontrollfragen

1397 1. Erläutern Sie die Funktion und Wirkung von aktivierten Eigenleistungen.

1398 2. Beschreiben Sie den Zusammenhang zwischen Herstellungskosten und aktivierten Eigenleistungen.

1399 3. Erläutern Sie den Zusammenhang zwischen aktivierten Eigenleistungen und Abschreibungen.

2. Sachverhalt

1400 Der Bauhof der Gemeinde pflastert aufgrund der günstigen Witterung im Januar einen Fußweg an einer Gemeindestraße. Bislang bestand der Fußweg aus gestampfter Erde ohne Pflasterung. Die Materialkosten betrugen 48.000 EUR, die Fertigungskosten wurden mit 35.000 EUR ermittelt. Die im Rahmen der Kosten- und Leistungsrechnung ermittelten Zuschlagssätze betragen für die Materialgemeinkosten 25 v.H. und für die Fertigungsgemeinkosten 120 v.H. Der Fußweg soll 40 Jahre halten, er wird am 31.01. in Betrieb genommen.

Aufgaben

1401 1. Ermitteln Sie die aktivierten Eigenleistungen.

1402 2. Bilden Sie die notwendigen Buchungssätze einschließlich der betroffenen Konten.

1403 3. Erläutern Sie, warum keine aktivierten Eigenleistungen vorliegen, wenn der Fußweg bereits gepflastert war und die Pflasterung komplett erneuert wird.

XIV. Rechnungsabgrenzungsposten

1. Kontrollfragen

1. Unterscheiden Sie die beiden Formen von Rechnungsabgrenzung. 1404

2. Wie werden die unterschiedlichen Formen der Rechnungsabgrenzung in der kommunalen Bilanz abgebildet? 1405

2. Sachverhalt

1. Im Januar 2017 wird ein Bescheid über Friedhofsgebühren für ein Urnengrab i.H.v. 900 EUR erhoben. Die Ruhezeit laut Gebührensatzung beträgt 20 Jahre. Die Gebühr wird durch den Schuldner fristgerecht gezahlt. 1406

2. Für eine Außenstelle der Verwaltung wird ein Bürogebäude angemietet. Die Zahlung der Miete i.H.v. 1.200 EUR erfolgt am 01.09. für sechs Monate im Voraus per Banküberweisung. 1407

3. Der Student S hat eine städtische Wohnung angemietet. Die Miete i.H.v. 600 EUR für einen Zeitraum von 6 Monaten zahlt er an die Stadt am 01.09. im Voraus. 1408

Aufgaben

a) Buchen Sie die Geschäftsvorfälle einschließlich der Finanzrechnung im laufenden Jahr und in der Folgeperiode. 1409

b) Der Gebührenschuldner im Fall 1 zahlt nicht und verstirbt im Oktober 2017. Die Forderung wird niedergeschlagen (ausgebucht). Was ist zu buchen? 1410

c) Welchen Einfluss hat die Niederschlagung auf die passive Rechnungsabgrenzung? 1411

3. Sachverhalt

Im August 2017 erhält die Stadt Elbstein für das neue Fahrzeug des Fuhrparks einen Steuerbescheid über 240 EUR. Die Zahlung erfolgt zur Fälligkeit einen Monat später. Die Steuer gilt für ein Jahr, beginnend ab August. 1412

Aufgaben

a) Buchen Sie die notwendigen Geschäftsvorfälle. 1413

b) Begründen Sie die Buchungen anhand der einschlägigen Norm ausführlich. 1414

4. Sachverhalt

Im Dezember 2017 erhält die Stadt eine Rechnung über die Lieferung von 20 Stühlen für die Grundschule i.H.v. insgesamt 1.309 EUR. Die Zahlung ist am 15. Januar 2018 fällig. 1415

Aufgaben

1416   Buchen Sie die notwendigen Geschäftsvorfälle, und benennen Sie die Form der Rechnungsabgrenzung.

5. Sachverhalt

1417   Eine Physiotherapie nutzt die Stadtschwimmhalle, um ihren Patienten Wassergymnastik anbieten zu können. Das privatrechtliche Nutzungsentgelt wird anhand der Anzahl der im jeweiligen Monat betreuten Patienten rückwirkend erhoben. Die Rechnung für den Dezember 2017 beträgt 450 EUR und wird am 10.01.2018 an die Physiotherapiepraxis versandt. Die Fälligkeit der Rechnung ist der 31.01.2018.

Aufgaben

1418   Buchen Sie die notwendigen Geschäftsvorfälle.

6. Sachverhalt

1419   In der Geschäftsbuchhaltung liegen die folgenden Sachverhalte zur Buchung vor.

1420   1. Die Rechnung für die Mitgliedschaft im Kommunalen Kassenleiterverband des abgelaufenen Haushaltsjahres i.H.v. 1.200 EUR ist anzuordnen. Aufgrund des Kassenschlusses wird der Betrag erst im folgenden Jahr ausgezahlt.

1421   2. Für Ausbesserungsarbeiten an einer Hauptverkehrsstraße ist ein Betrag von 50.000 EUR zu berücksichtigen. Die Rechnung wird allerdings erst im neuen Jahr vorliegen.

1422   3. Die Gewerbesteuerforderung mit Fälligkeit 15.12. der Flechsig GmbH i.H.v. 500.000 EUR wird nicht rechtzeitig gezahlt. Der Geschäftsführer informierte die Stadtkasse, dass er aufgrund von Liquiditätsschwierigkeiten den Betrag erst im Januar überweisen wird.

1423   4. Die Klimaanlage der IT-Abteilung in der Stadt Elbstein war kurz vor Weihnachten defekt und musste dringend repariert werden. Nur dadurch konnten erhebliche Schäden an der Servertechnik verhindert werden. Die Fachfirma teilte telefonisch den Rechnungsbetrag i.H.v. 1.600 EUR mit. Die Rechnung geht in der ersten Januarwoche ein und wird überwiesen.

1424   5. Die Kfz-Versicherung i.H.v. 2.500 EUR für das IV. Quartal wird durch die Stadtkasse vereinbarungsgemäß in der ersten Januarwoche überwiesen.

1425   6. Zur Überbrückung der Sanierungsarbeiten am historischen Rathaus der Stadt Elbstein wurde ein Bürogebäude gemietet. Der Mietvertrag hat eine Laufzeit von 18 Monaten, beginnend ab 01.09. Die Miete beträgt insgesamt 18.000 EUR und ist halbjährlich in drei gleichen Raten zu zahlen.

7. Dem Bürger B wurde durch die städtische Vollstreckungsstelle ein Zahlungsaufschub (keine Stundung) für eine am 01.12. fällige privatrechtliche Forderung i. H. v 500 EUR bis zum 15.01. gewährt. Am 10.01. wird der Betrag dem städtischen Bankkonto gutgeschrieben. 1426

8. Die Prämie des kommenden Haushaltsjahres für die Feuer- und Gebäudeversicherung der städtischen Gebäude i.H.v. 100.000 EUR wurde am 10.12. überwiesen. 1427

9. Für die Teilnahme der Auszubildenden am Abschlusslehrgang zur Vorbereitung auf die Abschlussprüfung sind an das Studieninstitut für kommunale Verwaltung Sachsen-Anhalt e.V. die Teilnehmergebühren zu Beginn des Lehrgangs zu entrichten. Der Gesamtbetrag i.H.v. 8.000 EUR wird am 01.11. durch die Stadtkasse überwiesen. Der Lehrgang findet im November/Dezember des alten sowie April/Mai des neuen Haushaltsjahres statt. 1428

10. Das Jugendamt hat für das Kind von Frau V. Unterhaltsvorschussleistungen im Zeitraum September bis Dezember i.H.v. 1.200 EUR erbracht. Im Anschluss wurden diese Ansprüche gegenüber dem Kindsvater Herrn G. auf die Stadt übergeleitet. Die Forderung war am 15.12. fällig. Mit dem Kindsvater wurde jedoch eine Stundung bis zum 15.03. vereinbart. Der Betrag geht am 14.03. auf dem städtischen Bankkonto ein. 1429

11. Aufgrund der Sanierung eines Schulgebäudes ist die Anmietung von Unterrichtscontainern für ein Jahr erforderlich. Der Mietvertrag beginnt am 01.08. Die Jahresmiete beträgt 24.000 EUR und wurde vollständig zum Mietbeginn überwiesen. 1430

12. Mitte Dezember wird durch das Ordnungsamt der Stadt Elbstein ein Bußgeldbescheid an Bürger B erlassen. Das Bußgeld i.H.v. 500 EUR ist am 15.01. fällig. Bürger B überweist den Betrag jedoch bereits am 20.12. auf das städtische Bankkonto. 1431

13. Mitte Dezember wird durch das Ordnungsamt der Stadt Elbstein ein Bußgeldbescheid an Bürger G erlassen. Das Bußgeld i.H.v. 1.000 EUR ist am 15.01. fällig. Bürger G überweist den Betrag zur Fälligkeit auf das städtische Bankkonto. 1432

14. Zur Unterbringung von Obdachlosen in den Wintermonaten mietet die Stadt vom 01.12. bis 31.03. ein leer stehendes Gebäude an. Vereinbarungsgemäß wird die Miete i.H.v. 8.000 EUR am 30.11. im Voraus gezahlt. 1433

15. Zur Förderung kleiner Handwerksbetriebe vergibt die Stadt Darlehen. Das Darlehen für die Flechsig GmbH i.H.v. 10.000 EUR wird jährlich mit 3 v.H. verzinst. Die Zinsen sind jeweils rückwirkend für ein halbes Jahr zu entrichten. Den Zinsbetrag für den Zeitraum September bis Februar überweist die Flechsig GmbH vereinbarungsgemäß am 15.02. 1434

16. Für den Fuhrpark der Stadt Elbstein wurden mehrere Leasingverträge geschlossen. Die Leasingraten werden in halbjährlichen Abschlägen im Voraus bezahlt. Am 01.11. wird die erste Rate i.H.v. 3.600 EUR überwiesen. 1435

Aufgaben

1436 Bilden Sie die Buchungssätze für die dargestellten Geschäftsvorfälle im alten und neuen Haushaltsjahr. Nennen Sie dabei die erforderlichen Konten.

XV. Veränderung des Eigenkapitals sowie der liquiden Mittel

1. Sachverhalt

1437 In der Stadt Elbstein fallen die nachfolgenden Geschäftsvorfälle an.

1438 1. Für das Rathaus werden die Heizungskosten i.H.v. 3.100 EUR vom städtischen Bankkonto abgebucht.

1439 2. Die Kfz-Steuer i.H.v. 1.200 EUR für den städtischen Fuhrpark wird vom Bankkonto abgebucht.

1440 3. Der Pächter einer städtischen Gaststätte überweist die Pacht i.H.v. 800 EUR auf das städtische Bankkonto.

1441 4. Bürger B zahlt die fällige Grundsteuer B i.H.v. 50 EUR bar in der Stadtkasse ein.

1442 5. Die Steuerabteilung versendet Gewerbesteuerbescheide i.H.v. 3.000 EUR.

1443 6. Eine fällige Rechnung für den Unterhalt eines Schuldgebäudes i.H.v. 500 EUR wird überwiesen.

1444 7. Auf dem städtischen Bankkonto werden Zinsen i.H.v. 100 EUR für eine Geldanlage bei der Stadtsparkasse gutgeschrieben.

1445 8. Durch Banküberweisung wird ein Investitionskredit i.H.v. 50.000 EUR getilgt.

1446 9. Für einen Empfang des Oberbürgermeisters werden Getränke im Wert von 70 EUR gekauft. Die Zahlung erfolgt bar gegen Quittung.

1447 10. Bürger B zahlt die Gebühr i.H.v. 400 EUR für die Ausstellung einer Baugenehmigung bar in der Stadtkasse ein.

Aufgabe

1448 a) Führen Sie das Grundbuch für die Geschäftsvorfälle unter Angabe der Konten.

1449 b) Ermitteln Sie, in welcher Höhe sich der Bestand der liquiden Mittel verändert.

Bearbeitungshinweise

1450 Der Anfangsbestand der liquiden Mittel beträgt 500.000 EUR.

2. Sachverhalt

Im Rahmen der Herstellung der neuen Grundschule der Stadt Elbstein fallen nachfolgende Geschäftsvorfälle an: 1451

1. Der Zuwendungsbescheid des Landes Sachsen-Anhalt i.H.v. 1.500.000 EUR geht ein. 1452

2. Die Baumaßnahme wird am 15.01. vergeben. Die Herstellungskosten entsprechend den vorliegenden Angeboten belaufen sich auf 3.000.000 EUR. 1453

3. Die Rechnung i.H.v. 400 EUR für die öffentliche Bekanntmachung geht am 20.01. ein. 1454

4. Die Rechnung für die Bekanntgabe wird am 01.02. überwiesen. 1455

5. Die erste Abschlagsrechnung i.H.v. 400.000 EUR geht am 01.03. ein. 1456

6. Am 15.03. erfolgt die Gutschrift eines Investitionskredites von der Stadtsparkasse i.H.v. 500.000 EUR. 1457

7. Die Abschlagsrechnung vom 01.03. wird am 01.04. überwiesen. 1458

8. Die Zuweisung vom Land wird am 01.04. in voller Höhe abgerufen. Die Mittel werden dem städtischen Bankkonto am 10.04. gutgeschrieben. 1459

9. Eine weitere Abschlagsrechnung i.H.v. 1.500.000 EUR geht am 15.04. ein. 1460

10. Die zweite Abschlagsrechnung vom 15.04. wird überwiesen. 1461

11. Am 15.05. wird der Investitionskredit anteilig i.H.v. 50.000 EUR zurückgezahlt. 1462

12. Die Grundschule wird am 01.08. in Betrieb genommen. Die Anlagenbuchhaltung hat die Nutzungsdauer auf 50 Jahre festgelegt. 1463

13. Am 31.12. sind die Abschreibungen sowie die ertragswirksame Auflösung der Sonderposten zu buchen. 1464

14. Die Stadtsparkasse zieht am 31.12. Kreditzinsen i.H.v. 25.000 EUR vom städtischen Bankkonto per Lastschrift ein. 1465

Aufgaben

a) Buchen Sie die Geschäftsvorfälle im Sach- und Zeitbuch. Geben Sie dabei die erforderlichen Konten an. 1466

b) Ermitteln Sie die Abschreibungen sowie die ertragswirksame Auflösung der Zuweisungen unter Angabe der einschlägigen Rechtsvorschriften. Nehmen Sie die notwendigen Buchungen vor. 1467

3. Sachverhalt

1468   In der Geschäftsbuchhaltung und Stadtkasse der Stadt Elbstein sind die nachfolgenden Geschäftsvorfälle zu buchen.

1469   1. Die Stadtkasse überweist eine fällige Rechnung i.H.v. 30.000 EUR an einen Lieferanten.

1470   2. Die Steuerabteilung versendet Gewerbesteuerbescheide i.H.v. 100.000 EUR.

1471   3. Gewerbesteuerzahlungen i.H.v. 50.000 EUR gehen auf dem Bankkonto ein

1472   4. Die Beamtenbesoldung i.H.v. 80.000 EUR wird überwiesen.

1473   5. Eine Rechnung i.H.v. 3.000 EUR für Reparaturarbeiten geht ein.

1474   6. Für den Neubau der Schwimmhalle geht ein Zuwendungsbescheid i.H.v. 700.000 EUR ein.

1475   7. Der Rechnungsbetrag für die Reparaturarbeiten wird unter Abzug von 3 v.H. Skonto überwiesen.

1476   8. Bürger B zahlt seine fällige Grundsteuer i.H.v. 300 EUR in die Barkasse ein.

1477   9. Nach Abruf der Fördermittel für den Schwimmhallenbau wird dem Bankkonto ein Teilbetrag i.H.v. 500.000 EUR gutgeschrieben.

1478   10. Für den Ratssaal wird ein neuer Beamter im Wert von 2.000 EUR angeschafft und durch Banküberweisung bezahlt.

Bearbeitungshinweise

1479   Anfangsbestände: Bank   300.000 EUR
                               Kasse   100.000 EUR
                               Eigenkapital   900.000 EUR

Aufgaben

1480   a) Buchen Sie die Geschäftsvorfälle im Grund- und Hauptbuch unter Angabe der Buchungssätze und Konten.

1481   b) Ermitteln Sie die liquiden Mittel sowie das Eigenkapital.

4. Sachverhalt

1482   Die Geschäftsbuchhaltung der Stadt Elbstein hat die nachfolgend dargestellten Konten bebucht. Zur Erstellung eines Zwischenabschlusses sind die Konten abzuschließen.

Konto	Bezeichnung	in EUR	
		Soll	Haben
	bebaute Grundstücke	800.000	220.000
	Betriebs- und Geschäftsausstattung	400.000	70.000
	Öffentlich-rechtliche Forderungen	170.000	10.000
	Sonderposten aus Zuwendungen	90.000	240.000
	Gewerbesteuer		750.000
	Erträge aus der Auflösung von Sonderposten		40.000
	Personalaufwendungen	350.000	
	Grundsteuer B	580.000	
	Personalauszahlungen		350.000
	Abschreibungen Infrastrukturvermögen	120.000	
	Auszahlung für Hochbaumaßnahmen		400.000
	Verbindlichkeiten aus LuL	90.000	75.000

Aufgaben

a) Erstellen Sie das Ergebnis- sowie das Finanzrechnungskonto.

b) Nennen Sie sämtliche Konten.

5. Sachverhalt

Zum 01.01. des Haushaltsjahres weisen die nachstehenden Bestandskonten folgende Anfangsbestände aus.

	Anfangsbestände
Bank	600.000 EUR
Investitionskredite	340.000 EUR
Kasse	80.000 EUR
Betriebs- und Geschäftsausstattung	160.000 EUR
Vorräte	7.000 EUR
Öffentlich-rechtliche Forderungen	40.000 EUR
Infrastrukturvermögen	1.100.000 EUR
Verbindlichkeiten aus Lieferungen und Leistungen	60.000 EUR
Fahrzeuge	80.000 EUR
Immaterielle Vermögensgegenstände	4.000 EUR
Sonderposten aus Zuwendungen	100.000 EUR
Privatrechtliche Forderungen	2.000 EUR

Im laufenden Haushaltsjahr fallen die nachfolgenden Geschäftsvorfälle an:

1. Für die Unterhaltung der Straßen fallen insgesamt 10.000 EUR an. Diese werden per Banküberweisung ausgezahlt.

2. Der Fachbereich Bauen und Wohnen versendet an die Kleingartenvereine Bescheide zur Zahlung der per Satzung vorgesehenen Gebühren i.H.v. 2.000 EUR.

1491   3. Die Vereine entrichten Gebühren i.H.v. 1.800 EUR. Ein Verein verweigert die Zahlung.

1492   4. Für Lehrbeauftrage an der städtischen Volkshochschule werden Honorare i.H.v. 2.500 EUR per Banküberweisung gezahlt.

1493   5. Der Fachbereich Kultur erhält für die Vermietung der städtischen Veranstaltungshalle 1.000 EUR. Die Zahlung erfolgt per Banküberweisung.

1494   6. Das Land Sachsen-Anhalt gewährt eine Zuweisung i.H.v. 10.000 EUR zur Förderung der Freiwilligen Feuerwehren.

1495   7. Die Energiekosten der städtischen Grundschulen betragen 30.000 EUR und werden durch Banküberweisung gezahlt.

1496   8. Die Berufsfeuerwehr erwirbt neue Geräte im Wert von 20.000 EUR (Einzelpreis über 1.000 EUR netto). Die Zahlung ist nach Lieferung mittels Banküberweisung erfolgt. Die Nutzungsdauer der einzelnen Geräte beträgt fünf Jahre.

1497   9. Durch die Insolvenz eines ortsansässigen Unternehmens werden Gewerbesteuerforderungen des Vorjahres i.H.v. 5.000 EUR uneinbringlich.

1498   10. Für die bestehenden Investitionskredite wird die Tilgungsrate i.H.v. 10.000 EUR sowie die Zinsen i.H.v. 3.000 EUR an das Kreditinstitut gezahlt.

1499   11. Die Steuerabteilung versendet Hundesteuerbescheide i.H.v. 3.000 EUR. Diese gehen im Laufe des Jahres vollständig auf dem Bankkonto ein.

1500   12. Ein im Vorjahr festgesetztes Bußgeld i.H.v. 50 EUR geht auf dem Bankkonto ein.

1501   13. Der Bescheid für die Schlüsselzuweisungen des Landes Sachsen-Anhalt an die Stadt Elbstein geht ein. Der Betrag i.H.v. 200.000 EUR wird nach zwei Wochen dem städtischen Bankkonto gutgeschrieben.

1502   14. Nach der Prüfung des Landes Sachsen-Anhalt muss die Stadt Elbstein Zuweisungen für laufende Zwecke wegen nicht zweckentsprechender Verwendung i.H.v. 5.000 EUR zurückzahlen. Die Zahlung erfolgt einen Monat nach Eingang der Rückforderungsbescheide.

1503   15. Die Benutzungsgebühren der Kindertagesstätten werden gegenüber den gebührenpflichtigen Eltern i.H.v. 12.000 EUR festgesetzt. Im Laufe des Jahres gehen diese auf dem städtischen Bankkonto ein.

1504   16. In einem Schulgebäude wurden Schädigungen im Mauerwerk festgestellt. Die Reparaturkosten werden auf 10.000 EUR geschätzt. Die Reparatur kann erst im kommenden Haushaltsjahr durchgeführt werden.

1505   17. Einige Unterhaltungsmaßnahmen konnten im vergangenen Jahr aufgrund der Langzeiterkrankung einiger Mitarbeiter nicht durchgeführt werden. Im Rahmen des

Jahresabschlusses wurde daher eine Rückstellung i.H.v. 30.000 EUR gebildet. Die Rechnung i.H.v. 25.000 EUR für die nunmehr durchgeführten Maßnahmen geht ein und wird innerhalb von 14 Tagen beglichen.

18. Die Stadt Elbstein veräußert ein unbebautes Grundstück im Wert von 50.000 EUR an einen Investor. Der Kaufpreis i.H.v. 40.000 EUR wird kurz nach Vertragsabschluss überwiesen. 1506

19. Für den Winterdienst wird im August ein neues Fahrzeug angeschafft. Die Anschaffungskosten belaufen sich auf 80.000 EUR. Der Kaufpreis wird kurz nach der Anschaffung überwiesen. Die Nutzungsdauer des Fahrzeuges wird durch die Anlagenbuchhaltung auf zehn Jahre festgelegt. 1507

20. Der vorhandene Liquiditätskredit i.H.v. 50.000 EUR wird vollständig zurückgezahlt. Gleichzeitig sind die bis zu diesem Zeitpunkt aufgelaufenen Zinsen i.H.v. 2.500 EUR zu entrichten. 1508

21. Die Stadt Elbstein beginnt mit dem seit langem geplanten Neubau eines Brunnens auf dem Marktplatz. Die Herstellungskosten belaufen sich auf 70.000 EUR und werden drei Monate nach Baubeginn überwiesen. Die Planung erfolgte durch einen städtischen Mitarbeiter. Die dafür entstandenen Personalkosten betragen 5.000 EUR. 1509

22. Für die Verwaltung wird Büromaterial (Taschenrechner, Locher, Stifte usw.) im Wert von 100 EUR beschafft. Die Zahlung erfolgt in bar gegen Quittung. 1510

Aufgaben

a) Erstellen Sie die Eröffnungsbilanz. 1511

b) Buchen Sie die Geschäftsvorfälle im Hauptbuch unter Angabe der Konten, und schließen Sie diese ab. 1512

c) Erstellen Sie die Vermögens-, Ergebnis- und Finanzrechnung anhand der verbindlichen Muster. 1513

XVI.   Umsatzsteuer

1.   Sachverhalt

1514   Ergänzen Sie die folgende Tabelle:

Rechnungsbetrag netto	100 EUR			
19 v.H. Umsatzsteuer			19 EUR	
Rechnungsbetrag brutto		100 EUR		2.500 EUR

2.   Sachverhalt

1515   Die Touristeninformation der Stadt Elbstein wird steuerrechtlich als Betrieb gewerblicher Art geführt. Im Laufe des Haushaltsjahres fallen die nachfolgenden Geschäftsvorfälle an.

1516   1.   Erwerb einer neuen Registrierkasse für 370 EUR brutto.

1517   2.   Verkauf von Souvenirs gegen Barzahlung für 170 EUR brutto.

1518   3.   Verkauf von Souvenirs auf Rechnung für 500 EUR brutto.

1519   4.   Eine offene Forderung i.H.v. 100 EUR aus dem Verkauf von Kalendern wird per Banküberweisung beglichen.

1520   5.   Eine Rechnung für den Druck von Flyern i.H.v. 500 EUR geht ein und wird einige Tage später durch Banküberweisung beglichen.

1521   6.   Für den Erwerb eines Fachbuches werden 40 EUR in bar bezahlt.

Aufgaben

1522   a)   Eröffnen Sie die Konten, und buchen Sie die Geschäftsvorfälle im Grund- und Hauptbuch.

1523   b)   Schließen Sie die Konten ab, und erstellen Sie das Schlussbilanzkonto.

1524   c)   Ermitteln Sie die Zahllast aus der Umsatzsteuer/Vorsteuer gegenüber dem Finanzamt.

Bearbeitungshinweise

1525   Die Bestandskonten weisen nachfolgende Anfangsbestände auf:

Vorräte	50.000 EUR
Betriebs- und Geschäftsausstattung	120.000 EUR
Bankbestand	30.000 EUR
Kassenbestand	5.000 EUR
Verbindlichkeiten aus LuL	7.000 EUR
Privatrechtliche Forderungen	12.000 EUR

I. ABBILDUNGSVERZEICHNIS

Abb. 1: Rechtsgrundlagen zur Buchführung in Sachsen-Anhalt 9
Abb. 2: Vergleich externes und internes Rechnungswesen 9
Abb. 3: Zusammenhang externes und internes Rechnungswesen 11
Abb. 4: Haushaltskreislauf 18
Abb. 5: Gegenüberstellung Haushaltsplan/Jahresabschluss 18
Abb. 6: Abgrenzung Bestands- und Stromgrößen 19
Abb. 7: Abgrenzung Einzahlungen/Einnahmen/Erträge 20
Abb. 8: Abgrenzung Auszahlungen/Ausgaben/Aufwendungen 21
Abb. 9: Abgrenzung Einzahlungen/Einnahmen 21
Abb. 10: Abgrenzung Einnahmen/Erträge 22
Abb. 11: Abgrenzung Erträge/Einzahlungen 24
Abb. 12: Abgrenzung Auszahlungen/Ausgaben 25
Abb. 13: Abgrenzung Ausgaben/Aufwendungen 27
Abb. 14: Abgrenzung Aufwendungen/Auszahlungen 28
Abb. 15: Zeitlicher Ablauf des Jahresabschlusses 31
Abb. 16: Drei-Komponenten-System 32
Abb. 17: Stichtagsinventur 34
Abb. 18: Vor- oder nachverlegte Inventur 35
Abb. 19: Permanente Inventur 36
Abb. 20: Ermittlung der Anschaffungskosten 40
Abb. 21: Inventur, Inventar, Bilanz 41
Abb. 22: Verbindliches Muster 13 - Ergebnisrechnung 44
Abb. 23: Auszug verbindliches Muster 14 - Finanzrechnung 46
Abb. 24: Auszug verbindliches Muster 14 - Ermittlung des Finanzmittelbestandes 47
Abb. 25: Gesamt- und Teilrechnungen 48
Abb. 26: Belege, Zeitbuch, Sachbuch 49
Abb. 27: Zeitbuch 50
Abb. 28: Muster eines Sachbuches in T-Kontenform 50
Abb. 29: Zusammenhang Eröffnungsbilanz/Eröffnungsbilanzkonto 57
Abb. 30: Zusammenhang Eigenkapitalkonto/Ergebniskonten 66
Abb. 31: Abschluss der Ergebniskonten 67
Abb. 32: Ableitung der Ergebnisrechnung aus dem Ergebnisrechnungskonto 70
Abb. 33: Zusammenhang Bankkonto/Finanzkonten 71
Abb. 34: Abschluss der Finanzkonten 73
Abb. 35: Ableitung der Finanzrechnung aus dem Finanzrechnungskonto (Auszug) 76
Abb. 36: Zusammenhang der Rechnungskomponenten 77
Abb. 37: Abgrenzung Geschäftsbuchhaltung/Gemeindekasse 78
Abb. 38: Muster einer Anlagenkartei 79
Abb. 39: Debitorenkonto (Personen-/Bürgerkonto) 80
Abb. 40: Zusammenhang Forderungskonten/Debitorenkonten 81
Abb. 41: Zusammenhang Verbindlichkeitskonten/Kreditorenkonten 81
Abb. 42: Nebenbuchhaltungen 83
Abb. 43: Kontenklassen 84
Abb. 44: Kontenklassen im Drei-Komponenten-System 85
Abb. 45: Zusammenhang Kontenklassen/Buchungsregeln 85

Abb. 46: Unterteilung Kontenrahmenplan 85
Abb. 47: Auszug Kontenrahmenplan – Darstellung Klammerzusatz 86
Abb. 48: Abgrenzung verbindliche/freiwillige Ebene des Kontenrahmenplanes ... 86
Abb. 49: Zusammenhang Ergebnisplan/-rechnung mit dem Kontenrahmenplan ... 87
Abb. 50: Zusammenhang Ergebnisplan/-rechnung mit den Kontenbereichen ... 87
Abb. 51: Gegenüberstellung Konten Ergebnis- und Finanzkonten 88
Abb. 52: Kontenrahmen 89
Abb. 53: Abschreibungskreislauf am Beispiel 91
Abb. 54: Anteilige Abschreibung im ersten Jahr der Nutzung 94
Abb. 55: Anteilige Abschreibung im letzten Jahr der Nutzung 94
Abb. 56: Lineare Abschreibung in der Ergebnis- und Finanzrechnung ... 96
Abb. 57: Verlauf der Abschreibung/des Buchwerts bei linearer Abschreibung ... 96
Abb. 58: Nutzungsdauer der Bewertungsrichtlinie LSA 97
Abb. 59: Wirkung unterschiedlicher Nutzungsdauern auf den Restbuchwert ... 98
Abb. 60: Abschreibungsverlauf bei Leistungsabschreibung 100
Abb. 61: Entwicklung der GVG-Sammelposten 103
Abb. 62: GVG-Wertgrenzen 103
Abb. 63: Wirkung außerplanmäßige Abschreibung/Zuschreibung 111
Abb. 64: Wertverlauf bei außerplanmäßige Abschreibung/Zuschreibung ... 112
Abb. 65: Wirkung der Abschreibung/Auflösung Sonderposten 124
Abb. 66: Gegenüberstellung Auszahlungen/Aufwand aus Abschreibungen ... 124
Abb. 67: Gegenüberstellung lineare Abschreibungen/Auflösung Sonderposten ... 126
Abb. 68: Gegenüberstellung lineare Abschreibung/Auflösung Sonderposten ... 126
Abb. 69: Lineare Entwicklung Restbuchwert und Sonderposten 127
Abb. 70: Anschaffung, Abschreibung, Sonderposten im Drei-Komponenten-System ... 127
Abb. 71: Entwicklung Restbuchwert und Sonderposten - Leistungsabschreibung ... 128
Abb. 72: Abschreibung/Auflösung Sonderposten - Leistungsabschreibung ... 129
Abb. 73: Entwicklung Restbuchwert und Sonderposten - Leistungsabschreibung ... 129
Abb. 74: Außerplanmäßige Abschreibungen und Auflösung Sonderposten ... 132
Abb. 75: Außerplanmäßige Abschreibungen und Auflösung Sonderposten ... 133
Abb. 76: Entwicklung Restbuchwert und Sonderposten - außerplanmäßig ... 133
Abb. 77: Entwicklung der Rückstellung für Altersteilzeit – Blockmodell ... 140
Abb. 78: Unterschied transitorische/antizipative Rechnungsabgrenzung ... 145
Abb. 79: Unterschied transitorische/antizipative Rechnungsabgrenzung ... 145
Abb. 80: Wirkung der aktivierten Eigenleistungen im Teilergebnisplan ... 154
Abb. 81: Unterscheidung Beamte/Beschäftigte 155
Abb. 82: Vergleich Hoheitsbetriebe und Betriebe gewerblicher Art 170
Abb. 83: Arten von Vorräten 184
Abb. 84: Buchung von Vorratsvermögen 195

II. LITERATURVERZEICHNIS

Beckscher Bilanzkommentar, 11. Auflage, München 2018

Coenenberg/Haller/Schultze, Jahresabschluss und Jahresabschlussanalyse, 24. Auflage, Stuttgart 2016

Coenenberg/Haller/Schultze, Jahresabschluss und Jahresabschlussanalyse, Aufgaben und Lösungen, 16. Auflage, Stuttgart 2016

Düngen/Zeiler, Rechnungswesen in der öffentlichen Verwaltung, 5. Auflage, Braunschweig 2016

Fachverband der Kommunalkassenverwalter e.V., Handbuch für das Kassen- und Rechnungswesen, Stand 2017, Siegburg

Folz/Mutschler/Stockel-Veltmann, Externes Rechnungswesen, 4. Auflage, Witten 2017

Grimberg/Bernhardt/Mutschler/Stockel-Veltmann, Neues Kommunales Haushaltsrecht Sachsen-Anhalt, 4. Auflage, Witten 2014

Grimberg, Gemeindehaushaltsrecht Sachsen-Anhalt, Kommentar, Wiesbaden 2011

Grimberg/Schneidewind, Grundlagen des Rechnungswesens in der öffentlichen Verwaltung, 3. Auflage, Ostbevern 2017

Grimberg, Öffentliche Finanzwirtschaft Sachsen-Anhalt, 5. Auflage, Ostbevern 2009

Grimberg, Staatliches und Kommunales Haushalts- und Rechnungswesen, Fallübungen, Ostbevern 2014

Häfner, Doppelte Buchführung in Kommunen nach dem NKF, Freiburg 2005

Henkes, Der Jahresabschluss kommunaler Gebietskörperschaften, Berlin 2008

Henneke/Pünder/Waldhoff, Recht der Kommunalfinanzen, München 2006

Henneke/Strobl/Diemert, Recht der kommunalen Haushaltswirtschaft, München 2008

Hofmann/Hofmann/Küpper, Übungsbuch zur Finanzbuchhaltung, München 2004

Jossé, Bilanzen aber locker, 8. Auflage, Hamburg 2012

Kirchmer/Meinecke, Kommunale Doppik Sachsen-Anhalt, Stuttgart 2012

Kirchmer/Meinecke, Wirtschaftsrecht der Kommunen des Landes Sachsen-Anhalt, Stuttgart 2015

Klomfaß, Kommunales Kassenwesen, Siegburg 2011

Lasar/Bußmann, Kommunales Rechnungswesen in Niedersachsen, Band 1 Buchführung, 3. Auflage, Witten 2017

Lasar/Bußmann, Kommunales Rechnungswesen in Niedersachsen, Band 2 Jahresabschluss und Jahresabschlussanalyse, 2. Auflage, Witten 2017

Mutschler/Schlösser, Praktische Fälle aus dem Kommunalen Finanzmanagement und Externen Rechnungswesen NRW, 4. Auflage, Witten 2016

Rose, Kommunale Finanzwirtschaft Niedersachsen, 7. Auflage, Kiel 2017

Schmidt, Aus der Praxis für die Praxis, Von der Eröffnungsbilanz zum Jahresabschluss. Die buchhalterische Simulation eines Haushaltsjahres, Martinroda 2007

Schmidt/Krause, Aus der Praxis für die Praxis, Grundlagen der Anlagenbuchhaltung mit praktischen Übungen, Martinroda 2008

Schmid/Trommer/Schmid, Kommunalverfassung für das Land Sachsen-Anhalt, Kommentar, Stand 2018

Schmolke/Deitermann, Industrielles Rechnungswesen, 46. Auflage, Braunschweig 2017

Schuster, Doppelte Buchführung für Städte, Kreise und Gemeinden, 2. Auflage, München 2007

Schuster, Einführung in die Betriebswirtschaftslehre der Kommunalverwaltung, 2. Auflage, Hamburg 2006

Truckenbrodt/Zähle, Der Kommunale Haushalt in Aufstellung, Ausführung und Abschluss, 4. Auflage, Hamburg 2017

Wiegand, Kommunalverfassungsrecht Sachsen-Anhalt, Kommentar, Stand 2017, Wiesbaden

Wiener, Kommunales Haushalts- und Kassenrecht Sachsen-Anhalt, 3. Auflage, Hamburg 2017

Wöhe, Einführung in die Allgemeine Betriebswirtschaftslehre, 26. Auflage, München 2016

Wöhe/Kußmaul, Grundzüge der Buchführung und Bilanztechnik, 9. Auflage, München 2015